JN246429

馬のスポーツ医学

強い馬づくりのためのサイエンス

著者・天田明男
監修・日本中央競馬会競走馬総合研究所

はじめに

馬のスポーツ医学に関する研究は、最近の約20年間に、欧米各国およびオーストラリアを中心に急激にその研究活動が高まってきた研究領域である。これらの研究成果のほとんどは、4年毎に開催されてきた国際馬運動科学会議（International Conference on Equine Exercise Physiology，ICEEP）で報告されてきた。

著者はJRA競走馬総合研究所の在職中に馬の運動生理学的研究に従事してきており、現在もサラブレッド競走馬の初期トレーニングに科学的管理を導入するための方策について検討を重ねている。強い馬づくりに、科学的な考え方を導入するためには、馬関係者がサラブレッドの持つ優れた運動能力を運動生理学的に理解することと、さらにトレーニングにより馬の生理機能がどのように変化するかを科学的に正しく把握することが不可欠であると考える。しかし、日本の獣医界はもとより、強い馬づくりが急務とされている競馬界においても、馬のスポーツ医学についての関心がさほど高くなく、さらに最近急激に集積された馬のスポーツ医学に関する研究成果が馬づくりの現場に十分に浸透していないことを遺憾に思っていた。日本語で書かれた馬のスポーツ医学に関するテキストブックが未だに出版されていないことが主たる理由の一つとも考えられる。そこで著者は、ある獣医専門誌に馬のスポーツ医学に関する最近の知見をまとめて27回にわたって連載したが、これらの記事を加筆訂正してできあがったのが本書である。

本書は、まず第一に馬に関与する獣医師に、馬のスポーツ医学研究の現況を理解していただくことを主要な目的として執筆した。そのために、サラブレッドを中心にした競技馬を対象にした最近の研究成果をできるだけ多く紹介することにつとめた。各章ごとに、参考文献ならびに引用文献を列挙したので、より詳細な内容を知りたい方はぜひ原著論文をお読みいただきたい。さらに本書は獣医師以外の馬関係者にもある程度は理解していただけるものと考える。この拙著が、馬関係者にとって馬を科学的に理解する一助となり、強い馬づくりの多少のお役に立ち、さらに多くの人々にとって、人類がつくり出した最高の芸術品と称されるサラブレッドの理解に役立てることができれば、著者の望外の喜びである。

本書の刊行にあたり、身にあまる推薦文をいただいた日本ウマ科学会会長本好茂一先生に心から感謝を捧げる。また本書の刊行には、日本中央競馬会馬事担当理事栗山憲司氏をはじめ日本中央競馬会馬事部、競走馬総合研究所ならびに日本中央競馬会弘済会の各位から多大の御援助や御教示をいただいたことに謝意を表する。貴重な馬のスポーツ競技の写真を御提供いただいた各位にも深謝したい。さらに本書の上梓にあたって終始ご尽力いただいたアニマル・メディア社の中森あづさ氏に厚く御礼申し上げる。

天田明男

1998年9月

推薦の言葉

競馬に対する認識には人それぞれ多様な受止め方がありますが、競馬は人と馬とで織りなすスピード競走を楽しむ奥深いゲームです。先だって長野における冬期オリンピックにみられた、人の生み出すスピード感に魅せられたものとはまた一味異なるものでしょう。

今日の競馬事業発展の背景には、なみなみならぬ努力が続けられてきました。馬の持つ能力を発揮させるためには、血統に焦点が絞られがちですが、適切な調教が不可避であり、さらに馬体を作っている骨・筋腱が成長する速度と心臓と肺の能力の向上とのバランスを保つ合理的トレーニングが施されなくてはなりません。そのためには馬の心臓からの情報が安静時から疾走時までキャッチされ、身体の発達と各臓器の独立した発達とを念頭に総合的判断の下に育成調教が積み重ねられていくわけです。もちろんこのために、プールやウォータートレッドミルのように肢への負担をやわらげ、リハリビにも役立ちまたストレス解消や休養にも役立つ温泉療養も効果があるでしょう。

本書は永年、日本中央競馬会競走馬総合研究所で馬の運動生理学を研鑽され、退職後も㈶軽種馬育成調教センターへ勤務しながら同センターの広大な調教場で育成馬のトレーニングの科学的管理の確立に努力している天田明男博士が書かれたものであります。天田博士が馬の運動生理学を中心にここ数年月刊誌に連載してきたものへ、新しい技術や周辺事情などを大幅に加筆・訂正してわかりやすくまとめられました。

その一節に馬の後天的走能力の開発に触れた箇所があります。「競走馬関係者の間では競走馬の能力はその7～8割が血統によって決まると考えている。…これらの配合の理論には十分な統計学的処理はなされていない。…とても科学的理論とはいい難い。ところが育成やトレーニングについても科学が入りにくい土壌がある」本書には学者の画いた餅ではなく学理に基づいた基本を応用技術に敷衍した内容が織り込まれています。一読必見、自ら試み、不審な点は再び読み直し、理解を深めることが大事です。適切な育成調教が行われれば、従来とは一味違った調教指針として納得の行く結果が得られることになります。競馬関係者のみならず馬に関心のある方に広く読まれますよう切に望んでいます。

1998年9月

日本ウマ科学会会長　本好　茂一

馬のスポーツ医学

目　次

1

馬産と馬利用の現況

馬は，犬，牛，羊，豚などよりもかなり遅れて紀元前 4,000 ～ 3,000 年頃から家畜化され，他の家畜が主として畜産物の生産が目的であったのに対し，もっぱら労役（牽引）や乗馬（輸送）として利用されてきた。特に，馬は速く走る能力を有しているため，馬の家畜化により人間の活動範囲は急激に拡大し，その結果，交易や文化の交流が活発化し，同時に人間の社会生活が急激に広がった。このように，馬は人類の社会生活を支える重要な役割を演じてきており，人類と共に生活するパートナー（人類の友）として独特の道を歩んできた。さらに，有史以来から近年の第二次世界大戦にいたる長い人類の歴史において，馬は戦争における重要な武器（軍馬）としても活躍し，馬の優劣が戦さの勝敗を決めるとまでいわれた。歴史が馬によって造られてきたともいわれる所以である。

近年における自動車の急激な普及によって，労役や輸送手段としての馬の役割は完全に喪失した。さらに小型耕運機の普及により農村からも馬は一掃され，かくして人間生活に占める馬の地位は極度に低下してしまった。しかし，その後，乗馬，競馬などのスポーツ競技馬としての新しい用途が開け，馬のスポーツ競技は，競馬（平地，障害，繋駕速歩），馬場馬術競技，障害飛越競技，総合馬術競技（1日競技，3日競技），ポロ競技，軽乗競技，ウェスタン馬術競技（バレル・レース，ロデオ），狩猟，馬車競技など多岐にわたっている。

このような新しい馬の利用に伴って，従来は主として国内防疫と繁殖が中心であった馬の獣医学的関心も変わってきた。特に競馬，馬術では国際競技が頻繁に行われており，これに伴って競技馬の国際交流が活発化するようになり，馬の伝染病の国際防疫が各国ともに重要な課題となってきた。

この馬の防疫問題については，国際馬伝染病会議（International Conference on Equine Infectious Diseases）がほぼ4年毎に開催されており，馬の伝染病についての学術研究発表だけでなく，各国の防疫行政についての情報交換ならびに討議の場となっている。第7回の同会議は，農林水産省と日本中央競馬会（Japan Racing Association, JRA）の主催で，1994年6月8～11日に東京で開催され，25カ国から約230名の防疫担当官や研究者が参加した。第8回の同会議は，1998年3月23～26日にアラブ首長国連邦ドバイで開催された。

一方，競技馬として求められる能力，すなわち走能力に関する種々の運動生理学的課題についても関心が高まり，主として欧米ならびにオーストラリア諸国の研究者から数多くの研究成果が報告されるようになった。馬の運動生理学の研究には，供試馬として高価なサラブレッドまたはスタンダードブレッドの競走馬を用い，しかも一定期間，連日トレーニングを課し，運動時の生理学的検査には馬用高速トレッドミルを必要とするなど，大がかりな装置と莫大な経費がかかる。これらの国々では，馬の運動生理学的研究を支えるために，競馬の収益金から多大な研究費が拠出されている。

このような背景のもとに，世界中の馬の運動生理学研究者が一堂に集い，それぞれの研究成果を討議するために，国際馬運動生理学会※（International Conference of Equine Exercise Physiology, ICEEP）が定期的に開催されるようになったのである。

1-1　世界の馬産と馬利用の現況

FAO/Production Yearbook に掲載されている世界各国の馬飼養頭数のうち，主要国の飼養頭数の推移を表 1.1 に示す。1995 年における世界全体の馬の飼養頭数は 60,894,000 頭であり，1,000 万頭を越える中国，および 500 万頭を越えるブラジル，メキシコ，米国，旧ソ連（旧ソ連は 1991 年に 591.9 万頭で 1992 年以降は不明）の 5 カ国で，世界全体の半数以上の馬を保有していることになる。

世界全体の馬飼養頭数の推移をみると，年次により若干の増減がみられるが，6,000 万頭台で推移している。国別にみると，米国では，1986 年まで増加傾向にあったがその後激減しており，その理由は定かではない。中国では，1976 ～ 81 年にかけて急増したが，その後はほぼ安定している。これは，最近になって統計システムの整備が進んだために，見かけ上の頭数が増加したものと考えられる。中国産馬（蒙古馬，錫尼河馬など）は，いわゆる改良種との交雑がほとんどなく，原型をとどめて

※ 1998 年に日本で開催される第 5 回 ICEEP は日本語では，国際馬運動科学会議と呼ばれているが，運動科学はかなり広範囲な領域を包含するものであり，しかも一般的な用語でもないと考えられるので，本書では国際馬運動生理学会と呼ぶ。

表 1.1　世界主要国の馬飼養頭数の推移

国　名	年次（単位：千頭）				
	1976	1981	1986	1992	1995
米　　国	8,600	9,928	10,600	5,450	6,000
中　　国	6,900	11,042	11,081	10,201	10,039
(旧)ソ連	6,415	5,563	5,800	5,800	—
メキシコ	6,490	5,625	6,140	6,180	6,185
ブラジル	5,800	5,227	5,735	6,200	6,300
アルゼンチン	3,500	3,073	3,000	3,300	3,300
ポーランド	2,151	1,726	1,272	900	600
ペ ル ー	637	653	655	661	665
ルーマニア	562	555	672	679	760
オーストラリア	385	489	401	308	250
フランス	398	317	291	340	331
カ ナ ダ	350	370	340	420	350
ド イ ツ	341	382	370	492	530
スペイン	268	242	248	240	260
イタリア	253	272	248	300	326
英　　国	140	150	171	172	173
世界全体	62,113	63,974	65,252	60,843	60,894

注）ドイツについては，1986年までは西ドイツのみで，1992年は統一後のドイツである
資料：FAO／Production Yearbook

いる在来馬と考えられるものである。しかもこの国の馬飼養は，地域の住民生活と密着しており，他の国とは全く異なった飼養形態をとっている。

欧州諸国では，飼養頭数はさほど多くはなく，一部に増減はみられるが，ほぼ一定水準を維持してきている。各国で馬が主としてどのような用途に利用されているかを示す一つの指標として，乗用馬の飼養比率（総飼養頭数に対する乗用馬の比率）がある（図 1.1）。欧米諸国における乗用馬の飼養比率は少なくとも 25％以上であり，50％前後を占める国が多い。特に西ドイツ，オーストリアおよびオーストラリアでは

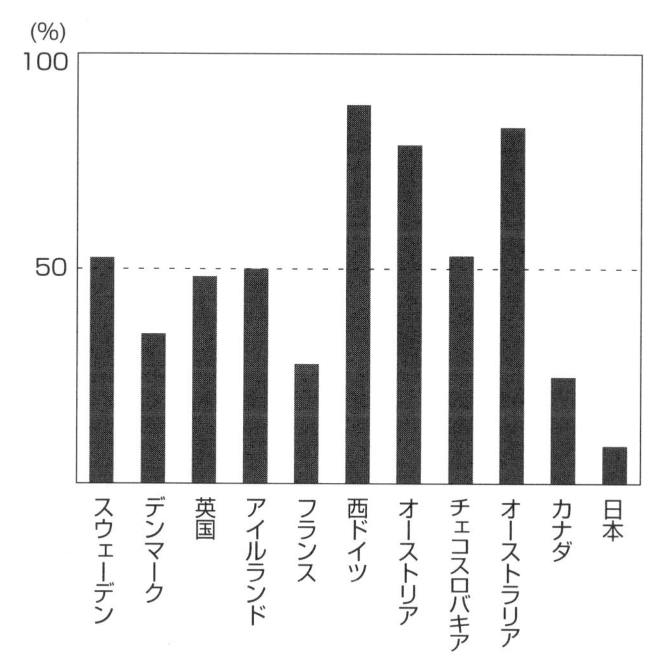

図 1.1　各国の乗用馬の飼養比率

日本馬事協会：乗用馬動向調査報告会（1991）より引用

75～80％を占め，乗馬が国民に深く根づいていることがうかがえる。これに対してわが国は，8％にも満たない世界一低い値を示しており，競走馬以外の馬はほとんど存在しない状況である。

わが国における馬飼養頭数は第二次世界大戦前には150万頭以上もあり，軍馬としての用途以外にも全国各地で農耕や運搬用に活躍していた。戦後に馬飼養頭数は激減したが，最近は10～12万頭を維持している。最近の用途別の飼養頭数は表1.2に示したように1989年から1995年にかけていずれの用途の馬も漸増傾向を示していたが，1996年（平成8年）の総飼育頭数は117,998頭となっている。その用途別内訳をみると，主として競走馬として供用される軽種馬（サラブレッド，アングロ・ア

表 1.2　日本の馬飼養頭数の用途別推移

	年次			
	1985	1989	1994	1996
軽種馬	66,995	66,781	72,544	68,309（57.9%）
農用馬	25,520	26,045	28,397	25,089（21.3%）
乗用馬	5,993	7,478	10,108	11,234　(9.5%)
在来馬	2,083	2,730	3,499	3,456　(2.9%)
肥育馬	4,977	4,633	7,955	9,910　(8.4%)
計	105,568	107,667	122,503	117,998（100%）

（　）内の百分率は1996年の飼養頭数についてのみ示した

農林水産省（1997）：馬関係資料による

ラブ）が68,309頭で全体の半数以上を占め，農用馬（ペルシュロン，ブルトン，ベルジアンなど）は25,089頭で全体の約1/5であり，乗用馬は11,234頭で全体の僅か9.5％である。在来馬は，北海道和種，トカラ馬，木曽馬，与那国馬，対州馬，御崎馬など3,456頭で全体の2.9％である。肥育馬は馬肉として食用に供されるもので，馬肉の食習慣に地域性があるので，熊本，福岡，福島，青森などの一部の地方で生産されている。

このように，わが国における馬の利用は，競走馬の比率が著しく高く，逆に乗用馬の比率がきわめて低いという世界に類のない特殊性を持っている。こうした傾向は，騎馬民族として古くから馬と共に歩んできた国々と，農耕民族である我々とは，馬に対する認識が基本的に相違しているためとも考えられる。しかし最近，日本人の余暇の楽しみ方も大きく変わってきて，その結果，わが国の乗馬人口も急増し，現在のところ全国で約90万人に達している。

わが国の競馬および馬産事業は，1895年，米国やオーストラリアか

表 1.3　主要競馬開催国の競馬概況（1996年度）

	英　国	フランス	アメリカ	オーストラリア	日本(中央)	日本(地方)
競馬場数	59	262	219	589	10	29
競走回数						
平地	4,168	4,323	67,101	22,716	3,303	23,614
障害	3,110	2,147	219	219	132	0
速歩	0	9,963	64,700	0	0	0
計	7,278	16,433	132,020	22,935	3,435	23,614
勝馬投票券売得金総額	840,456	780,282	1,279,435	11,016,119	3,986,228	696,018
1レース平均	115.4	47.4	9.6	480.3	1,160.4	29.4

1997年パリ競馬国際会議配布資料による。勝馬投票券売得金の単位は百万円

ら14頭のサラブレッドを輸入したことにより始められたが，最近までこの両事業は，主要生産国から比べるとまだまだ目立たない存在であった。しかし，日本の目覚しい経済成長と相まって，競馬は大衆の健全な娯楽の一つとして急速な発展を遂げている。同時に，競走馬として供用される軽種馬の生産も飛躍的に伸びてきた。第二次世界大戦直後の昭和21年（1946年）におけるサラブレッド生産頭数は僅かに203頭であったが，46年後の平成5年（1993年）には10,188頭を数えるまでに増えている。

表1.3に主要競馬開催国の1996年度の競馬概況を表示した。競馬の開催様式（競馬の種類，主催団体など）は国により多少の相違があるが，勝馬投票券（馬券）の売得金を比較してみると，年間の売得金総額ならびに1レース当たりの平均売得金ともに，わが国の中央競馬が突出している。しかも，1983年の売得金総額は約1兆4,400億円であったものが，10年後に3兆7,454億円と倍増しており，この日本の中央競馬の急成長と隆盛は世界の注目を浴びている。

1-2 サラブレッドと競馬の歴史

現在，下記に述べる伝統的な英国式のサラブレッド競馬を開催しているのは，70カ国5地域とされているが（表1.4），地方の小規模な競馬をも含めると，世界の90～100カ国以上の国で競馬が開催されているといわれている。一部にスタンダードブレッドによる繋駕速歩レース（二輪馬車を引いて速歩で競うレース）を開催している国もあるが，競馬の主体をなしているのはサラブレッドによる平地競走である。サラブレッドは，英国人が約300年の歳月をかけて，「より高く，より速く，より強く」を目標に，徹底した人為的な選抜と淘汰を繰り返して完成された品種である。

表1.4 世界の競馬開催国

ヨーロッパ：イギリス、アイルランド、フランス、イタリア、ドイツ、デンマーク、スウェーデン、ノルウェー、スイス、オーストリア、オランダ、ベルギー、ギリシャ、スペイン、ポルトガル、ジブラルタル、ロシア、チェコ、スロバキア、ハンガリー、ポーランド、ブルガリア、ルーマニア、旧ユーゴスラビア

アフリカ：南アフリカ、ケニア、ウガンダ、アルジェリア、チュニジア、モロッコ、リビア、エジプト、ガーナ、ギニア、モーリス諸島、ナイジェリア、マダガスカル

大洋州：オーストラリア、ニュージーランド

アジア：日本、中国、韓国、香港、マカオ、フィリピン、シンガポール、マレーシア、タイ、ベトナム、インド、パキスタン、アラブ首長国連邦、バーレーン、カタール、レバノン、トルコ、キプロス

南北アメリカ：アメリカ合衆国、カナダ、プエルトリコ、ドミニカ、メキシコ、トリニダードトバコ、ジャマイカ、パナマ、アルゼンチン、ブラジル、チリ、ペルー、ベネゼラ、ウルグアイ、コロンビア、エクアドル、パラグアイ、ボリビア

注）下線はパリ国際競馬統括機関連盟加盟国

国際競馬統括機関連盟加盟国：49カ国2地域（香港、マカオ）
その他：21カ国3地域（ジャマイカ、プエルトリコ、ジブラルタル）
合　計：70カ国5地域

JRA国際部の調査による

写真1.1　サラブレッドの雄姿（JRA 提供）

現在のサラブレッドは，約60kgの騎手の負担を背負って，1マイル（約1,600m）を1分32秒余（時速約63㎞）で駆けぬけるスピード持久力を持っており，陸上動物の王者といわれている。さらに，サラブレッドのその人工的ともみまがう端正な容姿は，「人類がつくりあげた最高の芸術品である」ともいわれている（写真1.1）。

英国における競馬は，きわめて長い歴史を持ち，少なくともその起源をローマ時代にさかのぼることができる。当時からスピードのある軽快な東洋種（トルコ馬，バルブ馬，アラブ馬）が数多く英国に入ってきており，優れた狩猟用馬や競走馬を得るために，これら東洋種による英国土産馬の改良が進められてきた。しかし，サラブレッドの本格的な改良が手がけられたのは，1660年のスチュアート王朝復古以降である。

チャールズ2世（1630～1685年）は，競馬の規模を拡大すると共に，競走馬の改良に力を注いだ。そして，当時，世界で最も遺伝学的に純粋な品種であり，しかも優美な体型と軽快な運動性を持つアラブ馬に注目し，1660年から100年間に中東産のアラブ馬が約200頭も輸入された。

そのうちの約3/4が種雄馬で，残りは雌馬であった。

この中に，近代サラブレッドの始祖といわれる3頭の種雄馬，バイアリー・ターク号，ダーレー・アラビアン号，ゴドルフィン・バルブ号が含まれていた。現在，世界各国に分布しているサラブレッドは，どの馬も例外なく，父馬の系統をたどっていくと，この3頭の雄馬のうちのどれかに必ず行きつくのである。したがってこの3頭は，サラブレッドの三大根幹種雄馬と呼ばれている。

以後,競馬において優秀な成績を残した馬だけを選抜して繁殖に残し，成績不良の馬は淘汰するという徹底した選抜育種の方法で，サラブレッドをつくりあげていった。したがって，競馬は民衆の娯楽というだけではなく，改良に用いる馬を選抜するための能力検定という性格も持つようになった。英国では，王侯貴族が自ら生産した馬を持ち寄って賭けをして競走させ，その優劣を競い，改良を進めていった。したがって，英国では競馬を“Sports of Kings”と称しており，今日でも王室自らがオーナーブリーダーである。

1773年，競馬成績を正確に記録した「レーシング・カレンダー」が，そして1793年には，イングランドとアイルランドにおける競走馬の繁殖記録である「英国サラブレッド血統書」(ゼネラル・スタッドブック)が刊行された。以来，成績書は毎年，血統書は4年毎に出版されてきている。この2つの記録が整備されている以上，いつの時代のどの馬であっても，その競走成績ならびに血統を正しく知ることができる。

さらに，英国式の競馬を移入したいずれの国でも，その伝統にならって，血統書と成績書を出している。競馬による能力検定と並行して，厳重な血統登録が行われてきたことが，今日の優れた競走馬サラブレッドを生みだす基盤となっている。

17，18世紀の競馬は，4マイル，5マイル，さらには10マイルという長距離のレースでスピードを競っていたので，いたって強靭で，しかも持久力を必要とする馬が求められていた。その後，距離を短くしてより速いスピードが尊重される競馬に変わっていった。

1776～1811年にかけて，明け4歳馬のクラシック・レース（2,000ギニー，1,000ギニー，ダービー，オークスおよびセント・レジャー）が設定されると共に，すべての重要なレースは2マイル以下になり，以前にも増してスピードのある競走馬が求められるようになった。その結果，現代のサラブレッドにみるような，肢の細い，スマートな体で輪郭の長い馬が主体になってきた。

その後，英国の競馬は1750年ニューマーケットのジョッキー・クラブ創設，前述の五大クラシックレースの整備，最長距離制限，負担重量の制度化，競走の番組の整理などが19世紀初めまでに行われた。そして，このような英国式の競馬様式が世界各国に移入されて，それぞれの国で競馬が発展することになる。

こうして，近代競馬に適合したサラブレッドの改良は，19世紀半ば頃までに劇的に進歩した。体高が平均165㎝で，18世紀初頭から約15.2㎝も高くなったという。体高の増加に伴って歩幅（ストライド）も伸び，スピードも向上した。

わが国における馬の競走は文武天皇の大宝元年（701年）に行われたことが「続日本紀」に記録されている。その後，朝廷の主催する武徳殿における「くらべうま」や，京都の加茂神社をはじめとする祭典競馬，公卿大臣の主催する路上競馬，私邸競馬などに発展しており，現在でも毎年5月5日に上加茂神社で神事競馬が行われている。

わが国においていわゆる「近代競馬」が生まれたのは，江戸時代末期の文久元年（1861年）春のことで，横浜に居留する外国人によって行われた競馬が最初とされている。明治維新後は，馬は軍用として重要視されるようになり，馬匹改良は国政の緊急の課題であったことから，政府の助成によって競馬が進められてきた。第二次世界大戦の激化に伴い競馬開催は停止されたが，馬の能力検定だけは続けられていた。

戦後は，戦前からの公認競馬は国営競馬として，さらに地方公共団体が施行する地方競馬は公営競馬として再開された。その後昭和29年に国営競馬は民営に移管されて中央競馬となり，以来わが国では，中央競馬と地方競馬の二本立の形をとって現在に至っている。中央競馬は伝統的な英国式競馬を踏襲しており，明け4歳馬に行われる五大クラシック・レースについては，1,000ギニー・ステークスが4歳牝馬の桜花賞，2,000ギニー・ステークスが4歳馬の皐月賞，ダービー・ステークスが4歳馬の日本ダービー，オークス・ステークスが4歳牝馬のオークス，そしてセントレジャー・ステークスが4歳馬の菊花賞として実施されている。

1-3　馬のスポーツ競技

近年，馬は各種のスポーツ競技馬として活用されるようになってきたが，一般の日本人にはなじみのない競技が多いと考えられるので，簡単に説明しておく。

1．競馬（カラー①，②）

最も一般的な競馬は平地競走（flat race）と障害競走（steeplechase）であり，欧米の競馬先進国ではほとんどサラブレッドが用いられている。しかし，世界の中には，アラブ系，アングロ・アラブ半血種，純血アラブ，土産馬などが用いられている国も多い。障害競走とは，コース中に設置された幾つかの障害物を越えてスピードを競うレースで，障害物には，竹柵，生籬，水濠，土塁などがある。

繋駕速歩競走（harness racing）は，繋駕車（車輪のついた駕籠）に騎手が乗って速歩でスピードを競うレースであり，スタンダードブレッドが用いられている。欧米では繋駕速歩レースの人気が高い。日本では昭和44年以降はこのレースは施行されていない。

その他，世界では幾つかの地方色のあるレースがある。日本の北海道での重種馬（ペルシュロンなど）によるばんえい競馬，米国のクォーターホースによるクォーター競走（1/4マイル），スイスの雪ぞり競馬，アイルランドの砂漠競馬などが知られている。

2．馬場馬術競技（カラー③，④）

馬場馬術競技(dressage)は，一定の広さの馬場内で，あらかじめ定められた運動を定められた地点で実施し，その演技内容を審判員が採点し，総得点の多さを競う競技である。伸長速歩(extended trot，速歩のテンポ・リズムを変えずに歩幅を最大限に広げる)，パッサージュ(passage，踊るような歩調で行う速歩)，ピアッフェ(piaffer，パッサージュを1歩も前進せずその場で行う)などの特殊歩法により演技される。

1912年のストックホルム大会から，馬場馬術，総合馬術，障害飛越の3種目の馬術競技がオリンピックの競技種目に採用された。

3．障害飛越競技（カラー⑤）

馬術競技のうちで最もポピュラーなのが障害飛越競技（jumping）である。一定のコースに設置されている障害物を飛越する競技であるが，コースは馬と選手の双方の能力が判定できるように，正確さと芸術性を考慮して設計されている。国際馬術連盟のルールのもとで行われる主な競技会は，4年毎に行われるオリンピック大会，オリンピックの間の偶数年に行われる世界馬術選手権，そして屋内競技で地域リーグ戦から決勝へと勝ち上がっていくワールド・カップがある。

4．耐久騎乗競技（長距離騎乗競技，カラー⑥）

耐久騎乗競技（endurance ride）または長距離騎乗競技（long distance ride）は，1着でゴールすることを競うもので，同時に獣医師の厳しい審査にも合格しなければならない。現在の耐久競技は，1日の距離が80～160㎞が主であり，160㎞以上の長距離を数日にわたって走破する競技もある。この競技の目的は，馬の耐久力，周到な飼養管理，トレーニングなど，馬の体調の完成度および，騎手が馬を愛護し，故障させずに完走させる技能や知識をテストするものである。

5．総合馬術競技（カラー⑦）

総合馬術競技（eventing）は，馬場馬術，耐久騎乗，障害飛越の 3 種類の競技を 1 日ずつ 3 日かけて行う複合競技で 3 日競技（three days' event）とも呼ばれる。1 日目は馬場馬術（調教審査）で，馬の敏捷性，柔軟性，柔順性が審査される。2 日目は耐久競技で 16 マイル（25 km）を走破するもので，馬の勇気，スピード，耐久力，飛越能力と騎手の技量とペース配分が試される。最終日には獣医師による余力審査と障害飛越競技（750 ～ 850 m の経路上に配置された 10 ～ 12 個の障害の飛越）である。

6．ポロ競技（カラー⑧，⑨）

ポロ競技（polo）は，馬に乗ってボールを打ちあう「騎馬ホッケー」であり，試合中はほとんどギャロップで戦い通すため，世界で最もスピーディな競技といわれている。競技場は 300 ヤード × 200 ヤード（275m × 180m）であり，1 チーム 4 騎ずつで柳でできたボールを竹製のスティックで打ちながらゴールに入れると得点になる。英国で始められ，その後米国に渡り，さらに世界中に広まった。最近，日本でもポロ競技を始める機運が高まってきている。

7．軽乗競技（カラー⑩）

軽乗競技（vaulting）は，調馬索で直径 13 m 以上の輪線上を左手前駈歩で回っている馬上で，人がいろいろな体操をするものである。体操競技の鞍馬を，動く本物の馬上で行うものである。軽乗競技には，個人，2 人組，団体の 3 種目があり，1920 年のアントワープオリンピック大会で 1 度だけ行われたことがあるが，現在では，世界選手権種目になっており，ヨーロッパと米国で盛んである。

8．ウェスタン馬術競技（カラー⑪）

ウェスタン馬術競技（western pleasure）は，米国におけるカウボー

馬のスポーツ競技

①サラブレッド競馬（1998年第65回日本ダービー）

②繋駕速歩競走

※写真ともにJRA　提供

③馬場馬術競技；伸長速歩。速歩のテンポ・リズムを変えずに歩幅を最大限に広げる（新庄武彦氏提供）

④馬場馬術競技；ピルーエット（駈歩の歩調を維持して右後肢を軸に360度旋回するウルトラCの演技）（新庄武彦氏提供）

⑤障害飛越競技；水濠と障害を組み合わせたリバプール障害。この場合，水濠内に着水しても減点にはならない（新庄武彦氏提供）

⑥耐久騎乗競技；160㎞以上の長距離を数日にわたって走破する（新庄武彦氏提供）

⑧ポロ競技（ペガサス乗馬クラブ　大塚泰一氏提供）

⑦総合馬術競技；野外騎乗
（宮崎栄喜氏提供）

⑨ポロ競技
（ペガサス乗馬クラブ　大塚泰一氏提供）

⑩軽乗競技（新庄武彦氏提供）

⑪ウエスタン馬術競技；レイニング。10種類の規定パターンの中から指定されたものを走行し、スピードのコントロール、リードチェンジなど、牛を追うことを想定した動きが審査される
（日本ウエスタン乗馬協会提供）

⑫馬車競技；障害通過（新庄武彦氏提供）

イの日常の仕事を競技化したもので，競技会をロデオ（rodeo）という。全米で年間300以上の大小のロデオが開催され，伝統的なカウボーイスタイルの選手が熱狂的な観客を集めている。競技種目には，鞍なし荒馬乗り，鞍付荒馬乗り，牝馬乗り，子牛投げ縄しばり，ドラムカン早回り競走（barrel racing），切り離し競技（cutting）などがある。

9．狩猟

狩猟（hunting）は，英国だけに広く普及した代表的なスポーツであり，競技はクロスカントリー競技そのものであり，また優れた競走馬を生み出す原動力ともなった。獲物は，以前はシカ，クマ，キツネなどであったが，後にノウサギに代わった。

10．馬車競技（カラー⑫）

馬車競技（driving）は，永い馬車の歴史の中から生まれたスポーツであり，4頭立ての総合馬車競技は，世界馬術選手権大会の正規種目になっている。この総合馬車競技は，馬場審査，野外歩行（27㎞以内），障害通過の3種目で構成されている。ヨーロッパにおける競技向けの馬車制御技術のレベルは非常に高く，英王室フィリップ殿下の尽力で，1970年に第1回国際馬車競技大会が実現した。

1-4　その他の馬の利用

最近，スポーツ競技馬としての利用以外にも，人類のパートナーとしての深いかかわりを保ち続けてきた馬を，乗馬，ホーストレッキング，情操教育，障害者乗馬療法など多様に利用する考えがでてきている。その背景には，高度成長に終始した20世紀から21世紀を迎えようとする人々が，ゆとりのある暮し，豊かな老後生活，自由時間の有効活用，テクノストレスの解消，ゆとりのある教育，環境保護などに強い希求があるものと考えられる。ここでは最近，特に注目されているホーストレッキングと障害者乗馬療法をとりあげる。

1．ホーストレッキング

ホーストレッキング（horse trekking）は，十数頭の乗馬隊が隊列を組んで，キャンプをしながら乗馬旅行を行うものである。ホーストレッキングのコースをホーストレール（horse trail）という。ホーストレッキングは，欧米ではアウトドアスポーツの王様ともいわれ，乗馬の楽しみに加え，自然を満喫し，自然の中でのキャンプ生活や釣り，山菜狩りなどの楽しみを組み入れた新しい観光でもある。日本では，北海道ホーストレッキング協会が設立され，豊かな森林や湖水，多くの小河川などの自然に恵まれた胆振地方にホーストレールを設置し，評判になっている。特に，北海道和種馬（ドサンコ）が高く評価され，日本でも新しいアウトドアスポーツとして注目されている。

2．障害者乗馬療法

乗馬療法（hippotherapy, horse back riding therapy）は，身体障害者に対する神経生理学に基づいた馬上での運動療法の一つで，姿勢維持反応や身体各部の協調運動，バランス・平衡感覚の改善と共に，関節機能の回復や筋肉の訓練を目的とするものである。乗馬療法の起源は古く，古代ローマ帝国時代にまでさかのぼるといわれている。戦場で傷ついた兵士たちのリハビリテーションに乗馬が用いられた。1960年以降，欧州を中心に乗馬療法が医学者の注目をあびるようになった。一般に動物を人の治療に活用することを，動物介在療法（animal asisted therapy）と呼ばれているが，活用される動物は，人間との絆が強い犬，猫，馬が中心となっている。

身体障害者の精神的肉体的な福祉の向上に乗馬が注目される引き金になったのは，ポリオによる障害者であるデンマークのリズ・ハーテル夫人が1952年の第15回オリンピック・ヘルシンキ大会の馬術競技で銀メダルをとり，センセーションを巻き起こしたことである。

障害者乗馬療法は，英国とドイツで着実な成果をあげている。英国では，1969 年に従来からあった 9 つのグループを統合して障害者乗馬協会（Riding for the Disabled Association, RDA, 会長アン王女）が結成され，障害者に対する乗馬療法が進められている。英国では伝統的に乗馬が国民的スポーツになっており，そのために障害者乗馬用の馬の育成や飼養管理のノウハウが十分に根づいているので，ボランティアを中心にした乗馬療法がスムーズに行われている。ドイツでは，英国と同様に乗馬が盛んであり，1970 年に設立されたドイツ乗馬療法協会が中心となって，医学的，自然科学的に乗馬療法が進められている。さらに，米国には北米障害者乗馬協会（North American Riding for the Handicapped Association）という米国最大の組織があり活動している。

日本では，障害者乗馬療法は未だ揺籃期にあり，社会的な認知度も低い。1984 年に，八木一明氏が脳手術後の個人的体験から栃木県に障害者乗馬の会を作り乗馬療法を始めたのが最初であり，その後篠原宏司氏が 1985 年に栃木県上三川になみあし学園を開設し，障害者に乗馬をとり入れた。八木氏は，障害者乗馬療法の全国的な発展を目指して 1986 年に「日本身体障害者乗馬連盟」を結成したが，1995 年にこれが改組されて「日本障害者乗馬協会」となった。現在，国内で障害者乗馬を実施しているか関心を持っている施設は約 40カ所に及んでいる。さらに 1997 年に障害者乗馬療法を科学的に研究する目的で「馬と健康社会研究会」（会長：林　良博）が設立された。このように日本の障害者乗馬療法は緒についたばかりであるが，障害者に対する一般国民の関心も高まりつつあり，英国の RDA の承認を得た後，1998 年に「RDA Japan」（会長：本好茂一）が設立された。「RDA Japan」は乗馬療法というよりは，障害者が乗馬や馬車操作の楽しさを経験することを主眼においた，心身に障害を持つ人々の乗馬の会として発足した。これら乗馬療法ならびに障害者乗馬の今後の普及と活動が期待される。

【参考文献】

1） 天田明男：疾走－サラブレッド．Cosmo No.11：58～63（1983)
2） Edwards, E. H.（楠瀬　良監訳）：アルティメイト・ブック　馬．緑書房，東京（1995)
3） 競馬制度研究会（編）：よくわかる競馬のしくみ．地球社，東京（1992)
4） 日本馬事協会：乗用馬動向（海外馬産事情）調査報告書．日本馬事協会，東京（1991)
5） 日本中央競馬会：競馬百科．みんと，東京（1976)
6） 日本中央競馬会：教育に活きる馬．日本中央競馬会，東京（1991)
7） 日本中央競馬会：余暇活動に活きる馬．日本中央競馬会，東京（1992)
8） 日本中央競馬会：健康づくりに活きる馬．日本中央競馬会，東京（1993)
9） 農林水産省畜産局家畜生産課：馬関係資料．農林水産省，東京（1997)
10） 澤崎　坦：農林行政上における馬の位置づけ．馬の科学 23：322～325（1986)
11） 新庄武彦：馬のスポーツあれこれ．ホース・メイト 9～17 号（1993～1996)
12） Willet, P.：The Thoroughbred. George Weidenfeld and Nicolson Ltd, London (1970)
13） 横山章光：アニマル・セラピーとは何か．日本放送出版協会，東京（1996)

2

馬のスポーツ医学の沿革とその目的

2-1 スポーツ医学の定義と目的

運動生理学，スポーツ医学，スポーツ科学などの運動やスポーツに関連する学問体系については，国によりまた研究者により種々の呼び方をしており，若干の混乱がみられるので少し整理しておく。これらの学問体系は，いずれも人やスポーツ選手を対象にしたものであり，人医学におけるこれらの学問体系の定義や目的についてまず説明する。そして，その後で馬のスポーツ医学について触れることにする。

1．運動生理学

運動生理学（exercise physiology）は，運動時の身体機能を研究する生理学の一分野であり，その概念は，「身体運動に伴う身体機能の変化と適応を研究対象とする生理学の一つの領域である」と規定されている。

運動生理学は，1960年代末から1970年代初頭にかけて世界の西と東で時を同じくして集大成をみたとされている。西ではスウェーデン・カロリンスカ研究所のP. O. Åstrand教授らであり，東では東京大学の猪飼道夫教授で，彼らは運動生理学の概念をそれぞれ次のように規定している。

「運動生理学は，作業ストレスや身体運動時に現れる生理的・生化学的現象を対象とする生理学および生化学を新たに一つの分野としてまとめたもの」（Åstrand & Rodahl, 1970）。「運動生理学は，人間が運動するときのoutputとしてのメカニズムと，運動することによって惹起される諸種の身体的変化をinputとしてみたときのメカニズムとの両者を合わせた生体現象の科学である」（猪飼, 1973）。

運動生理学の英語exercise physiologyは，現在外国では共通語として最も広く用いられている。ドイツ，フランスおよびイタリアでは発音の違いはあるが，共に“Sport physiologie”の語で呼称されている（Sportphysiologie㊍, Physiologie des sports㊋）。

運動の主体が筋活動によるところから，運動生理学は初期段階では“筋運動の生理学（physiology of muscular exercise）”あるいは“筋活動の生理学（physiology of muscular activity）”と呼称されることが多かった。しかし，当時はこの領域の研究対象の多くが，スポーツ活動よりも労働作業であったため，やがて労働生理学（work physiology㊎, Arbeit Physiologie㊍）なる呼称が使われるようになった。

1950年代に入り世界的にスポーツ活動が盛んになり，スポーツにおける記録や技術の向上に関するこの分野の研究が飛躍的に発展した。そのころからスポーツ生理学（sport physiology㊎, Sport Physiologie㊍）なる呼称が多く使われるようになった。

さらに1960年代の半ばになって，機械化文明生活の歪みから健康生活への基盤としての身体活動の生活化が大きくクローズアップされるようになり，労働やスポーツ活動にとどまることなく，身体運動そのものの生体機能への影響や関連の究明もこの分野の研究内容となった。そして，労働・スポーツ活動をも含めた人間の活動的状態にかかわる身体機能に関する生理学的，生化学的研究を総称して，運動生理学と呼ぶようになった。

最近出版されたWilmoreとCostillの著書（1994）によると，運動生理学は，運動時またはトレーニングによる人体の構造ならびに機能の変化を追求するものであり，一方，スポーツ生理学は，運動生理学の概念を，スポーツ選手のトレーニングや競技能力の増強に応用するものであるとしている。

現在の日本における運動生理学またはスポーツ生理学の研究活動の中心は体育系大学の運動生理学研究室であり，その研究の動向は大きく分けて次のようになっている。

① 筋活動に関する領域
② 呼吸循環およびエネルギー供給機構に関する領域
③ 運動処方に関する領域
④ 人体の活動能力の開発に関する領域

2．スポーツ科学

スポーツ科学（sport science）は，狭義には競技スポーツを対象にしたトレーニングの科学やコーチングの科学と同一視されているが，一般的には，スポーツ哲学，スポーツ教育学，スポーツ史学，スポーツ心理学，スポーツ社会学，スポーツ経営学，スポーツ施設学，スポーツ法学，スポーツ運動学，バイオメカニクス，スポーツ医学，スポーツ生理学，スポーツ衛生学などの諸領域からなる学際科学であり，方法的には複数の専門諸学を駆使して運動遊戯から競技スポーツに至るスポーツ運動現象を統合的に研究する科学である。

スポーツ科学なる名称は，オリンピック大会と関連して広く知られるようになってきたために，競技スポーツの競技力向上に寄与し得る応用科学と考えられがちである。わが国においても，1964年の東京オリンピック大会の出場選手の強化対策の一つとして日本体育協会医事部と日本体育学会が中心になってスポーツ科学研究委員会が結成された。この委員会は，体力管理，トレーニング，技術，心理の４部会からなっていたが，その後，科学的知識と現場の指導の実際とを結合させるために，スポーツドクター制度を導入した。このスポーツ科学研究委員会の活動内容は，①スポーツ科学の知識の普及，②体力測定，③体力トレーニングの研究，④各種スポーツの技術に関する研究，⑤コンディショニングの研究，⑥健康管理，⑦栄養剤の配布，マッサージ師の派遣などである。

３．スポーツ医学

スポーツ医学（sport medicine）は，スポーツ競技者のためのスポーツによる外傷や障害，病気などの治療のための医学として始まり，さらにそれらのリハビリテーション，予防をも含むようになった。したがって，ヨーロッパでは，スポーツ医学と運動生理学などの基礎医学的なものは分けて考える傾向がある。しかし，スポーツ医学における臨床医学面の発達も，基礎的な研究成果なくしては考えられないため，最近では運動生理学などの基礎的領域をも包含した広い医学としてスポーツ医学を捉える傾向に変わってきた。

したがって，スポーツ医学は新しい応用医学の一分野であり，その基礎医学的領域として運動による生体の一時的ないし持続的な変化を明らかにし，臨床医学的領域として基礎研究の成果を競技能力の向上，健康，体力の増進，疾病，傷害の予防・治療，リハビリテーションなどに応用する医学と考えられている。

前世紀末から今世紀にかけての近代医学のはなばなしい発展の中にあって，以前にはスポーツ医学的研究は影の薄い存在であった。しかし，第二次世界大戦後はスポーツの国際交流が盛んになって，スポーツの水準が著しく高くなり，その競争に勝つために，スポーツも科学的に研究する必要性がきわめて高くなった。一方，文明先進国における余暇時間の増加や運動不足による健康障害の対策として一般市民のスポーツに対する関心が高まり，近年ではスポーツは老若男女あらゆる人々が行うものとなってきた。このような社会情勢を背景として，スポーツ医学は競技選手に対する医学から，より広い人々を対象とするものへと変化してきた。

スポーツ医学に対する社会的必要性が高まるに従い，世界各国ともその要請に応えるべき努力がなされてきている。今後，スポーツ医学の研究の充実と質的向上が望まれるし，その成果を正しく万人のために活用する医師や施設が必要とされる。

4．馬のスポーツ医学

馬を研究対象とする馬のスポーツ医学に関する学問体系は，ほぼ人のスポーツ医学に準拠している。馬のスポーツ医学のうちの基礎的領域である運動生理学に関する研究の歴史はきわめて新しく，本格的な研究が進められるようになったのは最近の約20年間のことである。したがって，馬の運動生理学（equine exercise physiology）または馬のスポーツ医学（equine sports medicine）なる学問についても，未だ十分に体系づけられているわけではなく，人のそれに追従した方向で進められている段階である。馬のこの新しい学問領域についての成書も少なく，専門書としてJones（1989）およびHodgsonとRose（1994）編著によるものと，一般向けの啓蒙書としてClayton（1991）によるものがあるにすぎない。

馬の運動生理学において，人のそれと同様に，馬の運動時における生理機能の変化，ならびにトレーニングによる形態および生理機能の変化を追求することが主要な研究目的である。しかし，馬の運動生理学には，家畜として馬の育種改良の過程から，きわめて特異な研究目標があるものと考えられる。

サラブレッドに代表される特定の品種の馬は，その運動能力の向上を目標にして，徹底した選抜育種の方法に近親交配をも併用して改良されてきた動物である。その結果，陸上動物の中で最も優れたスピード力と持久力を兼ね備えた王者を出現させることができた。したがって，サラブレッドは，哺乳動物の中で最も優れた運動適性を有する動物であると考えられる。サラブレッドを運動生理学的に研究することにより，優れた運動適性のメカニズムを明らかにできると共に，今後さらに育種を続けることによりサラブレッドの運動適性がどこまで変わり得るかという育種学的な課題にも応え得るものと考えられる。

サラブレッドの優れた運動適性を明らかにすることは，獣医生理学的に有意義であるばかりでなく，人のスポーツ医学に対しても，優れた運動選手の運動適性改善の方向性を示唆し得るものと考えられる。

2-2　人のスポーツ医学小史

人のスポーツ医学の歴史はきわめて古く，その研究方法，研究の進め方や考え方などはすでに十分に確立されており，馬での研究に大いに役立っている。そこで，馬の運動生理学研究の流れを述べる前に，人のスポーツ医学の研究史に少し触れておく。

人は昔から健康維持のために体操や競技など種々の運動をしており，医師たちは古くからこの運動の効用について注目してきた。したがって，人のスポーツ医学の源を探るには，数千年も前までさかのぼらなければならない。医学の父といわれている有名なギリシャの医師 Hippokrates（460 ～ 377 B.C.）は，体操を保健的な役目を持つものとし，その中に散歩，歩行，乗馬，腕の挙上，相撲，指相撲などを含めた。

ローマ時代後期～近代にかけては水浴，体操，マッサージなどが治療術として広く用いられていた。1813 年にスウェーデンのストックホルムに，世界で初めての近代的なスポーツ医学研究施設である中央体操研究所が設立された。現在は王立中央体育研究所（Kunglia Gymnastika Centralinstitutet, Stockholm）といわれ，世界でも最も整備された体育研究所の一つである。

19世紀の後半以前までは，生理学者の関心のほとんどは臨床医学に関連する課題であり，運動中の生体の反応といった運動生理学的課題にはほとんど注目していなかった。しかし，19世紀末から20世紀初頭にかけて，ヨーロッパを中心に，労働またはスポーツ活動状態の人体を対象にした系統的な研究が展開された。フランスのF. Lagrangeは，1889年に運動生理学に関する初めての教科書「身体運動の生理学(Physiologie des exercises du corps)」を刊行した。イタリアのA. Mossoは筋疲労について研究し，1829年に「疲労（La fatica)」を刊行した。さらにドイツのN. Zuntzは，1906年に登山と高地の人体に及ぼす影響についての書物を刊行した。これらの書物は，その後のスポーツ医学研究の発展に大きな影響を与えることになった。

その後，労働面を対象にした研究はアメリカにおいて大きく発展し，その主舞台となったのは，ハーバード大学の疲労研究所（Harvard Fatigue Laboratory）である。一方，スポーツや体育面に関連した研究は，イギリスのロンドン大学生理学教室およびスウェーデンのカロリンスカ体育研究所が中心になって発展し，F.A.BainbridgeやA.V.Hillさらに P.O.Åstrandという著名な研究者を輩出することになった。いずれも筋活動などについて不滅の業績をあげた。

1928年，スイスのサン・モリッツの冬季オリンピックを機会に，国際スポーツ医学連盟（Fédération Internationale de Médecin Sportive, F.I.M.S.)が結成された。そして同年，夏季オリンピック競技会がアムステルダムで開催された時に，第1回の国際スポーツ医学会が開かれた。

しかし第一次世界大戦で，スポーツ医学の研究もしばらく頓挫せざるを得なかった。スポーツ医学が本格的な隆盛をみたのは，第二次世界大戦以降である。特に東西両陣営が対立していた時期には，社会主義国ではスポーツ医学の研究とその実地応用とがきわめて計画的に進められ，数々の成功を収めた。これに対して西側諸国，特に米国では，資本主義の優越性を誇示するために，スポーツに関連する研究に行政と財政の両面から多大の援助が行われた。その結果，スポーツ医学は世界的に隆盛をみることとなり，欧米では，デンマークのF.A.Asmussen，イギリスのD.R.Wilkie，イタリアのR.Margaria，アメリカのD.B.Dell，P.V.Karpovich，A.H.Steinhaus，B.Balke，S.M.Hoversらの優れた研究者を輩出することになった。

現代のスポーツ医学は円熟期に入っており，その研究内容は3つに大別できる。第一はスポーツ障害および外傷の予防と処置であり，スポーツ医学の中でも最も発展した分野である。第二はスポーツのリハビリテーションへの応用であり，特に循環障害，筋萎縮などのリハビリテーションへのスポーツの活用が重要課題とされている。第三はスポーツ記録の生理学的研究であり，オリンピックで優勝するための運動生理学的研究である。

日本においても，今やスポーツは国民の日常生活の一部として定着してきており，そのためスポーツ医学は単に運動選手だけのものではなく，国民すべての健康のための科学として新しい使命が課せられている。

2-3　馬の運動生理学研究の沿革

1．馬の運動生理学研究の特殊性

馬の運動生理学研究は，人に比べて著しく立ち遅れている。その主な理由として，①サラブレッドの走能力は従来から血統（先天的能力）を中心に考えられてきた，②サラブレッドの走能力の客観的評価が容易でない，③サラブレッドの運動生理学研究には莫大な経費がかかる，ことなどが考えられる。

①の理由として，サラブレッドの品種改良では，競馬において優れた競走成績を残した馬だけを選抜して繁殖に供用し，競走成績が不良な馬は淘汰するといった徹底した選抜育種の方式を駆使してきたことが挙げられよう。したがって，競走馬の走能力は主として遺伝によってもたらされるとの考え方が支配的であり，育成やトレーニングによる後天的な走能力の開発についてはさほど重要視されていないようである。競馬関係者の間では，競走馬の能力はその７～８割が血統により決まるものと考えられており，サラブレッドの改良における最大の関心事は，どのような雌馬にどのような種雄馬を交配させるかという配合の問題である。現在までに，内外のサラブレッド生産者や動物遺伝学者から，数多くの配合理論が発表されてきている。しかし，サラブレッドの改良目標となる走能力の評価が容易ではないことや，これらの配合理論に十分な統計学的処理がなされていないことから，いずれも万人を納得させることができるものではなく，とても科学的な理論とはいいがたい。さらにサラブレッドの育成やトレーニングについても，もっぱらトレーナーの経験と勘に依存しているのが実態である。このように，サラブレッドの馬づくりには，科学が入り込みにくい土壌がある。

②の理由は，競走馬の能力は競馬の成績（競走成績，racing performance）により評価されることになっているためである。したがって，たとえ競走馬が１頭だけで走り，レコード・タイムを更新することができたとしても，実際の競馬で勝てなければ意味がない。牛や鶏などの畜産物の生産を目的とする家畜の能力（量的能力）は，それぞれの生産量（乳量，肉量，産卵数など）そのものを，客観的な能力の指標として示すことができるが，競走馬の走能力のような質的能力の評価は容易ではない。さらに競走能力となると，馬そのものの走能

力と騎手の騎乗技術が総合された能力に加えて，レース時の馬場状態，レース展開，騎手のペース配分などの多くの因子に影響されて，その評価はきわめて困難なものである。競走能力の指標として，従来から収得賞金額，レース・タイム，着差，勝利数などが用いられているが，いずれの指標にも異論があり，競走能力を客観的に示す指標は未だに確定されていない。

③の理由は，研究対象としてのサラブレッドがきわめて高価な動物であり，その飼養管理にも多大の経費を要することである。さらに，競走馬の研究には，高価な馬用高速トレッドミルの導入が不可欠であり，研究内容によっては毎日の騎乗運動が必要な場合が多く，経費，設備，人手など大規模な研究体制を必要とする。

2．馬の運動生理学研究の始まり

馬の運動生理学についての研究は，19 世紀末～ 1930 年代にかけての，当時まだ世界各国で多数飼養されていた使役馬（work horse）のエネルギー代謝についての研究をその嚆矢とする。その後，使役馬の飼養頭数の激減に伴って，馬の研究も低迷を余儀なくされるようになった。そして，馬が競技馬（athletic horse）としてその生存の活路を見出し始めた 1950 年以降，運動生理学に対する研究者の関心が高まってきた。そして，競走馬の血液像，心電図像，ガス交換などの研究が相次いで報告されるようになった。

1960 年代に入り，スウェーデンの Persson らが，初めて馬用トレッドミルを導入して，スタンダードブレッド（繋駕速歩に供用される競走馬）の血液循環に関する研究成果を報告した。運動時の馬体機能を詳細に調べるには，実験室内での定位置運動が必要であり，その目的に合った高速トレッドミルは，運動生理の研究には不可欠の装置である。Persson らの循環血液量に関連する研究は，剔脾術を導入した大がかりな実験により，血液貯蔵所としての脾臓の役割を明らかにしたものであり，馬の運動生理の研究史において，特筆すべき優れた業績である。このPerssonらの研究に刺激されて，主として欧米各国の獣医科大学に馬用トレッドミルが導入されて，本格的な運動生理学の研究が始められ，世界各国から多くの研究成果が報告されるようになった。そして獣医師やトレーナーの間にも，走能力の改善やスポーツ障害の予防のために，科学的研究の必要性のあることが多少理解されるようになったのである。

3．国際馬運動生理学会の開催

このような背景のもと，1982年9月22～24日英国オックスフォードで第1回目の国際馬運動生理学会（ICEEP）が開催された。そこでは世界21カ国から150名以上の研究者が参集し，教育講演5題および学術講演約60題が報告された。内容は，呼吸器系，心臓循環器系，筋肉系，歩様，栄養，体温調節，血液，トレーニングと血液化学，運動適性とトレーニング進度の分析，ドーピングと多岐にわたっていた。

第2回のICEEPは，1986年8月7～11日，米国カリフォルニア州サンディエゴで開催された。世界20カ国から約160名の研究者が集い，提出された125題の論文から厳選された72題が発表された。その内容は，第1回学会の内容に加えて，運動性肺出血，慢性閉塞性肺疾患，不整脈などの病態生理に関する報告がみられた。

第3回のICEEPは，1990年7月15～19日，スウェーデンのウプサラで開催された。スウェーデンは，前述のように，世界で初めて人のスポーツ医学研究施設を設立し，多くの著名なスポーツ医学者を輩出したスポーツ医学のメッカでもある。先に述べたPerssonらもスウェーデン人であり，人，馬共々スポーツ医学の盛んな国である。世界25カ国から約200名の研究者が集まり，約80題（含ポスター発表）の研究が報告され，その内容は，運動に対する心臓循環器系の反応や呼吸器系の反応，歩行，運動に対する筋肉の反応，栄養，運動による血液の変化，運動に関連する病態生理など，馬の運動生理ならびにスポーツ医学の領域をも網羅されており，本学会の内容もほぼ固定されてきたものと考えられる。すなわち，狭義の運動生理学にとどまらず，運動に関連する疾病をも包含する，馬のスポーツ医学会というべき学会に成長した。

第4回のICEEPは1994年7月11～16日にオーストラリアのクィーンズランド州クーラルビンで開催された。約20カ国から約180名の研究者が集い，運動とトレーニングによる呼吸反応や心臓循環器系の反応，バイオメカニクス，運動とトレーニングによる筋肉の反応，電解質・酸-塩基・体温調節，競技馬の栄養，競技馬の応用生理学の7つの分野に分かれて120編の論文が報告された。

このICEEPでは，報告された論文を単なる抄録としてではなく，原著論文として集録された論文集を毎回発行しており，これは他の国際学会ではみられない特色である。すでに4回分4冊の論文集が出版されており，馬の運動生理学の最新の知見を知る上で，きわめて貴重な文献となっている。

そして第5回のICEEPは，1998年9月20～25日に日本の宇都宮市で日本ウマ科学会とJRA競走馬総合研究所の共催により開催されることになっている。

以上，ICEEPの沿革を中心にして，馬の運動生理学研究の流れを述べてきた。この分野の研究の歴史はきわめて新しく，本格的な研究が始められたのは，わずかにここ最近の20年間である。しかし，この間に欧米を中心に報告されてきた論文は，いずれも学問的に優れた内容のものであり，短期間にもかかわらず濃密な研究成果が蓄積され，優れた運動適性を持つ馬の生理学的特性が次第に明らかにされてきている。

4．馬スポーツ医学会の活動

上記のICEEPの開催以前の1974年8月5～10日に南アフリカ連邦クルーガー国立公園のプレトリウスコップにおいて，南アフリカ獣医師会の主催により第1回国際馬獣医学会が開催され，「馬の競走能力および体力の指標」と題する運動生理学的課題についてのシンポジウムが開かれている。世界21カ国から約140名の研究者が集まり，心臓呼吸機能，血液像，血液生化学と運動能力に関する16題の研究が報告された。

またICEEPとは別に，米国に馬スポーツ医学会（Association of Equine Sports Medicine, AESM）という学術団体があり，毎年，米国を中心に学会が開催されている。1996年6月にドイツのボンで，第15回 AESMが開催された。ICEEPは生理学的な色彩が強いアカデミックな学会であるのに対して，AESMは馬スポーツ医学の広範なより実際的な研究が発表されており，毎回，発表された研究の論文集が出版されている。さらにこの学会では“The Equine Athlete”なる機関誌が隔月発行され，馬スポーツ医学の啓蒙に大きな役割を果たしている。

馬の歩行運動に関する研究成果は，ICEEP以外に，動物歩行に関する国際ワークショップ（International Workshop on Animal Locomotion）でも討議されている。このワークショップは，あらゆる動物の歩行運動に関する研究成果を討議する国際的な集会であるが，その演題のほとんどが馬の歩行運動に関するものである。第1回のワークショップは1991年にオランダで，さらに第2回は1993年に米国で開催された。そして1996年の5月20～22日の3日間，フランスのソーミュール（Saumur）で第3回ワークショップが開催された。20カ国から約140名の研究者が集まり，7種の四足動物の歩行運動に関する70題を越える研究が報告されたが，そのうち60題を越える演題が馬についての研究であった。その内容も跛行検査法，整形外科療法，国際的競技馬の馬格と歩行運動など実用的なものであった（Deuel, 1996）。これら諸外国における馬のスポーツ医学に関する研究論文は，先に述べたICEEPのプロシーディング以外にはJournal of Applied Physiology, Equine Veterinary Journal, Journal of Equine Veterinary Scienceなどに掲載されている。

5．わが国における研究の歩み

日本においても，最近まで馬の運動生理についての本格的な研究はほとんど着手されていなかったが，約60年前に一つの注目すべき研究がなされていた。当時の帝国競馬協会（JRAの前身）の委託により，東京大学の松葉重雄らが，1928年から5カ年と1933年から4カ年の計9カ年の長期にわたり，下総御料牧場と小岩井農場の育成馬を用いて膨大な運動生理学的研究を行った。彼らは，馬の臨床所見，血液所見など20項目について，運動前，運動直後，運動終了1時間後の3回にわたり測定し，これらの測定値と能力との関係を調べた。その結果，能力の優れた馬ほど運動による変化が少なく，しかも運動後の回復の早いことがわかった。

このように運動負荷後の生体反応の回復状況から運動能力を評価することは現在でこそ常套的な方法とされているが，当時としては，この回復率の考え方はきわめて卓越したものであった。この研究成果は，1930年にモスクワで開催された国際生理学会で発表され，多くの医学者の関心を集め，その後の運動生理学研究に連綿として引き継がれている。

現在，EU，米国，オーストラリアなどの主要な獣医科大学では，馬用高速トレッドミルを導入して，積極的に馬のスポーツ医学の研究が進められている。そして，4年毎に開催されるICEEPには，最先端の技術を駆使した高いレベルの研究成果が報告されてきた。しかし，日本では馬用高速トレッドミルを導入している獣医科大学は皆無であり，馬のスポーツ医学的研究は，もっぱらJRA競走馬総合研究所に依存している。

JRAは，第二次世界大戦後衰退の一途をたどっていた日本における馬の研究を支えるべく，1959年に東京都世田谷区に競走馬保健研究所を設立し，競走馬の運動生理，飼養管理，臨床などの研究を進めてきた。しかし，あまりにも狭小な敷地のために早くから移転が望まれていたため，1997年春に栃木県宇都宮市のJRA宇都宮育成牧場の敷地に移転し

写真 2.1　JRA 競走馬総合研究所
（栃木県宇都宮市）

た。現在の競走馬総合研究所は，約 378,000 ㎡の広大な敷地に，一周 800 m のトラック馬場，放牧地を擁し，運動科学，臨床医学，施設および生命科学の 4 つの研究室に分かれて，サラブレッドの生産，育成そして競走に関わる種々の課題について研究が続けられており，わが国における唯一の馬の研究機関である。その研究成果は競馬界はもとより広く獣医界からも期待されている（写真 2.1）。

運動科学研究室には，馬用高速トレッドミル，代謝試験室，行動観察場などの研究施設を有し，馬の集団遺伝学，飼養学，行動学，運動生理学に関する研究が進められている（写真 2.2）。

臨床医学研究室では，競走馬のスポーツ障害を中心に，馬の疾病に対する臨床学的研究が主な研究課題となっている。施設研究室は，競走馬のレースの舞台となる馬場や厩舎施設の改善などの研究に取り組んでいる。生命科学研究室は，遺伝子工学や細胞工学などの先端技術を駆使して，サラブレッドの登録に必要な DNA 型による馬の親子鑑定，免疫・

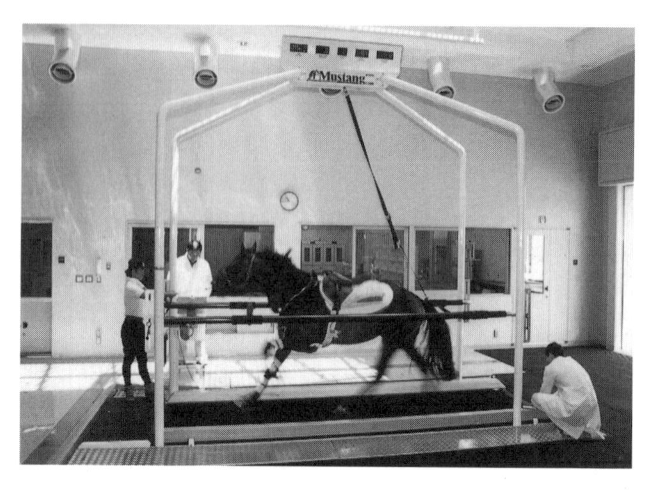

写真 2.2　JRA 総研に導入された馬用高速トレッドミル
（JRA 総研 提供）

繁殖・運動に関連する遺伝子の解析などが進められている。

さらに，栃木県国分寺町に馬の感染症の研究施設として栃木支所，そして福島県いわき市に，温泉やプールを利用する競走馬のリハビリテーション施設としての常磐支所が付設されている。さらに，1998 年秋には，サラブレッドの育成期のトレーニング，飼養管理などの研究のための施設が北海道浦河町に開設される予定である。

このように，JRA 競走馬総合研究所は，世界的にも誇り得る規模と施設を持つ馬の総合的な研究所に生まれ変わった。最近は，海外の馬の研究者を招聘して共同研究をしたり，研究の活性化に努めており，今後の研究成果が期待される。しかし，欧米やオーストラリアにおける馬のスポーツ医学に関する優れた研究業績は，一朝一夕に生まれたものではなく，馬を支える幅広い社会的基盤がもたらしたものである。今後，日本の馬の研究を世界的レベルに引きあげるためには，JRA だけでなく，各獣医科大学を含めた関係者の衆知を集めて，馬の研究のあり方，進め方などを考え直す時期に来ているものと考えられる。

日本においても早くから馬専門の学会設立が望まれていたが，1990年3月31日に日本都市センターに約200名が集まり，日本ウマ科学会（会長：本好茂一）が設立された。この学会の目的は，ウマに関する基礎的，応用的研究の推進と学術の国際交流を図り，その成果を社会に還元するものとしており，このために定期的な学術集会，機関誌「Japanese Journal of Equine Science」の発行，馬事思想普及のための講演会などを行ってきた。機関誌は途中から JRA の競走馬総合研究所報告「Bulletin of Equine Research Institute」と合併して，「Journal of Equine Science」（季刊，英文誌）と改名して，日本の最新の研究論文が海外に紹介されている。設立後8年経過した現在，約800余名の会員を擁し，活発に学会活動が進められている。

【参考文献】

1） Clayton,H. M. : Conditioning Sport Horses. Sport Horse Publications, Saskatoon(1991)
2） Deuel, N. R. : Third International Workshop on Animal Locomotion : conponents of applied science. Equine Vet. J. 28 : 253（1996）
3） Gillespie, J. R. & Robinson, N. E.(eds) : Equine Exercise Physiology 2. ICEEP Publications, Davis（1987）
4） 原田俊治：馬，この愛すべき動物のすべて．PHP 研究所，東京（1991）
5） Hodgson, D. R. & Rose, R. J. : The Athletic Horse. W. B. Saunders Co., Philadelphia（1994）
6） 猪飼道夫（編著）：身体運動の生理学．杏林書院，東京（1973）
7） Ivers, T. : The Fit Racehorse II. Equine Research Inc., Grand Prairie（1994）
8） Jones, W.E. : Equine Sports Medicine. Lea & Febiger, Philadelphia（1989）
9） 児玉俊夫ら（編）：スポーツ医学入門．南山堂，東京（1965）
10） 競走馬総合研究所（編）：種畜の選抜ならびに配合について．牧場管理のため

の手引きⅡ．51 ～ 80 頁，競走馬総合研究所，東京（1985）
11）松葉重雄ら：競走馬ノ運動生理並二其ノ能力検定二関スル研究．帝国競馬協会，東京（1945）
12）Milne, F. J.（ed.）：Proceedings：First International Equine Veterinary Conference. J. S. Afr. Vet. Ass. 45 ：247 ～ 380 (1974)
13）Persson, S. G. B. et al. (eds)：Equine Exercise Physiology 3. ICEEP Publications, Davis (1991)
14）Robinson, N. E. (ed.)：Equine Exercise Physiology 4. Equine Vet. J. Suppl. 18（1995）
15）澤崎　坦：わが国ウマ科学の先駆者たち．Jpn. J. Equine Sci. 4 ：123 ～ 135 (1993)
16）Snow, D. H. et al. (eds)：Equine Exercise Physiology. Granta Editions, Cambridge (1983)
17）Wilmore, J. H. & Costill, D. L.：Physiology of Sport and Exercise. Human Kinetics, Champaign (1994)

3

筋活動とエネルギー供給系

3-1 筋肉の種類と構造

筋肉は，内臓や血管を構成する平滑筋（smooth muscle），心臓を構成する心筋（cardiac muscle），四肢などを動かす時に用いる筋を構成する骨格筋（skeletal muscle）の3種類に分類される。骨格筋は動物の意志により動かすことのできる随意筋であり，一方，心筋や平滑筋は意志とは関係なく収縮する不随意筋である。また，心筋や骨格筋には規則正しい縞模様（横紋構造）がみられるので，これらを横紋筋ともいう。

骨格筋は多数の筋線維（muscle fiber）の集合であり，筋線維は筋の両端にある腱を介して骨に結合する。多くの骨格筋は，筋線維が腱に対して角度をもって接続している半羽状筋（pennate muscle）であり，比較的大きな生理学的断面積が得られるので，発揮張力は強いメリットを持つ。馬のほとんどの骨格筋の筋線維の横断面積は2,000～6,000 μm^2であり（Henckel, 1983），筋線維の長さは5～10cm程度である（Snow

& Valberg, 1994)。

筋線維は，収縮蛋白であるアクチン（actin）やミオシン（myosin）を含む筋原線維（myofibril）や，その周りを取り囲む袋状の筋小胞体（sarcoplasmic reticulum），筋原線維の内部に達する横行小管（transverse tubule，またはT管 T system），ミトコンドリア，グリコーゲン顆粒などにより構成される。

筋小胞体はカルシウムを取り込むタンクの役目を果たしており，神経からのインパルスが筋線維に伝えられると，筋小胞体に取り込まれているカルシウムが放出されて筋線維内のカルシウム濃度が10～100倍に高まると，筋原線維の長さが短くなり，筋収縮が起こる。この神経と筋の連動による筋収縮の一連のシステムを興奮収縮連関（excitation-contraction coupling, E-C coupling）と呼ばれ，筋の生理学において最も重要な現象であるが，その詳細は生理学の教科書にゆずる。

3-2　筋収縮のエネルギー源

サラブレッドの骨格筋の総量は体重の約53％を占めており，その他の品種の馬で約44％であるのに比べて，サラブレッド種の筋肉量は著しく多い（Gunn, 1987）。このような大量の骨格筋の収縮により馬の運動が遂行されるが，このためには大量のエネルギーを必要とする。さらに運動を持続させるためには，連続的にエネルギーが供給されなければならない。

馬が毎日，飼料から摂取している栄養素（炭水化物，脂質，蛋白質など）も豊富な化学エネルギーを有しているが，それ自体では筋収縮のための直接のエネルギー源とはならない。筋収縮の直接のエネルギー源として働いているのはアデノシン三リン酸（adenosine triphosphate, ATP）である。ATPは3個のリン酸を結合しており，第2と第3の結

表 3.1　馬の筋肉の貯蔵エネルギー物質

エネルギー物質	年齢別の貯蔵量（mmol/kg）		
	2~3歳	3~4歳	4~5歳
ATP	4.9（3.7~5.5）	5.1（3.6~6.6）	4.8（3.8~5.8）
CP	18.7（13.5~25.1）	15.5（12.2~17.6）	17.1（11.5~19.8）
グリコーゲン	107（89~118）	110（87~141）	122（87~175）

スタンダードブレッド種中殿筋のバイオプシーにより採材、年齢は満年齢
Lindholm & Piehl（1974）より引用

合が高エネルギーリン酸結合であり，第1の結合とは異なっている。このATPの第3のリン酸結合が外れる際に，エネルギーが放出される。この反応は，ミオシンATPaseの触媒による加水分解であり，アデノシン二リン酸（adenosine diphosphate, ADP）と無機リン酸（Pi）に分解される。これを式で表わすと次のようになる。

$$ATP + H_2O \longrightarrow ADP + Pi$$

ATP 1分子当たりの分解により発生するエネルギーは僅かであり（ATP 1モル当たり約12 kcalのエネルギーが発生する），しかも馬の筋肉中に元々あるATPの貯蔵量はきわめて少なく，表3.1に示したように筋肉1 kg当たり約5 mmolである（人の筋肉でもほぼ同量である）。体重500 kgのサラブレッドの場合，筋肉重量265 kg（体重の53％として）になるので，ATPは1,325 mmol含まれていることになる。運動時に馬体の全筋肉量の何割が活動しているかは不明であるが，仮にすべての筋肉が活動するとして，15.9 kcalのエネルギーが発生することになる。筋肉内で発生するエネルギーのうち，筋収縮のための機械エネルギーとして利用されるのは約25％とされているので，馬体内に貯蔵されているATPからは最大3.9 kcal（15.06 kJ）のエネルギーが利用できること

表 3.2　馬の歩法の相違による運動時の可消化エネルギー要求量

歩法	速　度 (m/分)	エネルギー要求量 (kcaℓ/kg/分)
常歩	95	42
速歩	250	158
駈歩	350	325

Pagan & Hintz（1986）の計算式による

になる。

しかしこの貯蔵ATPによるエネルギーは，運動開始後数秒しかもたないといわれている。運動時のエネルギー要求量を求める推定式が報告されているが，Pagan と Hintz（1986）による下記の計算式から求めた運動時の馬の可消化エネルギー（digestible energy, DE）要求量を表 3.2 に示した。

$$DE(kcal \cdot kg^{-1} \cdot h^{-1}) = \frac{e^{3.02+0.0065\chi} - 13.92}{0.57} \times 0.06$$

χは馬の走速度（m/分）であり，この式は 350 m/分以下の走速度の運動に適用される。e は自然対数の底（約 2.72）である。また，この式で得られる可消化エネルギー要求量の値は，馬体重のほかに騎乗者や鞍などの馬装も含めた単位重量当たり，1 時間当たりのものである。

例えば，体重 500 kgの馬が 70 kgの負担重量（騎乗者，鞍など）で，緩徐な駈歩（350 m/分，34 秒/ハロン）で 10 分間運動した場合，エネルギー消費量は 1,853 kcal となる。この値を 1 分間当たりの DE（kcal/kg）に換算すると，表 3.2 のように 325 kcal となる。サラブレッド競走馬は，実際にはもっと速いスピード（平均 960 m/分，12.5 秒/ハロン）で 1 ～ 2.5 分間疾走しており，その消費エネルギーは著しく大きいものと考えられる。したがって，運動を継続する場合には，大量の ATP を再合成してエネルギーを補給する必要がある。

馬の運動能力は，筋肉におけるエネルギー（ATP）の供給機構の働き如何にかかっている。ある強度の運動を続けるためには，エネルギーの消費量（ATP 分解量）に見合ったエネルギー量の供給（ATP の再合成）が必要である。この ATP の再合成が不十分な場合には，運動能力は減退せざるを得なくなり，疲労を招くことになる。

3-3　エネルギー供給機構

ATP の再合成とは，ATP の分解により産生された ADP を，筋肉中に蓄えられている他のエネルギー物質（クレアチンリン酸）や栄養物質の分解により放出される自由エネルギーを使って ATP に変換すること（リン酸化 phosphorylation）である。この ADP を ATP に変換する主要な経路（供給機構）は，無酸素的過程（anaerobic process）と有酸素的過程（aerobic process）に大別され，無酸素過程はさらに非乳酸性過程（alactic process）と乳酸性過程（lactic process）に分けられる。すなわち，表 3.3 に示したように，3 つの機構によりエネルギーが供給され，運動の強度や持続時間によってこれらの 3 つの供給系の関与の仕方が変わってくる。

1．非乳酸性無酸素的過程（ATP-CP 系）

3 つのエネルギー供給機構の中で最も短時間に ATP を再合成するのが，クレアチンリン酸（creatine phosphate, CP）の分解により解放されるエネルギーを利用するものである。CP は ATP と同様の高エネルギーリン酸化合物であり，激しい運動時に，筋肉中に含まれる CP が分解し，CP からリン酸が 1 分子外れる時に発生するエネルギーで ATP が再合成される。これを式で表わすと次のようになる。

表 3.3　3つのエネルギー供給系

	エネルギー供給速度	エネルギー供給期間	特徴
ATP－CP系	最も早い	8～10秒	無酸素性
解糖系	中間	32～33秒	無酸素性、乳酸産生
有酸素系	最も遅い	無限に供給	有酸素性

ADP + CP ⟶ ATP + creatine

上式の反応はクレアチン・ホスホキナーゼにより触媒され，酸素を必要としない反応であり，しかも乳酸の発生もないので，非乳酸性無酸素的過程（alactic anaerobic process），またはATP-CP系と呼ばれている。これは，ATP供給系の中でも最も短時間にATPを再合成することができ，しかも単位時間当たりのエネルギー産生量も最大である。しかし，筋肉内のCPの貯蔵量は，ATPの約3倍量（16～18 mmol/kg）程度と少ないため（表3.1），エネルギー供給は短時間（全力疾走で約8～10秒）しか持続しない。この過程は運動開始直後に利用できるために，始動時供給系（startup system）とも呼ばれている。

2．乳酸性無酸素的過程（乳酸系）

もう一つの無酸素的過程におけるATPの再合成は，エネルギー物質である炭水化物の無酸素的分解により発生するエネルギーを利用する経路である。馬体内の炭水化物は，筋肉と肝臓にグリコーゲンとして貯蔵されており，容易に利用される（表3.4）。肝臓内のグリコーゲンは，必要に応じてグルコース（血糖）に分解されて血流を経て，筋肉に運ばれる。

筋肉内のグリコーゲンまたはグルコースは，酸素の介在なし（無酸素的過程）でピルビン酸に分解され，さらにピルビン酸が乳酸脱水素酵素

表 3.4　エネルギー産生に利用される貯蔵栄養素

栄養素	貯蔵組織	貯蔵量（g）
グリコーゲン	肝臓	150
グリコーゲン	筋肉	3,600
トリグリセリド	脂肪組織	40,000
トリグリセリド	筋肉	2,000
蛋白質	筋肉	38,000

体重 450 kg の馬での測定値　　Snow & Vogel（1987）より引用

(lactate dehydrogenase, LDH）により乳酸になる（図 3.1）。この分解過程は，解糖（glycolysis）と呼ばれ，14 種の酵素により触媒される連続的な反応である。解糖系では，乳酸が産生されるのが特徴であり，この系は乳酸系とも呼ばれる。

この反応経路は主に筋形質で行われ，ATP の供給速度が早いことから，急激な運動に要するエネルギーをすばやく供給できるという利点を有する。解糖系によるピルビン酸の生成速度が速く，ミトコンドリアによるピルビン酸の処理速度を上回る時は，ピルビン酸は乳酸に変換される。このように解糖系では乳酸という酸性物質を生成するために活動筋ならびに血液が酸性に傾き（acidosis)，その結果，代謝に関与する酵素活性を低下させ，筋収縮と ATP 供給そのものを阻害するという欠点を持っている。さらにこの解糖過程における ATP の供給効率は低く，1 分子のグリコーゲンから 3 分子の ATP が生成される。したがってこの経路では，貯蔵グリコーゲンは急激に枯渇し，激しい運動を 1 ～ 2 分間程度持続させる ATP 量を供給するにすぎない。

筋肉内に生成された乳酸は，大きく分けて二通りの経路で処理される。一つは乳酸を産生した筋自身が処理する方法であり，解糖系の流れが緩

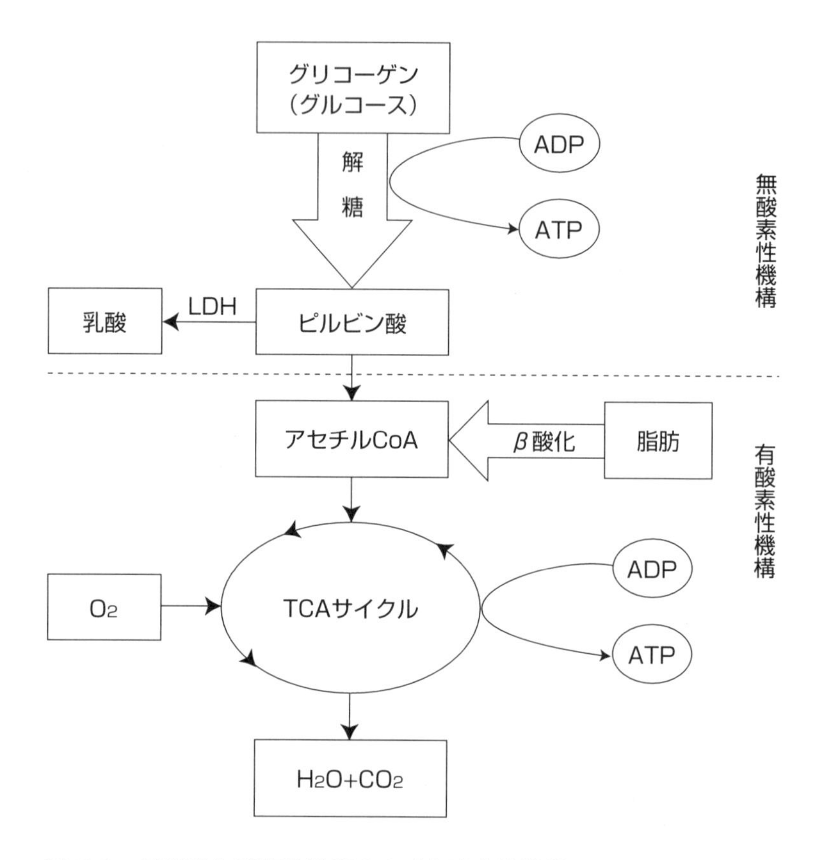

図 3.1　乳酸性無酸素的機構および有酸素的機構によるATPの再合成

やかになった時に乳酸はピルビン酸に再変換され，ミトコンドリアに取り込まれて有酸素的代謝によりエネルギー物質として利用される。もう一つは，筋から逸脱して肝臓や活動していない他の筋で処理される経路である。

3．有酸素的過程

運動強度が低い場合には，筋肉内の ATP の分解速度は遅く，ATP の再合成は十分な酸素の供給のもとで行われる。特に持久的な運動では，この供給系によるエネルギーの補給が中心になる。有酸素的過程によるATPの再合成は，筋線維内のミトコンドリアで行われる。その経路は，上述の解糖系（グリコーゲンまたはグルコースの分解）により，ピルビン酸および脂質である遊離脂肪酸（free fatty acid, FFA）がβ酸化経路によりアセチルCoAに転換され，次いでTCAサイクルに取り込まれて複雑な過程を経て処理される。TCAサイクルではATPが合成されるわけではなく，ここの反応で重要なことは水素ができることである。そして電子伝達系は，この水素から電子を受け取り，幾つもの反応の末最終的に酸素を還元して水にし，その過程においてATPを産生する（図3.1）。この電子伝達系におけるATPの再合成を酸化的リン酸化（oxidative phosphorylation）という。この場合，グリコーゲン1分子から36分子のATPが産生され，上述の解糖系に比べてその産生効率は著しく大きいといえる。もう一つの主要なエネルギー源である脂肪酸では，パルミチン酸1分子が，β酸化系からTCAサイクルを経て完全分解すると，130分子のATPが産生される。

このように有酸素的過程におけるATPの産生効率は無酸素的過程に比べて著しく大きいが，その代謝速度は筋肉に対する酸素供給能に依存するために緩徐である。しかも，この代謝過程で利用されるエネルギー物質であるグリコーゲンやトリグリセドは馬体内に大量に貯えられており（表3.4），酸素が十分供給され，体内の糖や脂質がなくならない限り，時間的には無限にエネルギーを供給し続けることが可能である（表3.3）。この有酸素的過程は，馬の競技のうちでも比較的長時間にわたる持久性競技（耐久騎乗競技，総合馬術競技，複合馬術競技），中等度の運動強度で短時間の競技（馬場馬術競技，狩猟ショー，乗馬）および持久走に激しい運動が間欠的に加わるような競技（ポロ競技，障害飛越競技）において，エネルギー供給の主要な役割を果たしている。

3-4 運動時のエネルギー供給機構の動態

非乳酸性無酸素的供給機構は運動開始直後の短時間に，乳酸性無酸素的供給機構は主として短時間でしかも強度の高い運動時に，そして有酸素的供給機構は主として強度は低いが長時間にわたる運動時に活動するものである。どのような運動であっても，運動時にはすべての供給機構が関与していると考えられているが，3つの供給機構のそれぞれの関与の仕方は運動の強度と持続時間によって異なっている。

馬に最大強度の運動を負荷した場合のエネルギー供給機構の動態を図3.2に示した。馬が襲歩で運動する場合，先ず筋肉内に貯蔵されているATPからエネルギーが供給されるが，この貯蔵ATPによるエネルギー供給は数秒程度なので，その後は最もエネルギー供給速度の速いATP-CP系（非乳酸性無酸素的過程）から大部分のエネルギーが供給される。しかし，この系からのエネルギー供給には時間的制約があるために，次いで解糖系（乳酸性無酸素的過程）からエネルギーが供給されるようになる。これらATP-CP系と乳酸系を合わせた無酸素的エネルギーの供給持続時間は約40秒程度である。さらに運動時間が長くなると有酸素系の関与が徐々に大きくなる。

次に，馬に運動強度（走速度）を漸次増加した場合の有酸素的過程と無酸素的過程との関与動態を，馬の走速度と血中乳酸値の動きからみてみる（図3.3）。比較的遅い速度の走行では，有酸素的過程が主役となってエネルギーが供給されているために，血中乳酸値は安静値の1 mmol/ℓ程度を維持している。しかし，ある速度から血中乳酸が上昇し始め，さらに4 mmol/ℓのレベルに達すると血中乳酸値は急激に増加し始める。この最初に増加し始める点を乳酸性閾値（lactate threshold, LT）といい，さらに血中乳酸が4 mmol/ℓになる点を血中乳酸蓄積開始点（onset of blood lactate accumulation, OBLA）と呼ぶ。このLT

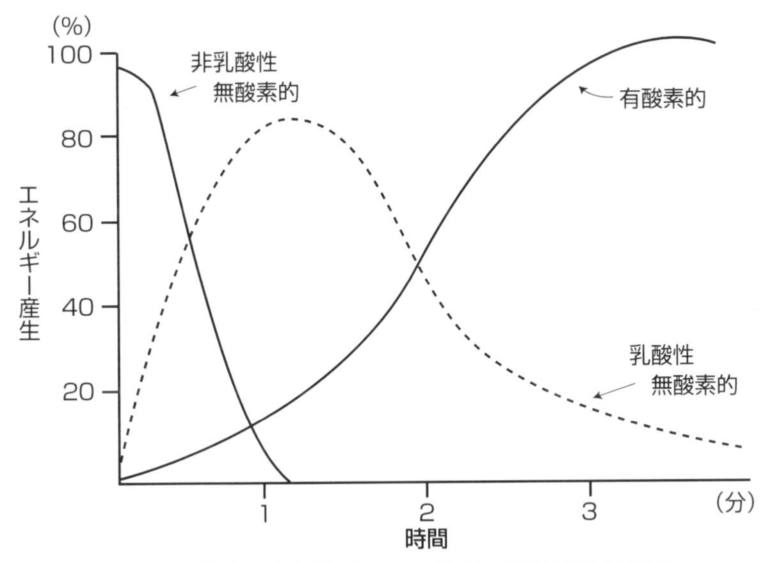

図 3.2　最大強度運動時のエネルギー供給機構の動態

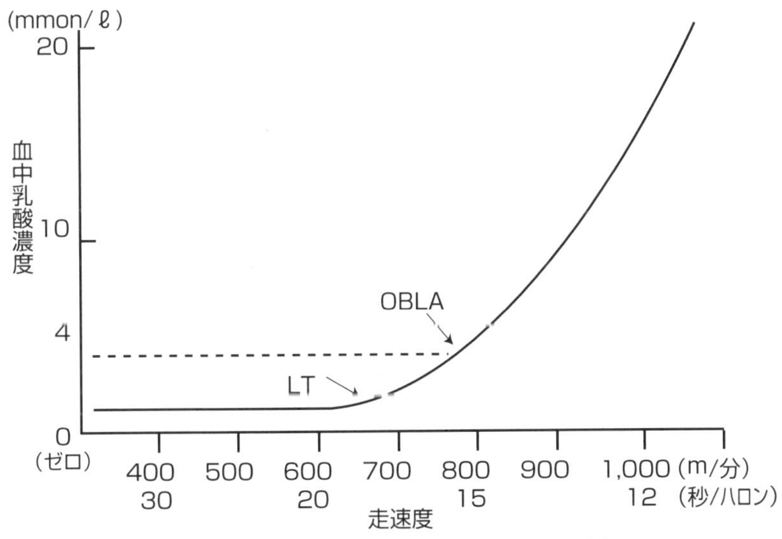

図 3.3　馬の走速度と血中乳酸値との関係

は無酸素的（解糖系）エネルギー供給機構が関与し始める時点であり，さらにOBLAは有酸素的エネルギー供給機構の関与の上限時点を示すものと考えられる。このOBLAを示す走速度（血中乳酸が 4 mmol/ℓを越える時点の走速度でV_{LA4}と標記する）は，馬のトレーニングの程度により異なるが，サラブレッド競走馬では800 m/分（15秒/ハロン）程度である。

このLTまたはOBLAは，運動時の馬のエネルギー供給機構の主役が有酸素系から無酸素系に変換する指標として，運動生理学的に重要な意味を有する。

3-5　エネルギー供給機構からみた競技馬の運動特性

上記の 3 つのエネルギー供給系が実際の競技馬の競技中にどのように関与しているかは，それぞれの競技の運動強度と運動持続時間により異なっている。人のスポーツ種目では，一般に短距離走（100 ～ 200 m走，野球の盗塁，サッカーのゴールキーパーなど）のように運動時間が30秒以下と短く，パワーが高い運動（ハイ・パワーの運動）では，そのエネルギーは非乳酸性機構（ATP - CP系）から供給され，逆にマラソンやトライアスロンのような運動時間が長く（ 3 分以上），パワーが低い運動（ロー・パワーの運動）では，有酸素性機構（有酸素系）がエネルギー供給の主役である。一方，運動時間が30秒～ 3 分の中程度の運動（200 ～ 800 m走，500 ～ 1,000 mスピードスケートなど，ミドル・パワーの運動）では，乳酸性機構（乳酸系）がエネルギー供給の主役となる。しかし，この乳酸系だけでは必要なエネルギーを十分に供給することはできないので，30 秒～ 1 分 30 秒の運動（200 ～ 400 m走，500 ～ 1,000 mスピードスケートなど）ではATP - CP系と乳酸系の両方から，そして 1 分 30 秒～ 3 分の運動（800 m走など）では，乳酸系と有酸素系の

表 3.5　馬の競技種目におけるエネルギー供給系の関与比率（%）の推定値

		ATP−CP系	乳酸系	有酸素系
障害飛越競技		15	65	20
ポロ競技		5	50	45
三日競技（野外騎乗）		10	40	50
		88	10	2
		95	4	1
競馬レース				
クォーターホース		80	18	2
サラブレッド：	1,000m	25	70	5
	1,600m	10	80	10
	2,400m	5	70	25
	3,200m	5	55	40
スタンダードブレッド：	1,600m	10	60	30
	2,400m	5	50	45
		1	5	94
		1	2	97

Bayly（1985）より引用

両方からエネルギーの供給を受けている。

このような人のスポーツ競技における運動強度と運動持続時間とエネルギー供給系との関連性を馬の各種競技にあてはめて，表 3.5 に示したようなエネルギー供給系の関与の割合の推定値が報告された（Bayly, 1985）。この著者はこれらの数値はあくまでも主観的なものであり，将来は実験的検討による正確な数値に訂正すべきものと述べている。推定値では，サラブレッドの平地競走（1,000 ～ 3,200 m）では，解糖系の関与が 70 ～ 55 %とかなり高く，解糖系が有酸素系に比べてエネルギー供給の主役を担っていると考えられていた。最近，人のスポーツ競技における無酸素性エネルギー供給量の評価法として，最大総酸素借（maximal accumulated oxygen deficit, MAOD）の測定が注目されている（田畑，1998）。

Eaton ら（1992，1995）は，サラブレッドの MAOD を測定成績から，各種の馬の競技における無酸素性エネルギーと有酸素性エネルギーの供給の割合を表 3.6 のように報告した。サラブレッド 1,000 m レースでは，全体の約 70 ％のエネルギーが有酸素系から供給されており，Bayly の推定値（表 3.5）とは著しく相違している。サラブレッドでは短距離走でも有酸素系からのエネルギー供給の割合がかなり大きく，これはきわめて注目すべき現象である。レース距離がさらにのびれば，有酸素性エネルギーの貢献度はさらに大きくなり，3,200 m レースでは 93 ％のエネルギーが有酸素系から供給されており，総合馬術競技（3 日競技）の 2 日目の耐久競技（25km）における有酸素性エネルギーの貢献度よりも大きいことが示されている。すなわち，サラブレッド競走は，その運動強度と運動持続時間からみて人のミドル・パワーの運動に相当するものであるが，実際には総エネルギー供給のうち有酸素性エネルギーの占める割合がきわめて高いという特異性が示された。

有酸素的エネルギー供給能は，運動時に必要な酸素を十分摂取することができたかどうかに影響される。したがって，運動中の最大酸素摂取量（maximum oxygen uptake, $\dot{V}O_2max$）は，人の全身持久力（aerobic work capacity, physical endurance capacity）の最も良い指標であるとされている（Åstrand & Rodahl, 1970）。$\dot{V}O_2max$ は最大有酸素パワー（peak aerobic power）とも呼ばれる。表 3.7 に，各種競技動物（人，サラブレッド，グレーハウンド，レース用ラクダ）の $\dot{V}O_2max$ を比較して示した。人のスポーツのトラック競技では，100 m の短距離走から 1,000 ㎞以上のウルトラマラソンレースまでの種々の距離の種目がある。その走速度は，短距離走で 10 ～ 11 m/秒（時速 36 ㎞以上），ウルトラマラソンレースでは 100 ㎞までのレースで 16 ㎞/時，1,000 ㎞以

表 3.6　各種馬レースのエネルギー供給系の配分

レース距離	品　種	無酸素系	有酸素系
400m	クォーターホース	60%	40%
1,000m	サラブレッド	30	70
1,600m	サラブレッド	20	80
1,600m	スタンダードブレッド	18	82
2,400m	スタンダードブレッド	10	90
3日競技	（2日目）	10	90
3,200m	サラブレッド	7	93
80km	耐久騎乗	2	98

Eaton（1994）より引用

表 3.7　各種競技動物の最大酸素摂取量の比較

	人のスポーツ選手	サラブレッド競走馬	ドッグレース犬※	レース用ラクダ
$\dot{V}O_2max$（mℓ/kg/分）	69～85	160	100	51
走速度（m/秒）	10～11	19	16.6	10～11

※グレーハウンド種　　Derman & Noakes （1994）より引用

上のレースで 6 ～ 8 km/時である。人のスポーツ選手では優れた選手ほど高い $\dot{V}O_2max$ を有しており，一流選手の $\dot{V}O_2max$ は 69 ～ 85 mℓ O_2/kg/分である（山地，1985）。サラブレッド競走のレース距離は，そのほとんどが 1,000 ～ 3,000 m で，走速度は 19 m/秒（時速約 70 km）である。サラブレッド競走馬の $\dot{V}O_2max$ は約 160 mℓ O_2/kg/分であり（Rose et al., 1988），人のスポーツ選手の約 2 倍量に相当している。

ドッグ・レースは，19 世紀の半ばから英国を中心に始められたギャンブルスポーツであり，もっぱらグレーハウンド（Greyhound）が用いられており，レース距離は250 mの短距離レースから600～1,000 mの長距離レースまでである。レースにおける犬の走速度は500 mまでのレースで16.6 m/秒（時速60 ㎞）までで，グレーハウンドの$\dot{V}O_2max$は100 mℓ O_2/kg/分以上あるという。さらにラクダレースは中東のアラブ首長国連邦において，レース用に改良されたラクダにより高温乾燥環境下で耐久力を競うレースである。レース距離は4～10 ㎞であり，その走速度は人のスポーツ選手とほぼ同じの10～11 m/秒（時速約36 ㎞）である。レース用ラクダの$\dot{V}O_2max$は，約51mℓ O_2/kg/分であり（Saltin & Rose, 1994），4種の競技動物の中では最も低い数値であった。このように，サラブレッド競走馬の$\dot{V}O_2max$は著しく高く，優れた全身持久力を有することが理解される。

【参考文献】

1）Åstrand, P.-O. & Rodahl, K. : Textbook of Work Physiology. McGraw-Hill, New York (1970)
2）Bayly, W. M. : Training programs. Vet. Clin. North Am. Equine Pract. 1:597～610 (1985)
3）Clayton, H. M. : Conditioning Sport Horses. Sport Horse Publications, Saskatoon (1991)
4）Derman, K.D. & Noakes, T. D. : Comparative aspects of exercise physiology. In Hodgson, D.R. & Rose, R. J.(eds) : The Athletic Horse. pp.13～25, W.B. Saunders Co., Philadelphia (1994)
5）Eaton, M.D. : Energetics and performance. In Hodgson, D.R. & Rose, R.J. (eds) : The Athletic Horse. pp.49～61, W.B. Saunders Co., Philadelphia (1994)
6）Eaton, M.D. et al. : The assessment of anaerobic capacity of thoroughbred horses using maximal accumulated oxygen deficit. Aust. Equine Vet. 10 : 86 (1992)
7）Eaton, M. D. et al. : Assessment of anaerobic capacity using maximal accumulated oxygen deficit in fit Thoroughbreds. Equine Vet. J.

Suppl. 18 : 29 ～ 32 (1995)
8）Eaton, M. D. et al. : Maximal accumulated oxygen deficit in Thoroughbred horses. J. Appl. Physiol. 78 : 1564 ～ 1568 (1995)
9）Gunn, H.M. : Muscle, bone and fat proportions and muscle distribution of Thoroughbreds and other horses. In Gillespie, J.R. & Robinson, N.E. (eds) : Equine Exercise Physiology 2. pp.253 ～ 264, ICEEP Publications, Davis (1987)
10）Henckel, P. : A Histochemical assessment of the capillary blood supply of the middle gluteal muscle of Thoroughbred horses. In Snow, D.H. et al. (eds) : Equine Exercise Physiology. pp.225 ～ 228, Granta Editions, Cambridge (1983)
11）石河利寛，竹宮　隆（編）: 持久力の科学．杏林書院，東京（1994）
12）勝田　茂（編）: 運動生理学 20 講．朝倉書店，東京（1993）
13）小池尚明：エネルギー代謝の原動力．獣畜新報 47 ： 377 ～ 381（1994）
14）Lindholm, A. & Piehl, K. : Fibre composition, enzyme activity and concentrations of metabolites and electrolytes in muscles of standardbred horses. Acta Vet. Scand. 15 : 287 ～ 309 (1974)
15）McMiken, D. F. : An energetic basis of equine performance. Equine Vet. J. 15 : 123 ～ 133 (1983)
16）日本中央競馬会競走馬総合研究所（編）: 軽種馬飼養標準（1998 年版）．日本中央競馬会弘済会，東京（1998）
17）Pagan, J. D. & Hintz, H. F. : Equine energetics, Ⅱ. Energy expenditure in horses during submaximal exercise. J. Anim. Sci. 63 : 822 ～ 830 (1986)
18）Rose, R.J. et al. : Maximum O_2 uptake, O_2 debt and deficit, and muscle metabolites in Thoroughbred horses. J.Appl. Physiol. 64 : 781 ～ 788 (1988)
19）Saltin, B. & Rose, R.J. (eds) : The racing camel. Acta Physiol. Scand. 150 (Suppl. 617) : 1 ～ 95 (1994)
20）Snow, D.H. & Valberg, S.J. : Muscle anatomy, physiology, and adaptations to exercise and training. In Hodgson, D. R. & Rose, R.J. (eds) : The Athletic Horse. pp.145 ～ 179, W. B. Saunders Co., Philadelphia (1994)
21）Snow, D. H. & Vogel, C. J. : Equine Fitness. The Care and Training of the Athletic Horse. David & Charles inc., North Pomfret (1987)
22）田畑　泉：アネロビックキャパシティ．宮村実晴ら（編）：呼吸－運動に対する応答とトレーニング効果－. 206 ～ 217 頁，ナップ，東京（1998）
23）山地啓司：一流スポーツ選手の最大酸素摂取量．体育学研究 30 ： 183 ～ 193（1985）

骨格筋線維組成

馬の骨格・筋肉系は，長い進化の過程で，より速く走るという目的に向かって，その形態と機能を見事なまでに変化させてきた。四肢の骨格の組み合わせをみても，前・後肢共に肢帯（肩甲骨，寛骨）に続く第一節（上腕骨，大腿骨）は第二節（前腕骨，下腿骨）以下の骨よりも短く太くなっており，疾走の際に第一節の骨格が第二節以下を地面から引き上げて，これを振子のように前後に振って運動するのに効率的な構造になっている。さらに適当に堅くて平坦な地面を快速で疾走するのに適応して，馬の肢は中指（第三指骨，第三趾骨）１本の“つま先走法”で走り回れるようになった。

骨格筋の役割は，その収縮活動により姿勢の維持や運動を遂行することである。これら骨格筋の基本的な構造および筋収縮のメカニズムは，動物種が異なってもほとんど相違するものではないとみられている。動物種により大きく相違する骨格筋の構造ならびに機能は，主として筋線維組成によるものと考えられているので，この章では骨格筋の筋線維タイプの分類を中心に解説し，馬の骨格筋の特性について述べる。

4-1 骨格筋線維のタイプ分類法

1．骨格筋を構成する筋線維

骨格筋組織を構成する筋線維は均一ではなく，幾つかの性質の異なる線維からなり，いわゆるモザイク様に存在している。動物の骨格筋の外観の色調から，赤筋と白筋に分けられることは，すでに1678年にLorenziniにより報告されている。その後，1874年にフランスの著名な組織学者であるRanvierは，この筋線維の色調が筋肉の活動特性に関連することを観察し，白筋線維が赤筋線維よりも速く活動することを報告した。

それ以後，同様の報告が幾つもなされている。この古典的分類である赤筋，白筋という呼称は，筋細胞中に含まれる筋色素（ミオグロビン）の多寡による色調をもとに判別されたものである。原則的には，白筋は短縮速度は速いが持久性に乏しく，赤筋は短縮速度は遅いが持久性に優れていることがわかっている。しかし今世紀の中頃に，細胞内の酵素や基質量の多寡を判別する組織化学的および生化学的方法が導入されるようになり，多くの研究者により多角的かつ詳細な筋線維の分類が報告されるようになった。

2．骨格筋線維の分類法

現在までに，人や動物の骨格筋線維タイプの分類に種々の方法が用いられてきたが，方法論的には，①形態学的方法，②組織化学的方法，③生理学的方法，④生化学的方法，などである。形態学的方法では，肉眼的に見た色調や電子顕微鏡を用いた観察による，微細構造上の相違によってタイプ分類が行われている。組織化学的方法は，染色によって酵素の多寡を判別する方法であり，凍結した筋試料から光学顕微鏡用の切片を作り，これに酵素組織化学的染色を施す方法が広く用いられている。生理学的方法は，収縮特性や疲労に対する抵抗性の相違から筋線維を分類するものである。また生化学的方法は，酵素活性（ATPase，PFK，SDH など），基質量（グリコーゲン，中性脂肪など）の多寡によって分類するものである。

これらの方法のうちで，より簡便で再現性も良く，最も一般的に用いられているのは組織化学的方法である。表 4.1 に，比較的よく用いられている組織化学的方法により得られた分類法を示した。研究者により用いる方法も若干の相違があるので，分類が必ずしも一致しているとは限らないし，その用語も報告者により異なっており，統一されていない。

3．人の筋線維の分類

人の筋線維は大別して，遅筋線維（slow-twitch fiber ; ST または TypeⅠ線維）と速筋線維（fast-twitch ; FT または TypeⅡ線維）の 2 種類に分類されている。さらに，TypeⅡ線維はサブタイプとして TypeⅡA（FTa）線維と TypeⅡB（FTb）線維に分けられ，時には TypeⅡC（FTc）線維が加えられることもある。

この分類法にはミオシン ATPase（ATP 加水分解酵素）染色が用いられるが，Brooke ら（1970）は異なる pH で前処理を行うと，ミオシン ATPase が活性化する筋線維と失活する筋線維とに分かれることを見出した。すなわち，アルカリ側（pH10.3）で前処置すると TypeⅠ線維のミオシン ATPase は失活するが，TypeⅡ線維は活性化する。一方，酸性溶液中で前処置すると異なった反応を示し，pH4.3 では TypeⅡA，B 共に失活するが，pH4.6 では TypeⅡA のみが失活し，TypeⅡB は活性化する。また TypeⅡC はいずれの pH においても失活しない。TypeⅡ線維は，低い pH の範囲で組織化学的に同定されたミオシン ATPase の消失に対する抵抗性に基づいて，TypeⅡA，TypeⅡB，

表 4.1　骨格筋線維の分類

分　　類				報告者
遅筋（ST）線維	速筋（FT）線維			Gollnick ら（1972）
遅筋（ST）線維	速筋a（FTa）線維	速筋b（FTb）線維	速筋c（FTc）線維	Saltin ら（1977）
Type Ⅰ線維	Type Ⅱ線維			Dubowitz ら（1960）
Type Ⅰ線維	Type Ⅱ A 線維	Type Ⅱ B 線維	Type ⅡC 線維	Brooke ら（1970）
SO 線維	FOG 線維	FG 線維		Peter ら（1972）

TypeⅡCのサブタイプに分けられる。このような考え方は，ミオシンATPase活性と筋の収縮速度との間に高い相関があることを前提にしている。その他にも，ホルムアルデヒド，マグネシウムおよびカルシウム，あるいは銅イオンなどによってATPase活性が変化することが示されており，これらに基づく分類法も報告されている。

またミオシンATPase染色に加えて，解糖系や酸化系の酵素活性などの代謝特性を反映する染色を行うことによる分類法では，SO（slow-twitch，oxidative）線維，FOG（fast-twitch，oxidative，glycolytic）線維およびFG（fast-twitch，glycolytic）線維の3つに分類され，主として人以外の動物の筋線維分類によく用いられている（Peter et al., 1972）。この方法では，ミオシンATPase染色に加えて，代謝特性を判定するために2種類の酵素の染色を行う。すなわち，解糖能力を推定するためのα－グリセロリン酸脱水素酵素染色，および酸化能力を推定するためのコハク酸脱水素酵素（succinic acid dehydrogenase，SDH）またはニコチンアミドアデニンジヌクレオチド（nicotinamide adenine dinucleotide，NADH）ジアホラーゼ染色を行い，速筋線維を2つのサブタイプに分類し，ミオシンATPase染色との併用により，上述の三つのタイプに分類する。SO 線維は短縮速度は遅いが酸化能力が大きく，FG 線維は短縮速度は速く解糖能力が大きく，そして FOG 線維は SO 線維と FG 線維の中間型で両方の性質を有し，短縮速度も速くしかも酸化能力と解糖能力の両方を兼ね備えている。

4．馬の筋線維の分類

馬の骨格筋線維の分類について初めて報告したのは，1974 年，スウェーデンの Lindholm 一派である。彼らは，繋駕速歩競走馬であるスタンダードブレッド種を供試し，中殿筋のバイオプシーにより筋片を採取して，ミオシン ATPase 染色（収縮特性の指標）および NADH ジアホラーゼ染色（酸化能力の指標）により，筋線維を ST（slow twitch）線維，FTH（fast twitch and high oxidative）線維および FT（fast twitch）線維の 3 種に分類した（Lindholm & Pier, 1974；Lindholm, 1974；Lindholm & Saltin, 1974）。彼らの分類の ST 線維，FTH 線維および FT 線維は，Peter らの分類による SO 線維，FOG 線維および FG 線維にそれぞれ相当するものと述べられている（表 4．1）。さらに，サラブレッド種の骨格筋線維の分類については，Guy と Snow（1977）が Lindholm らと同じ方法を用いて報告している。

その後も馬の筋線維の分類に関する研究は，特にトレーニングとの関連で数多く報告されているが，最近の報告では，ミオシン ATPase の反応を用いた Type Ⅰ，Type ⅡA および Type ⅡB の分類法が多く用いられている（Henckel, 1983；Hodgson & Rose, 1987；Foreman et al., 1990）。

4-2　馬の骨格筋線維のタイプ分類

前述のように，馬の骨格筋線維の分類は，ミオシン ATPase の単染色，あるいはこれに解糖系や酸化系酵素染色を加えた複合染色法が用い

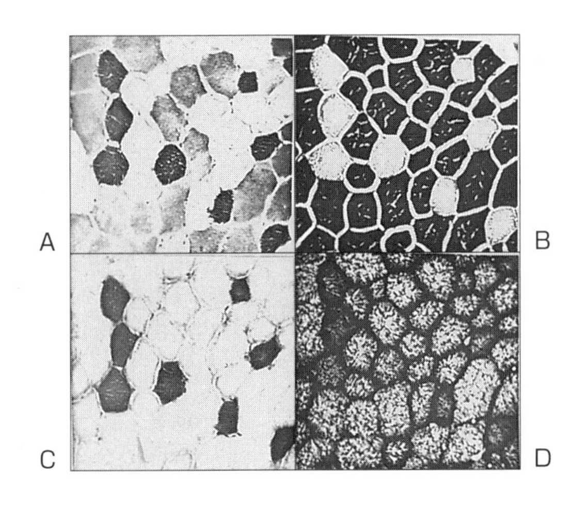

写真 4.1　馬の骨格筋線維横断像

中殿筋の筋バイオプシー法によるミオシン ATPase 染色（A, B, C）および酸化系酵素 NADH ジアホラーゼ染色（D）　A ： pH4.6，B ： pH10.3，C ： pH4.3　（山口大学・宮田浩文氏提供）

られている。馬の骨格筋線維の顕微鏡像を写真 4.1 に示し，さらに馬の骨格筋線維の分類ならびにそれぞれの筋線維タイプの特性を表 4.2 に示した。

以下，馬の骨格筋線維の特性について述べる。

1．ミオシン ATPase 活性

ミオシン ATPase 染色についてみると，pH10.3 で前処置した後の ATPase 染色（pH9.4）で筋線維は明らかに 2 つのタイプに分かれる。ATPase 活性が低い方を TypeⅠ線維，高い方を TypeⅡ線維と呼んでいる。この ATPase 活性は生理学的には筋収縮の速度の指標となるものであり，活性の低い方は収縮速度が遅く，活性の高い方は収縮速度が速いことを示している。したがって前者は遅筋線維，後者は速筋線維と呼ばれている。

表 4.2　馬の骨格筋線維の特性

	Type Ⅰ線維 (SO 線維)	Type Ⅱ A 線維 (FOG 線維)	Type Ⅱ B 線維 (FG 線維)
収縮速度	遅い	速い	非常に速い
ミオシンATPase 染色（pH 9.4）			
前処置 pH 10.3	低い	高い	高い
前処置 pH 4.6	高い	低い	中等度
酸化能	高い	高〜中等度	中等度〜低い
中性脂肪貯備	高い	中等度	低い
解糖能	低い	高い	高い
グリコーゲン貯備	中等度	高い	高い
疲労性	低い	中等度	中等度〜高い
直径	小さい	中等度	大きい
毛細血管密度	高い	中等度	低い

Snow & Valberg（1994）より引用

さらに，TypeⅠ線維は弛緩時間（relaxation time）がより緩徐であり，TypeⅡ線維よりも高い疲労耐性を有している。この組織化学的なATPase 反応は，ミオシンのライトチェインよりもむしろヘビーチェインに関連するものと考えられている。

TypeⅡ線維は，前処置後のミオシン ATPase の安定性によってⅡA，ⅡBおよびⅡCの3つのサブタイプに分類される。しかし，未知の技術的な問題により，馬の筋肉では前処置後のサブタイプの安定した区別が困難な場合が多いという（Sinha et al., 1992）。

TypeⅠ線維と種々のTypeⅡ線維との間の移行が，ある条件下で起こり得る。TypeⅡA 線維とⅡB 線維との間の連続像であるⅡC 線維の存在が知られており（White & Snow, 1985），これは幼駒の筋肉で認められているが，成馬ではまれにしかみられていない。この TypeⅡC 線維は，TypeⅠ線維と TypeⅡ線維との間の移行像と考えられている。

2．筋線維の収縮速度

人の骨格筋線維においては，収縮速度と相関の高い Ca^{++} 活性化ミオシン ATPase 活性や Mg^{++} 活性化ミオシン ATPase 活性は，TypeⅡ線維の方が TypeⅠ線維に比べて高く，さらに最大張力（peak tension）到達時間も TypeⅠ線維は 80msec であるのに対し，TypeⅡ線維は 30msec と速いことが知られている。最近，馬のヒラメ筋の筋線維の短縮の最大速度を測定し，ラットやウサギと比較した成績が報告された（Rome et al., 1990）。馬の筋線維の短縮速度については，TypeⅡB 線維が最も速く，ついで TypeⅡA 線維，そして TypeⅠ線維が最も遅い。TypeⅡB 線維の短縮速度は TypeⅠ線維に比べて，ラットやウサギでは 3 ～ 5 倍程度速いのに対して，馬では 10 倍も速かったと報告されている。

すなわち，筋の短縮速度は，筋の直径よりもむしろ筋線維のタイプに主として関連することが見出された。

3．代謝特性

筋線維の代謝特性については，酸化能力（oxidative capacity）と解糖能力（glycolytic capacity）について検討されている。酸化能力の指標としては，ミトコンドリアに豊富にあるクレブス回路および電子伝達系に関連する酵素である，クエン酸合成酵素（citrate synthase, CS），コハク酸脱水素酵素（succinic dehydrogenase, SDH），3－ヒドロキシアル－CoA 脱水素酵素（3－OH－acylCoA dehydrogenase, HAD），などの活性が検査される（Essén et al., 1980）。また，解糖能力の指標としては，解糖系の反応を進める酵素である，乳酸脱水素酵素（lactate dehydrogenase, LDH），ヘキソキナーゼ（hexokinase, HK），ホスホリラーゼ（phosphorylase），ホスホフルクトキナーゼ（phosphofructokinase, PFK），トリオースリン酸脱水素酵素（triosephosphate dehydrogenase, TPDH）などの活性が検査される（Essén-Gustavsson et al., 1983）。酸化系に関与する酵素活性は，TypeⅡ線維よりも TypeⅠ線維の方が高く，

TypeⅡ線維のサブタイプ間ではTypeⅡAの方がTypeⅡBよりも高い。そして解糖系に関与する酵素活性は，TypeⅡ線維の方がTypeⅠ線維よりも高い。すなわち，速筋型であるTypeⅡ線維は解糖能力に優れるが酸化能力に劣り，遅筋型であるTypeⅠ線維はその逆の能力を持っている。しかしいずれのタイプの線維も解糖能力，酸化能力を共に備え持っており，それらの能力は相対的なもので，いずれか一方の能力が全く欠如しているということではない。

また，基質として筋線維内に貯蔵されているエネルギー物質のうち，グリコーゲン量はTypeⅠ線維よりもTypeⅡ線維の方が多く（Lindholm & Piehl, 1974 ; Snow et al., 1981），一方，脂肪量は，TypeⅠ線維の方がTypeⅡ線維よりも多いことが知られている（Snow et al., 1982 ; Essén-Gustavsson et al., 1984）。

4．毛細血管密度

筋線維に対する毛細血管の分布は，筋線維に対する微小循環の実態を知るために検査される。通常は，単位筋横断面積当たり(㎟)の毛細血管数を示す毛細血管密度（capillary density），筋線維1本当たりの毛細血管数を表す毛細血管/筋線維比（capillary/fiber ratio），毛細血管間の距離（intercapillary distance），毛細血管長および毛細血管容積などで評価される。馬の筋線維においても，TypeⅠ線維のように酸化能力の高い筋線維に対する毛細血管密度は，酸化能力の低いTypeⅡ線維よりも高いことが知られている(Nimmo et al., 1982 ; Henckel, 1983 ; Karlström et al., 1991)。そして，この毛細血管密度は，筋の構造ならびに生化学的特性に加えて，心血管系の機能的およびディメンジョン的能力との間に関連性のあることが報告されている（Karlström et al., 1991）。

5．筋線維横断面積

筋線維タイプについては，筋線維組成と同様に，個々の筋線維の横断面積（fiber area）もきわめて重要である。

筋線維の横断面積は，筋線維タイプにより相違することが知られており，TypeⅠ線維が最も小さく，TypeⅡB線維が最も大きいことが報告されている（Snow, 1983 ; Henckel, 1983）。

以上の筋線維タイプの特性をまとめると，遅筋線維であるTypeⅠ線維は収縮速度が遅く，主として有酸素性エネルギー供給機構に依存している。したがって，TypeⅠ線維には酸化能に関与する酵素が多量に存在し，エネルギー基質として利用される中性脂肪を大量に貯蔵しているが，解糖能に関与する酵素やグリコーゲン量は少ない。さらに，筋線維が細くかつ毛細血管密度が高いのは，酸素，栄養物や老廃物の拡散にきわめて有利である。

速筋線維に属するTypeⅡB線維は収縮速度が速く，主として無酸素性エネルギー供給機構に依存している。したがって，TypeⅡB線維には解糖能に関与する酵素およびグリコーゲンが多量に存在するが，酸化能に関与する酵素は比較的少ない。さらにTypeⅡB線維では，血流からの酸素やエネルギー基質の拡散にほとんど依存していないので，毛細血管密度はTypeⅠ線維よりも疎である。

もう一つの速筋線維であるTypeⅡA線維は，収縮速度が速くしかもグリコーゲンの貯蔵量が多く，TypeⅠ線維とTypeⅡB線維の中間型の性質を有している。このTypeⅡA線維は，特にトレーニングに反応しやすい筋線維である。

4-3　馬の筋バイオプシーと骨格筋線維組成

1．筋バイオプシー

骨格筋線維組成を調べるには，馬では筋バイオプシー法が用いられている（Lindholm & Piehl, 1974 ; Snow & Guy, 1976）。これは，筋バイオプシー用の生検針（写真４.２）を筋肉に挿入し，微量の筋断片を取

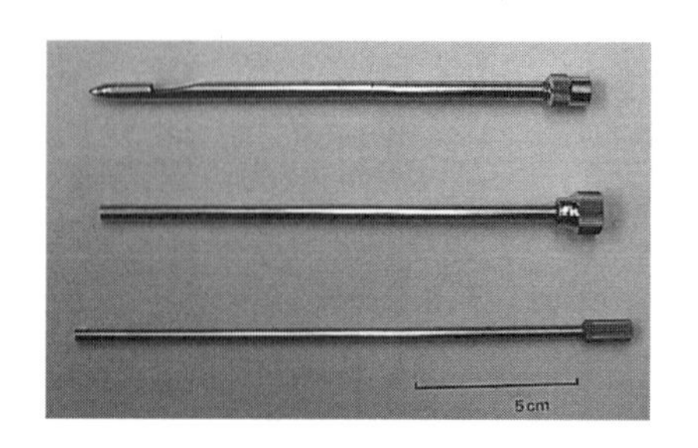

写真 4.2　筋バイオプシー用の生検針
(JRA 総研 提供)

り出す方法である。すなわち，約 2.5 ㎠の皮膚を剃毛，清拭，そして消毒した後に，皮膚を局所麻酔し，少し切開する。その切開部から筋に生検針を 5 ㎝の深さに挿入して，筋断片を取り出して直ちに − 80 ℃に急速凍結する。この操作はトランキライザーを投与することなく，最小限の保定で実施できる。その後，− 20 ℃で凍結切片を作り，組織化学的に染色し，顕微鏡により検査する（Snow, 1983）。

骨格筋線維組成は，後述するように動物種や品種により遺伝的に決定されている。さらに，同じ馬においても筋肉によりその機能的要求が異なることから，筋肉の間で筋線維組成の相違が認められており（Lindholm & Piehl, 1974 ; Snow & Guy, 1980 ; Henckel, 1983 ; Andrews & Spurgeon, 1986），前肢の筋肉では後肢の筋肉よりも速筋線維の比率が低いことが報告されている。馬の骨格筋線維組成の検査には，生検試料採取の容易さと運動時のその役割の重要性から，中殿筋が最も多く用いられている。

2．筋肉内での筋線維タイプの分布

ほとんどの筋肉では，筋線維タイプがモザイク状に分布しているが，その分布様式は同じ筋肉でも同一ではない。この一つの筋肉内での筋線維組成分布の不均一性を区画分け（compartmentalization）と呼んでい

表 4.3　馬の中殿筋における採材の深さの相違による筋線維組成

採材の深さ (cm)	筋線維タイプ (%)		
	ST	FTH	FT
2	8.1±3.37	53.2±10.69	39.8±9.96
4	12.0±2.32	53.9±11.58	33.9±13.65
5	14.6±2.53	55.8±3.60	29.6±4.57
6	18.1±5.66	55.8±10.29	26.9±10.86
8	22.1±9.90	46.0±3.17	31.8±9.50
10	27.8±4.76	50.1±9.67	22.1±5.46

サラブレッド 6 頭の剖検材料を供試，数値は 6 頭の平均値±標準偏差
Kai（1984）より引用

る。これは，運動時の種々の時相における筋線維の動員様式（recruitment patterns）に関連するものである。ほとんどの筋肉では，表層で速筋線維の比率が最も高く，深部へいくにしたがって遅筋線維の比率が高くなっている。

馬では，もっぱら中殿筋における筋線維タイプの分布の実態について多くの研究者により詳細に調べられている。そして，すべての報告においてこの筋肉における筋線維タイプの分布の不均一性が認められており，腸骨稜から大転子へ走っている腱により，背部と腹部に分けられるとしている（Bruce et al., 1993）。この 2 つの区画はその起始部と終止部が別々になっている。腹部は前殿神経の支配を受け，背部は後殿神経の支配を受けている。このような違いは運動時の機能的相違を示唆するものである。それぞれの区画内において，筋肉の深部へ向うほど遅筋線維（Type I 線維）の比率が高くなっており，高酸化線維の比率が増加するにしたがって，Type IIB 線維がほとんど出現しなくなる。表 4.3 に馬の中殿筋の表層からの深さによる筋線維組成の相違を示したが，深くなるほど，ST 線維の比率が増加しており，逆に FT 線維の比率が減

少することがわかる（Kai, 1984）。さらに，TypeⅠ線維と酸化性線維の比率の増加に伴って，筋線維のサイズも変化することが報告されている（Rivero et al., 1993）。すなわち，筋の表面ではTypeⅠ線維の横断面積は最小で，TypeⅡB線維の横断面積は最大であったが，深部では逆にTypeⅠ線維が最大であった。中殿筋において，生化学的所見にも相違があることも報告されている（Kline & Bechtel, 1993）。筋の表面から深くなるほど，クエン酸合成酵素と3-ヒドロキシアシル-CoA 脱水素酵素（いずれも酸化系酵素）の活性が高くなり，そしてホスホリラーゼと乳酸脱水素酵素（いずれも解糖系酵素）の活性が低くなる。このような中殿筋内の生化学的所見の相違は，深部の筋線維は主として姿勢機能を有しており，一方表面の筋線維は仕事量の増加により動員されていることを示唆している。筋肉における不均一性については，中殿筋以外の種々の筋肉についても研究されている（Gunn, 1978 ; v̈an den Hoven et al., 1985 ; Raub et al., 1985）。

このような一つの筋肉内の筋線維タイプの不均一性は，筋線維組成について縦断的または横断的研究をする場合に重大な意味を持つことになる。例えば，子馬と成馬の筋線維組成を比較する場合に，筋試料の採取部位について検討する必要がある。

通常は中殿筋と同じ部位から子馬では深さ約2.5㎝から，成馬では約5㎝の深さから筋試料を採取する。さらに，同一動物から頻回採材する場合には，同じ部位から採材されているかどうかの信頼性が要求されることになる。

成馬の中殿筋からバイオプシーする場合には，多くの研究者は寛結節から後背方へ10～15㎝の部位に，45°の角度で5～10㎝の深さから採材している。そして，この部位を中心にして半径約5㎝の範囲で同じ深さから採材した場合には再現性の高い成績が得られたと報告されている（Wood, 1988）。骨格筋線維タイプの組成には種々の問題があるにもかかわらず，運動能力を推定する目的で多くの研究が進められてきている。

筋バイオプシーによる骨格筋線維タイプの推定は観血的方法であるため，必ずしも手軽に行えるものではない。人のスポーツ医学では，筋電位電伝速度による推定法（宮田ら，1985），磁気共鳴映像（magnetic resonance imaging，MRI）による推定法（久野ら，1988）などの非観血的な推定法が開発されている。

3．馬の品種別の骨格筋線維組成

特定の筋の同一部位から筋試料を採取しても，それらの筋線維組成には個体差がある。人のスポーツ医学では，この筋線維組成の差は運動能力に関連するとされている。骨格筋線維の収縮・代謝特性からみてTypeⅡ線維は無酸素的エネルギー発揮能力に優れており，無酸素的，瞬発的な運動に適している。一方，TypeⅠ線維は有酸素的エネルギー発揮能力に優れており，有酸素的，持久的運動に適している。したがって，骨格筋内のTypeⅡ線維とTypeⅠ線維の割合（筋線維組成）により，どのようなスポーツ種目に適しているかをある程度推察することができる。人のランニング時に活動している外側広筋の筋線維組成について，一流の短距離選手ではほとんどがTypeⅡ線維で占められており，一方，一流の長距離選手ではほとんどがTypeⅠ線維で占められている。さらに中距離選手や一般の人達は，両線維がほぼ半分ずつとなる（Saltin et al., 1977）。このTypeⅠ線維とTypeⅡ線維の両者の比率は遺伝的に決定されているものであり，後天的には変化しにくい性質のものであると考えられている。

馬の品種別の骨格筋線維組成を表4.4に示した。一般的に馬はFT線維の比率が70～93％と高い動物であるが，その中でもスピードを要求される品種ほど速筋線維の比率が大きく，持久力を必要とする品種では遅筋線維の比率が大きい。すなわち，FT線維の比率と運動能力との間

表 4.4　馬の品種別の骨格筋線維組成（%，平均値±標準誤差）

	n	ST	FTH	FH	報告者
クォーターホース	28	8.7±0.8	51.0±1.6	40.3±1.6	Snow & Guy (1981)
サラブレッド（種雄馬）	50	11.0±0.7	57.1±1.3	32.0±1.3	
〃（繁殖雌馬）	22	7.3±0.9	61.2±1.5	28.8±1.5	
アラブ	6	14.4±2.5	47.8±3.2	37.8±2.8	Snow & Guy (1980)
シェットランドポニー	4	21.0±1.2	38.8±1.9	40.2±2.7	
スタンダードブレッド	8	24.0±3.6	49.0±3.1	27.0±3.3	Lindholm & Riehl (1974)
ポニー	8	22.5±2.6	40.4±2.3	37.1±2.8	Snow & Guy (1981)
大型ハンター	7	30.8±3.1	37.1±3.3	37.8±2.8	
ロバ	5	24.0±3.0	38.2±3.0	32.1±3.4	

に，一定の関係が認められている。短距離馬（1/4マイル）の代表選手であるクォーターホースでは，FT線維が91%ときわめて多いのに対し遅筋線維が9%と少なく，しかもFT線維の比率も大きく，短距離レースにおける無酸素性エネルギー供給機構への依存度の高いことが理解される。さらに，スピードと持久力の両方を必要とされるサラブレッドやアラブでは遅筋線維が増加しており，その分FT線維が減少し，無酸素性エネルギー供給機構への依存に加えて，有酸素性エネルギー供給機構への依存度が大きくなっていることを示している。

馬以外の競技動物のうち，短距離選手の代表格であるドッグレース用のグレイハウンドの骨格筋線維組成は，FT線維の比率が75%程度である。このグレイハウンドの筋線維組成と比較してみても，馬の卓越したスピードと持久力を支えるための骨格筋線維組成の見事な仕組みを理解されよう。

性別と筋線維組成との関係については，サラブレッドの種雄馬の速筋線維の割合が繁殖雌馬より有意に高いと報告されているが（表4.4），その後のサラブレッドの多数例の報告から，TypeⅠ線維の割合には性差がないが，TypeⅡBに対するTypeⅡAの割合が雌馬よりも雄馬の方が高いことがわかった（Roneus et al., 1991）。さらに，雄馬におけるTypeⅠ線維の優位がアンダルシアン種で認められたが，アラブ種ではみられず，雄馬のTypeⅡA/TypeⅡBの比率が雌馬より高かったことが報告されている（Rivero et al., 1993）。

4-4　運動による骨格筋の変化

1．運動単位と筋線維動員様式

骨格筋は運動神経線維で支配されており，脊髄前角のα運動ニューロンの軸索が分岐して複数の筋線維を支配している。1個のα運動ニューロンは数本から数十本の筋線維を支配しており，その支配する筋線維群は機能的には常に共同して収縮するので運動単位（motor unit）という。筋肉が収縮する場合に，すべての筋線維が活動するわけではなく，歩法，スピードや運動時間にしたがって筋線維は特別な様式で選択的に動員される。α運動ニューロンの刺激により，サイズの原理（size principle）にしたがって，規則正しい順序で動員される。最も興奮性閾値の低い直径の最も小さい運動ニューロンはTypeⅠ線維を支配しており，一方，興奮性閾値が最も高く直径の最も大きい運動ニューロンはTypeⅡB線維を支配している。姿勢の維持や低速度の運動では，TypeⅠ線維の動員だけが必要であり，疲労しにくい。運動の速度が増加するにしたがって，要求される駆動力を発生するためのより大きい筋緊張の進展が必要となり，TypeⅡA線維が動員される。急激な加速や高速運動の維持のため，または障害飛越のためには，きわめて力強い筋収縮が必要となり，TypeⅡBの動員も加わることになる。

この筋線維動員様式の研究には，半定量または定量分析によるグリコーゲン枯渇様式の検査が用いられている。馬についても，この方法により多くの研究が報告されており，上記の筋線維動員様式が認められている（Lindholm et al., 1974 ; Snow et al., 1982 ; Hodgson et al., 1983 ; Essén-Gustavsson et al., 1984 ; Hodgson et al., 1983 ; Valberg et al., 1985 ; White & Snow, 1987 ; Gottlieb et al., 1989）。

2．トレーニングによる筋線維組成の変化

人においては，持久性トレーニングにより，筋の酸化系酵素活性の増加とTypeⅡB線維の顕著な減少が知られている（Baumann et al., 1987）。馬においては，TypeⅡB線維のTypeⅡA線維への移行が認められているが，これは慣習的にトレーニングされたサラブレッドに限られたことである（Snow, 1983 ; Foreman et al., 1990）。それよりむしろ，酸化能力の高いTypeⅡB線維が見出されており，一流の耐久用乗馬ではTypeⅡB線維の比率の増加が報告されている（Hodgson et al., 1983 ; Essén-Gustavsson et al., 1984）。しかし，WhiteとSnow（1985）が報告したように，これら酸化能力の高いTypeⅡB線維は本当はTypeⅡAB線維であるが，ほとんどの研究者はこれらをTypeⅡB線維として分類している。

最近まで，中殿筋のTypeⅠ線維の比率はほとんど変化しないものと考えられてきた。しかし，大規模な研究成果により，TypeⅠ線維は加齢およびトレーニングにより有意に増加することが示された。10日齢から24歳のアンダルシアンとアラブを供試した研究ではトレーニングは強くないにもかかわらず，TypeⅠ線維の割合がほとんど100％増加し，そのほとんどは1歳～10歳の間に漸次増加していた（Rivero et al., 1993）。同様の成績は，サラブレッド種とスタンダードブレッド種でも確認されている（Snow, 1983 ; Roneus et al., 1991 ; Roneus, 1993）。

【参考文献】

1）Andrews, F. M. & Spurgeon, T. L. : Histochemical staining characteristics of normal horse skeletal muscle. Am. J. Vet. Res. 47 : 1843～1852 (1986)

2）Baumann, H. et al. : Exercise training induces transitions of myosin isoform subunits within histochemically typed human muscle fibres. Pflügers Arch. 409 : 349～360 (1987)

3）Brooke, M. H. & Kaiser, K. K. : Three "myosin adenosine triphosphatase" systems : The nature of their pH lability and sulfhydryl dependence. J. Histochem, Cytochem. 18 : 670～672 (1970)

4）Clayton, H. M. : Conditioning Sport Horses. Sport Horse Publ., Saskatoon (1991)

5）Dubowitz, V. & Pearse, A. G. E : A comparative histochemical study of oxidative enzyme and phosphorylase activity in sketetal muscle. Histochemie 2 : 105～117 (1960)

6）Essén, B. et al. : Histochemical properties of muscle fibre types and enzyme activities in skeletal muscles of Standardbred trotters of different ages. Equine Vet. J. 12 : 175～180 (1980)

7）Essén-Gustavsson, B. et al. : Skeletal muscle characteristics of young Standardbreds in relation to growth and early training. In Snow, D. H. et al. (eds) : Equine Exercise Physiology. pp.200～210, Granta Editions, Cambridge (1983)

8）Essén-Gustavsson, B. et al. : Fibre types, enzyme activities and substrate utilization in skeletal muscles of horses competing in endurance rides. Equine Vet. J. 16 : 197～202 (1984)

9）Foreman, J. H. et al. : Muscle responses of Thoroughbreds to conventional race training and detraining. Am. J. Vet. Res. 51 : 909～913 (1990)

10) Gollnick, P. D. et al. : Enzyme activity and fiber composition in skeletal muscle of untrained and trained men. J. Appl. Physiol. 33 : 312～319 (1972)

11) Gottlieb, M. : Muscle glycogen depletion patterns during draught work in Standardbred horses. Equine Vet. J. 21 : 110～115 (1989)

12) Guy, P. S. & Snow, D. H. : The effect of training and detraining on muscle composition in the horse. J. Physiol. 269 : 33～51 (1977)

13) Henckel, P. : A histochemical assessment of the capillary blood supply of the middle gluteal muscle of Thoroughbred horses. In Snow, D. H. et al. (eds) : Equine Exercise Physiology. pp.225～228, Granta Editions, Cambridge(1983)

14) Henckel, P. : Training and growth induced changes in the middle gluteal muscle of young Standardbred trotters. Equine Vet. J. 15 : 134 ～ 140 (1983)
15) Hodgson, D. R. : Muscular adaptation to exercise and training. Vet Clin. North Am. Equine Pract. 1 : 533 ～ 548 (1985)
16) Hodgson, D. R. et al. : Muscle glycogen depletion and repletion patterns in horses performing various distances of endurance exercise. In Snow D. H. et al. (eds) : Equine Exercise Physiology. pp.229 ～ 236, Granta Editions, Cambridge (1983)
17) Hodgson, D. R. et al. : Effects of training on muscle composition in horses. Am. J. Vet. Res. 47 : 12 ～ 15 (1986)
18) Hodgson, D. R. & Rose, R. J. : Effects of a nine-month endurance training program on muscle composition in the horse. Vet. Rec. 121 : 271 ～ 274 (1987)
19) Kai, M. : Distribution of fiber types in equine middle gluteal muscle. Bull. Equine Res. Inst. No. 21 : 46 ～ 50 (1984)
20) Karlström, K. et al. : Capillary supply in relation to muscle metabolic profile and cardiocirculatory parameters. In Persson, S. G. B. et al. (eds) : Equine Exercise Physiology 3. pp.239 ～ 244, ICEEP Publications, Davis (1991)
21) 加藤嘉太郎：家畜の解剖と生理．養賢堂，東京 (1976)
22) Kline, K. H. & Bechtel, P. J. : Changes in the metabolic profile of the equine gluteus medius as a function of sampling depth. Comp. Biochem. Physiol. 91A : 815 ～ 819 (1988)
23) Lindholm, A. : Metabolic response and muscle metabolites during different exercise intensities in trotting horses. Acta Physiol. Scand. Suppl. 396 : 74 (1974)
24) Lindholm, A. & Piehl, K. : Fibre composition, enzyme activity and concentrations of metabolites and electrolytes in muscles of standardbred horses. Acta Vet. Scand. 15 : 287 ～ 309 (1974)
25) Lindholm, A. & Saltin, B. : The physiological and biochemical responses of Standardbred horses to exercise of varying speed and duration. Acta Vet. Scand. 15 : 310 ～ 324 (1974)
26) Lindholm, A. et al. : Glycogen depletion pattern in muscle fibers of trotting horses. Acta Physiol. Scand. 90 : 475 ～ 484 (1974)
27) 宮田浩文ら：等尺性収縮における外側広筋の筋電位伝導速度；その筋線維組成との関連．体力科学 34 : 231 ～ 238(1985)
28) Nimmo, M. A. et al. : Effects of nandrolone phenylpropionate in the horse : (3) Skeletal muscle composition in the exercising animal. Equine Vet. J. 14 : 229 ～ 233 (1982)

29) 野村晋一：概説馬学．新日本教育図書，東京(1977)
30) Peter, J. B. et al. : Metabolic profiles of three fiber types of skeletal muscle in guinea pigs and rabbits. Biochemistry 11 : 2627 ~ 2633 (1972)
31) Rivero, J. L. L. et al. : Changes in cross-sectional area and capillary supply of the muscle fiber population in equine gluteus medius muscle as a function of sampling depth. Am. J. Vet. Res. 54 : 32 ~ 37 1993)
32) Rivero, J. L. L. et al. : Skeletal muscle histochemistry in male and female Andalusian and Arabian horses of different ages. Res. Vet. Sci. 54 : 160 ~ 169 (1993)
33) Rome, L. C. et al. : Maximum velocity of shortening of three fibre types from horse soleus muscle : Implications for scaling with body size. J. Physiol. 431 : 173 ~ 185 (1990)
34) Ronéus, M. et al. : Muscle characteristics in Thoroughbreds of different ages and sexes. Equine Vet. J. 23 : 207 ~ 210 (1991)
35) Ronéus, M. : Muscle characteristics in Standardbreds of different ages and sexes. Equine Vet. J. 25 : 143 ~ 146 (1993)
36) Saltin, B. et al. : Fiber types and metabolic potentials of skeletal muscles in sedantary man and endurance runners. Ann. N. Y. Acad. Sci. 301 : 3 ~ 29 (1977)
37) Sinha, A. K. et al. : Indirect myosin immunocytochemistry for the identification of fibre types in equine skeletal muscle. Res. Vet. Sci. 53 : 25 ~ 31 (1992)
38) Sinha, A. K. & Rose, R. J. : Muscle fiber typing in the horse : Current problems, future directions. Proc. 11th Ann. Mtg. Ass. Equine Sports Med. pp.7 ~ 11, Veterinary Practice Publ. Co., Santa Barbara (1993)
39) Snow, D. H. & Guy, P. S. : Percutaneous needle muscle biopsy in the horse. Equine Vet. J. 8 : 150 ~ 155 (1976)
40) Snow, D. H. & Guy, P. S. : Muscle fibre type composition of a number of limb muscles in different types of horse. Res. Vet. Sci. 28 : 137 ~ 144 (1980)
41) Snow, D. H. et al. : Muscle fibre composition and glycogen depletion in horses competing in an endurance ride. Vet. Rec. 108 : 374 ~ 378(1981)
42) Snow, D. H. et al. : Alterations in blood, sweat, urine and muscle composition during prolonged exercise in the horse. Vet. Rec. 110 : 377 ~ 384 (1982)
43) Snow, D. H. : Skeletal muscle adaptation : A review. In Snow, D. H. et al. (eds) : Equine Exercise Physiology. pp.160 ~ 183, Granta Editions, Cambridge(1983)

44) Snow, D. H. & Valberg, S. J. : Muscle anatomy, physiology, and adaptations to exercise and training. In Hodgson, D. R. & Rose, R. J.(eds) : The Athletic Horse. pp.145 ～ 179, W. B. Saunders Co., Philadelphia. (1994)
45) Stull, C. L. & Albert, W. W. : Comparison of muscle fiber types from 2-year-old fillies of the Belgian, Standardbred, Thoroughbred, Quarter horse and Welsh breeds. J. Anim. Sci. 51 : 340 ～ 343 (1980)
46) 竹宮　隆，石河利寛（編）：運動適応の科学．杏林書店，東京 (1998)
47) Valberg, M. et al. : Energy metabolism in relation to skeletal muscle fibre properties during treadmill exercise. Equine Vet. J. 17 : 439 ～ 444 (1985)
48) 和田正信，勝田茂：筋線維タイプからみたスポーツパフォーマンス．Jpn. J. Sports Sci. 8 ： 62 ～ 68(1989)
49) 和田正信：収縮活動量の増大に伴う筋線維のタイプ移行．体育の科学 44 ： 809 ～ 816 (1994)
50) White, M. G. & Snow, D. H. : Quantitative histochemistry of myosin ATPase activity after acid preincubation and succinate dehydrogenase activity in equine skeletal muscle. Acta Histochem. Cytochem. 18 : 483 ～ 489 (1985)
51) White, M. G. & Snow, D. H. : Quantitative histochemical study of glycogen depletion in the maximally exercised Thoroughbred. Equine Vet. J. 19 : 67 ～ 69 (1987)
52) Wood, C. H. et al. : Homogeneity of muscle fiber composition in the M. gluteus medius of the horse. J. Equine Vet. Sci. 4 : 294 ～ 296 (1988)

5 呼吸器の構造と機能

サラブレッド競走馬は，スピードとスタミナ（全身持久力）を兼ね備えた陸上動物の王者であると称賛されてきた。運動生理学的には，スピードは主として無酸素エネルギーに，そしてスタミナは主として有酸素エネルギーに依存する能力であるとされており，サラブレッドは，無酸素的および有酸素的の両方のエネルギー供給機構に関して，合目的的にきわめて優れた仕組みを獲得しているものと考えられる。事実，サラブレッドの最大酸素摂取量（$\dot{V}O_2max$，全身持久力の指標）が他の競技動物の中でもずば抜けて大きいことが知られており，激運動時の酸素消費量は安静時の35倍以上にも達する。

鼻孔から取り込まれた酸素は，気道を経て肺に送り込まれ，肺胞における拡散作用によって血流に取り込まれる。酸素を受け取った血液は，肺静脈，心臓を経て全身の組織へと送られる。この一連の流れが酸素運搬機構（oxygen transport mechanism）であり，前段の鼻孔から肺までの酸素運搬は呼吸器を介して，さらに後段の肺胞から全身の組織までの酸素運搬は循環器を介して行われている。

本章では，酸素運搬機構の中で呼吸器の構造と機能における馬の持つ特性について述べる。

5-1　馬の呼吸器の構造

馬の呼吸器は，外鼻孔（nostrils），鼻腔（nasal cavities），咽頭（pharynx），喉頭（larynx），気管（trachea）と続き，気管の途中から胸郭に入る。この鼻孔から気管が胸郭に入るまでの部分を上気道（upper respiratory tract）といい，吸気の温度と湿度の調節，発声および異物の侵入阻止の役割を担っている。

胸郭内の呼吸器は下気道（lower respiratory tract）と呼ばれ，気管は左右の気管支（bronchi）に分岐して左右の肺に入り，気管支の先はさらに枝分けを繰り返し，次第に細くなり細気管支（bronchiole）を経て肺胞（alveoli）に至る。肺胞壁には細かい網目のように血管が分布し，それらの血管の壁を通して酸素と二酸化炭素の交換が行われる。

これら馬の呼吸器の構造のうち，大量の空気を鼻孔から肺に送り込むのに適応した特殊な構造について述べる。

1．外鼻孔

馬の外鼻孔は大きくかつ拡張することができる。これは，外鼻孔の土台となる鼻翼軟骨が外鼻腔の内半を縁どるだけで外半には軟骨がなく，皮膚と発達した拡大筋からなる特有の軟鼻を呈し，しかも鼻翼軟骨は鼻中隔軟骨に線維性結合組織で緩やかに結ばれて移動しやすくなっている。このような鼻孔の構造は，馬のように，呼吸の際に鼻孔を通してだけ空気が出入し，口腔からは息ができない動物にとって有利な条件である。馬の外鼻孔は安静時には半月形で狭いが，激運動時には外鼻孔が大きく円く拡大されて，大量の空気を一時に肺内に出入りさせることができる。

2．鼻腔

外鼻孔から入ったばかりの鼻前庭（nasal vestible）は，ほとんどの動物では顔面の皮膚と鼻粘膜との中間のような性格を持つが，馬では顔面と同じ毛の生えた皮膚が約7cmほど続いており，空気中の埃やちりはまずこの鼻前庭の鼻毛で濾し取られる。鼻前庭の奥に鼻粘膜に覆われた固有鼻腔が続く。馬の鼻腔の内部は骨性の薄板で複雑に分岐し，表面を覆う鼻粘膜に多数の血管が分布する。この骨性の薄板のひだは流入する空気の接触面を広くし，粘膜は空気に湿気を帯びさせる。粘膜に分布する血管は，寒冷期に吸入した空気を体温に近づける働きをする。

3．咽頭

咽頭は消化器の通路（口腔－咽頭－食道）と呼吸器の通路（鼻腔－咽頭－喉頭－気管）の交叉点になっている。すなわち，それまで腹位にあった消化器道は咽頭によりその位置が全く逆になり背位を占めることになる（図5.1）。咽頭は軟口蓋（soft palate）により咽頭口部と咽頭鼻部に分けられる。咽頭鼻部の背壁と側壁および軟口蓋の背面の粘膜には，多数のリンパ様濾胞が存在する。これらのリンパ様濾胞の数とサイズは，若齢馬では特に重要であるが，成馬では通常は退化する。軟口蓋は長さ約12cmで通常の呼吸時には伸張してその自由縁が喉頭蓋基部や舌と接触して，口峡や咽頭口部を塞ぐために，空気は外鼻孔を通してのみ出入りする。すなわちこれが，馬が口から呼吸することのできない理由である。一方，食塊が嚥下される際には，軟口蓋が挙上して，ここに広い咽頭口部と口峡の合体した腔所が出現し，舌根は喉頭の方に進出して食塊を咽頭口部に押し出し，この動作によって喉頭蓋は自然に喉頭入

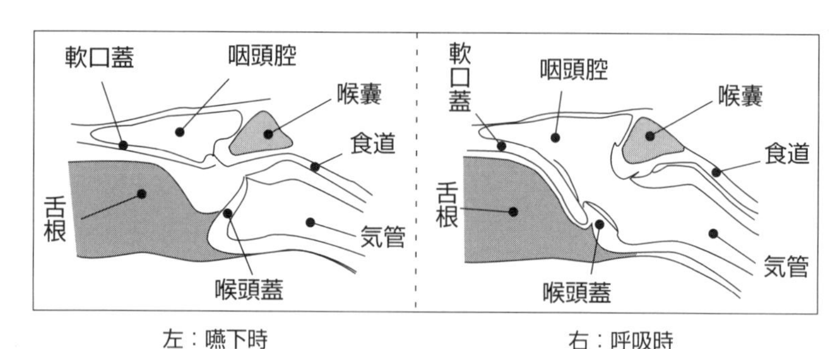

左：嚥下時　　　　右：呼吸時

図 5.1　馬の咽喉頭部

口に蓋をするよう反転して覆う。この際，咽頭壁の筋肉が収縮して腔を狭め，同時に食塊を圧迫しながら食道の方へ押しやり，また，食道の入口は反対に前方にのり出して，喉頭蓋の上を移動してくる食塊を受け入れる（図 5.1）。

4．喉嚢

咽頭の後に接して，喉嚢（guttural pouch）と呼ばれる左右一対の大きな粘膜嚢がみられる。喉嚢は耳管の一部が拡張した耳管憩室であり，容積は 300 ～ 500 mℓ で空気で満たされている。これは馬のような単蹄類に限って存在するものであるが，その役割は明らかではない。

喉嚢は，上気道を通る空気の通過には，直接的には関与していないようである。しかし喉嚢は，血管（内頚動脈と外頚動脈），頭部の神経（迷走神経，頚部交感神経幹，舌咽神経，舌下神経，副神経）および咽頭後リンパ節などの重要な構造を有している。

したがって，たとえ無症状であっても，喉嚢に異常がある場合にはこれらのきわめて繊細な構造を傷つけることになり，そのために何らかの機能障害を引き起こす。例えば，迷走神経と舌咽神経が損傷を受けると，軟口蓋の麻痺をもたらし，その結果，軟口蓋の背方変位（dorsal displacement of the soft palate）を引き起こすことになる。本症は上気道を狭窄化するものであり，軟口蓋のはためきを起こし，激運動時に呼吸困難を誘発し，競走馬では劇的な窒息を起こすこともある。

5．喉頭

喉頭は気管の入口にあり，軟骨性の骨格が組み合わさって数個の関節を作り，大小の靱帯によって補強された箱型のかなり複雑な装置で，肺に出入りする空気の量を調節している重要な関門である。

さらに，その位置が咽頭の底部になっており，飲水や食塊が嚥下するたびに絶えずその背方を通過するので，これらのものが気管の方へ侵入してこないように調節している。そして，発声器も共にここに収められていることが，その構造の複雑さを増す原因になっている。

喉頭軟骨は，甲状軟骨，輪状軟骨，披裂軟骨，喉頭蓋軟骨，小角軟骨および楔状軟骨からなる。

構造的原因（口蓋咽頭弓の吻側変位）または機能的原因（喉頭片麻痺）にしろ，喉頭の弛緩に損傷を受けると，激運動中に換気不全が起こり（Bayly et al., 1984），気流抵抗の増大に関連する異常呼吸音が誘発される（Derksen et al., 1986）。

6．気管

気管は70～80 cmの長さの柔軟な管で，喉頭と肺を結ぶ。気管の主な部分は，48～60個の気管軟骨輪が連なって管壁を作り，管腔は常に開いて呼吸をしやすくしている。気管の横断面をみると，馬では横に長い楕円形でコンプライアンスが高く，気管虚脱を起こしやすい形状であるが，運動時には頚の伸展による気管の伸長および気管筋の収縮による気管横断面の円形化によって，気管コンプライアンスは著しく減少する（Art & Lekeux, 1991）。

7．肺

肺は一対からなり，左肺と右肺があり，馬では左肺が2葉，右肺は3

葉に分かれている。右肺は左肺よりも大きく，馬では4：3で右肺が大きい。さらに，右肺の大きい容量に相当した空気を送りこむために，右気管支は径4～4.8cmで，左気管支の径3.5～4cmに比べて著しく太い。馬では肺の発達は著しく，肺重量は体重の約1％を示す。

肺の中では，気管支が20数回分岐を繰り返しながら気管支樹を形成し（Wada et al., 1992），最終的には肺胞に連がっている。

肺胞は半球状に膨れた袋であり，肺胞壁には細かい網目のように毛細管が囲んでおり，これらの血管壁を通してガス交換が行われる。馬の肺には，1,000万個以上の肺胞ならびにその1,000倍もの毛細管が分布しているといわれている。他の哺乳動物に比べて，馬の単位面積当たりの肺胞表面積は大きくかつ肺胞壁は薄いと報告されており（Gehr & Erni, 1980），ガス変換に有利な構造を示している。

馬の肺は裂溝によって肺葉に分けられているわけではないが，前述のように左肺は前葉（尖葉）と後葉（横隔葉）の2葉に，そして右肺は前葉（尖葉），後葉（横隔葉）と副葉の3葉に分けられている。肺は厚い胸膜で覆われている。

馬では肺の小葉間の結合織の隔壁は完全なものではなく，隣接する小葉間の空気の出入りのために，肺胞間の交通路（pores of Kohn），肺胞と終末細気管支より太い部分の細気管支間の交通路（canals of Lambert），および細気管支と肺胞管との交通路のような側副交通路が発達しており側副換気（collateral ventilation）がみられる。この側副換気の利点は，細い気道の閉塞が起こってもその末梢側の肺換気が保たれることである（Robinson, 1982）。しかし馬では，これらの側副交通路における気流抵抗が大きく，必要量の最大で16％しか換気できない（Robinson, 1978）。したがって，気道閉塞を起こした馬の無気肺（atelectasis）の予防以外にこれらの側副交通路は重要な役割を持たないようである。

5-2　馬の呼吸機能の特殊性

呼吸機能には，換気（ventilation），灌流（perfusion），換気灌流比（ventilation-perfusion ratio），拡散（diffusion），ガス運搬（gas transport），呼吸の力学（mechanics of breathing）および呼吸の調節（control of breathing）の過程があるが，これら呼吸機能について馬の運動適性に関連する特殊性について述べる。

1．換気

呼吸器の中に含まれる空気の全量が１回の呼吸によって出入りするわけではなく，そのごく一部が外気と交換される。肺容量（lung volume）は次のような分画に分けられている（図5.2）。

- １回換気量（tidal volume，VT）：呼吸の周期毎に吸入あるいは呼出される空気の量で，健常な成馬の安静時のVTは約12mℓ/kgであり，

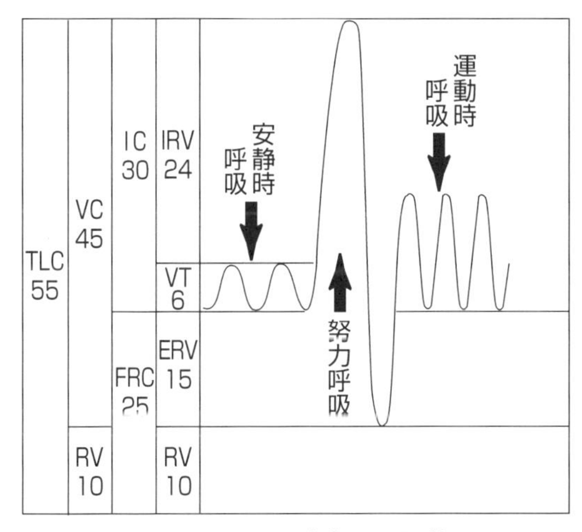

図 5.2　馬の肺容量の区分

数字は馬における各肺容量区分の平均値（単位：ℓ）

体重 500 kg の馬では約 6 ℓ である。この VT に分時換気数（respiratory rate, f）を掛けると分時換気量（minute volume, $\dot{V}E$）が求められる。

- 予備吸気量（inspiratory reserve volume，IRV）：安静時の吸気の終わりから，さらに吸入しうる最大の吸気量であり，平均 24 ℓ である。
- 予備呼気量（expiratory reserve volume，ERV）：安静時の呼気の終わりから，さらに呼出しうる最大の呼出量であり，平均 15 ℓ である。
- 残気量（residual volume，RV）：最大呼出時においても，なお肺の中に残っている量で平均 10 ℓ に達する。
- 肺活量（vital volume, VC）：できるだけ空気を吸い込んだ状態からできるだけ空気をはき出した状態まで呼出する空気量で，平均 45 ℓ である。これは VT，IRV および ERV の和にあたる。

さらに，VT と IRV の和を吸気容量（inspiratory capacity，IC）と呼び平均 30 ℓ，ERV と RV の和を機能的残気量（functional residual capacity，FRC）と呼び平均 25 ℓ，そして VC と RV の和が全肺気量（total lung capacity, TLC）で平均 55 ℓ である。

VT のうち，ガス交換の行われる肺に達するのはその一部であり，これを肺胞換気（alveolar ventilation）という。その他は生理学的死腔換気（physiologic dead space ventilation）といい，解剖学的死腔（気道）と肺胞死腔（血液灌流の乏しい肺胞）における換気が含まれる。分時換気量に対する生理学的死腔の比率は，死腔換気率（dead space-tidal volume ratio，V_D/VT）と呼ばれ，動物により相違し，犬で約 33 %，馬で 50 ～ 60 %である。

馬が運動を始めると酸素摂取（消費）量（V_{O_2}）も増加しだし，走速度の増加に従って V_{O_2} も直線的に増加し（図 5．3），最大酸素消費量（$\dot{V}_{O_2}max$）にまで達する。馬の $\dot{V}_{O_2}max$ は 160 mℓ /kg/分にもなると報告されている（Rose et al., 1988）。$\dot{V}_{O_2}max$ は一般的に体の大きな動物ほ

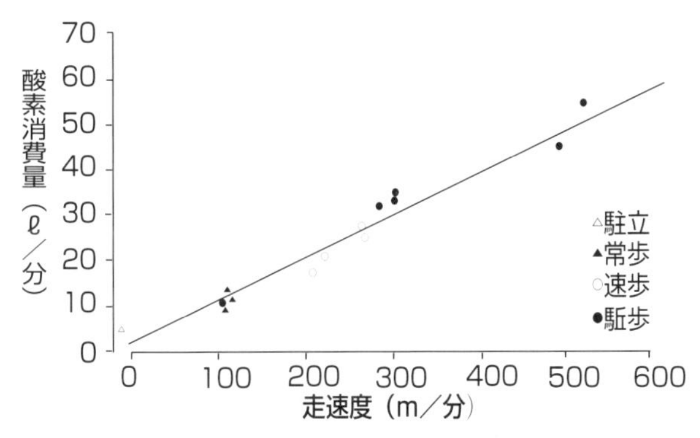

図 5.3　騎乗運動時の馬の酸素消費量の変化
供試馬体重560kg（Hörnicke et al.（1983）より引用）

表 5.1　運動に伴う換気の変化

	駐立	常歩	速歩	駆歩	襲歩
最大酸素消費量（$\dot{V}O_2max$, %）	3.3	14	18	60	100
1回換気量（VT, ℓ）	5.6	5.8	6.2	9.2	13.2
死腔量（V_D, ℓ）	3.4	3.4	3.5	2.6	2.6
肺胞換気量（V_A, ℓ）	2.2	2.4	2.8	6.6	10.6
死腔換気率（V_D／VT, %）	60	58	57	28	20
分時換気数（f, breath／分）	14	65	91	113	121
分時換気量（VE, ℓ／分）	78	377	564	1,040	1,598

Lekeux & Art（1994）より引用

ど大きいことが知られているが，馬の $\dot{V}O_2max$ は同等の体重を示す牛の $\dot{V}O_2max$ よりも3倍も大きい。一般に，有酸素運動能力の高い動物ほど高い $\dot{V}O_2max$ を示すが，これは骨格筋のミトコンドリア密度が高いためである。

表5.1に平均的な能力を持つ1頭のサラブレッド（満5歳，体重470 kg）のトレッドミル運動に伴う換気の変化を示した。運動時の馬の走速

度が増加するにしたがって，分時換気量はほぼ直線的に増加し，安静時に平均80ℓ/分であったのが激運動時には1,800ℓ/分にも達する（Art & Lekeux, 1993）。運動時のガス交換の必要量に見合った分時換気量の変化は，1回換気量，分時換気数（呼吸数）およびその両方を変化させることによって達成している。

速歩運動では馬の分時換気量の増加は，運動強度の弱い場合には1回換気量と呼吸数の両方を同時に増加させることにより達成しているが，運動強度が強くなると，主として呼吸数の増加により行われている（Art & Lekeux, 1988）。

速歩競走馬では，秒速10mの速歩時に，1回換気量約12ℓで呼吸数87回/分であったと報告されている（Gottlieb-Vedi et al., 1991）。サラブレッド競走馬では，呼吸と走行動作が強制的に連結される（Bramble & Carrier, 1983）。完歩数と呼吸数は分当たり平均110～130回であり，最大値は分当たり148回であったという（Hörnicke et al., 1983, 1987）。したがって，馬の襲歩時には，走速度の増加に伴う分時換気量の増加は呼吸数よりもむしろ1回換気量の増加によるものであり，襲歩時のサラブレッドの1回換気量は12～15ℓである（Bayly et al., 1987 ; Hörnicke et al., 1987 ; Art et al., 1990 ; Landgren et al., 1991）。

1回換気量に対する死腔の比率，すなわち死腔換気率は，安静時の馬で50～60％であり（Gallivan et al., 1989），人や犬に比べて約2倍大きい。馬の中等度の運動では，死腔量は有意に変化しないので，1回換気量が増加すると1回換気量に対する肺胞換気量の比率を増加させて死腔を減少させることになる。激運動時には死腔換気率が著しく減少しているが，解剖学的死腔は変化しないので，肺毛細血管の動員による肺胞死腔の減少に起因するものと考えられている。

2．灌流

肺は，ガス交換域に供給される肺動脈により灌流されている。肺における血流の分布は，肺動脈と肺静脈の圧力差と血管抵抗に依存し，さらに重力の影響も受ける。気道，肺胞壁および胸膜への血流は，気管支動脈から供給されており，濾液はリンパ循環により導出される。

肺血管抵抗は著しく低く，体循環の抵抗の1/7程度である。したがって，これらの血管を通過する平均血圧は体循環のそれに比べて著しく低い（26対124㎜Hg）。体循環の血管抵抗はすべて前毛細管血管によるものであるが，肺血管抵抗は，前毛細管血管と後毛細管血管との間に等しく分布している。肺血管抵抗の特有な分布と低値のために，肺毛細管血管圧は拍動的である。

激運動時には，馬の肺血流量は安静時の5～8倍に増加する。平均肺動脈圧も安静時の28㎜Hgから襲歩時の84㎜Hg，最大で100㎜Hgまで増加すると報告されている(Thomas et al., 1980 ; Erickson et al., 1992)。

肺の灌流は重力の影響を受けて垂直勾配があり，背側の肺領域よりも腹側領域の方が単位肺容積当たりの灌流量が多い。肺動脈圧，肺静脈圧および肺胞圧の相対的な大きさにしたがって，肺における血流は4つの領域に分けて考えられている。

肺の頂上部の領域1には，肺動脈と頂上の血管との間を結ぶ血液柱に等しい静水圧を克服するだけの平均肺動脈がないために，血流がない。したがって，肺胞圧は肺動脈圧と肺静脈圧の両方を上回ることになり，虚脱性毛細管が閉塞したままである。平均肺動脈圧は15～18㎜Hg(20～25㎝H_2O）なので，この圧は心臓よりも上部の肺の垂直高度（馬で20～25㎝）の灌流に十分である。領域1はほとんどの馬で小さいものであり，この領域では灌流されないのでガス交換に関与しておらず，いわゆる肺胞死腔（alveolar dead space）となっている。運動時には，肺動脈圧が上昇して，領域1における血管が動員されるようになり，灌流の分布がより均一化される。安静時の馬の肺胞死腔は0.8～1ℓで機能的残気量（FRC）の約3.5％であり，運動時にはほとんど消失するものと考えられている。

領域２では，肺動脈圧が肺胞圧よりも高く，肺胞圧が肺静脈よりも高い。したがって，肺胞圧が血管内圧よりも高くなるまで，毛細血管は開いている。そのため，領域２における血流は，肺胞圧と肺動脈圧のそれぞれの値により決定され（静脈圧とは無関係であり），静水圧勾配の結果として肺動脈圧が漸増するにしたがって，領域２の下方における血流は増加する。

領域３では，肺動脈圧と肺静脈圧が肺胞圧を上回っており毛細血管は灌流されているため，この領域の下方へ向うほど毛細血管は拡張する。

領域４では，血管に対する間質圧の圧迫により，肺の血流の減少が認められている。末梢の血管抵抗は肺門からの距離に比例して増加するので，それぞれの肺葉の中心は，周辺部よりもより多く灌流されるものと考えられる。

３．換気灌流比

ガス交換は究極的には換気灌流比の最適化に依存するものであり，効果的なガス交換は換気灌流比が0.8～1.0である肺領域で達成される。ほとんどの肺領域の換気灌流比は0.8であるが過度な灌流（換気灌流比0.8以下）や過度な換気（換気灌流比0.8以上）を示す領域が存在する。換気が阻害されると（不完全気道閉塞），換気灌流比は減少する。そして完全気道閉塞のような極端な症例では，換気灌流比は０になる。これは，右－左シャントに相当するものである。肺血管収縮や肺低血圧のように灌流が不十分な場合には，換気灌流比は増加する。そして，塞栓のため，または領域１における灌流低下の極端な症例では，換気灌流比は無限大となる。

安静時の馬では，換気灌流比は重力に影響されず，肺の頂上から底部まで一定である。これは肺換気の勾配は肺灌流の勾配と一致することを示唆している（Amis et al., 1984）。激運動時の馬では，換気と灌流とのごく僅かな不釣合いが生じる。この不釣合いは，肺胞気－動脈血酸素分圧較差の25％の増加によるものである（Wagner et al., 1989）。

馬の換気灌流比の生理特性は人と異なる。人では，安静時の換気灌流比は一定ではなく，運動時に真の不釣合いが起こる（Gale et al., 1985）。

気道疾患の症例では，運動時に換気障害によって換気灌流の不釣合いが増強される。馬の側副換気は細い気道の非透過性を補償する能力はほとんどない（Robinson & Sorenson, 1978）。したがって，膨らむのにより長い時間を要する肺葉は不適性な換気灌流比を示し，低酸素症そして時には高炭酸症を起こす。

4．拡散

肺胞におけるガス交換は，肺胞と肺毛細血管との間の拡散により受動的に起こり，ガスの圧勾配，拡散性，肺胞－肺毛細血管壁の厚さおよび肺胞表面積などに依存する。馬の肺胞1個の表面積は6.57×10－4㎠であり，人の15～27×10－4㎠に比べて有意に小さいことが報告されており（Kiryu, 1973），肺全体として大きな肺胞表面積を有している。この大きな肺胞表面積は，馬の高い$\dot{V}O_2max$を達成するために必要な条件である。さらに，運動時には肺動脈圧の上昇により未灌流の肺毛細血管が動員されて，拡散に必要な表面積が増加する。

安静時または軽運動時には，健常馬では測定可能な拡散限界は観察されていない。安静時の馬における肺胞－動脈血酸素分圧較差は平均4㎜Hgであるが，最大運動に達しない激運動時（60％$\dot{V}O_2max$から）の馬では，動脈性低酸素血症とヘモグロビン脱飽和が起こる（Bayly ct al., 1983；Thornton et al., 1983）。同時に肺胞－動脈血酸素分圧較差は広がり，30㎜Hgにも達する。

この運動性低酸素血症（exercise-induced hypoxemia）は馬に特有な現象として，世界の馬運動生理学研究者から注目されている。本症の原因については未だ明らかにされていないが，主として次のような因子の一つが関連しているものと考えられている。すなわち，①吸気中の酸素分圧の低下，②右－左血管シャント，③換気灌流の不均等，④拡散障害などである。右－左血管シャントと換気灌流不均等は運動性低酸素血症の副因子であるといわれている（Wagner et al., 1989）。

肺胞－動脈血酸素分圧較差の拡大の25％は軽度の換気灌流比の不均等によるものであり，その拡大の残りの75％は，肺胞－毛細血管拡散の平衡異常によるものとされている。事実，激運動時には，拡散能が阻害される要因があり，酸素平衡のための時間を示す毛細血管内血球通過時間（capillary transit time）が約1/3に短縮することが知られている。

このような拡散能が阻害される一方で，激運動時の馬体内には，毛細血管と肺胞との間の酸素分圧較差の増大，血流増加に伴う灌流肺胞の動員，赤血球沈降容積（PCV）の増加など拡散能を増強するような変化も認められている。それにもかかわらず，馬の激運動時に拡散限界が認められる事実（Wagner et al., 1989）は，拡散能を改善するための生理的調節が短い毛細血管内血球通過時間（平均0.4～0.5秒）を克服できないことを示唆するものである（Constantinopol et al., 1989）。その他の競技動物においても，運動時の毛細血管内血球通過時間の短縮（犬で0.29秒，ポニーで0.35秒，そして人で0.5秒）は知られているが，犬やポニーでは運動時の拡散限界は認められていない（Parks & Manohar, 1984）。したがってこれらの動物では，毛細血管内血球通過時間の短縮が他の生理的適応によって代償されているが，馬では代償すべき生理機能が欠如しているものと考えられている。

5．ガス運搬

酸素が肺胞毛細血管関門（alveolar-capillary barrier）を通過する際に，酸素の一部は血漿に溶解するが，大半はヘモグロビンと化学的に結合して運搬される。安静時には，血液が毛細血管を去る前に，肺胞の酸素分圧と毛細血管の酸素分圧との間に完全な平衡が起こる。酸素は血漿に対しては低溶解性であり，肺胞の酸素分圧が100㎜Hgの場合に血漿100 mℓに酸素は0.3 mℓしか溶解しない。しかし，血漿内に溶解した酸素が動脈の酸素分圧を決定するので，酸素の拡散と酸素の運搬の両方にとって重要な役割を持っている。

それぞれのヘモグロビン分子は4個の酸素分子と可逆的に結合することができ，オキシヘモグロビンを作る。安静時の馬におけるヘモグロビン濃度は約140～150g/ℓであり，ヘモグロビン1g当たり1.36～1.39 mℓの酸素と結合することができる。

血液の酸素含有量（oxygen content）は主としてヘモグロビン濃度とヘモグロビンの酸素飽和度によって決まる。ヘモグロビンが酸素で飽和状態にある場合には，100 ℓの血液は約20 mℓの酸素を運ぶことができるが，血漿100 ℓ中に溶解する酸素はわずかに0.3 mℓである。

ヘモグロビンの飽和度は動脈血酸素分圧（PaO_2）に依存するが，このPaO_2は血漿中に溶解する酸素量に依存する。PaO_2が約70㎜Hgを超えるとオキシヘモグロビン解離曲線は平坦化してPaO_2がいかに大きくなっても酸素はヘモグロビンとは結合しない。

ヘモグロビンはほとんど飽和状態となり，わずかな結合部（3～5％）だけが利用できる。PaO_2が60㎜Hg以下ではオキシヘモグロビン解離曲線は急峻な減少曲線を示す。組織における平均Po_2は約40㎜Hgであり，組織において血液の酸素の約25%を放出する。

運動時には組織におけるPo_2が低下するのでより多くの酸素が放出される。さらに，血液温度，H^+，Pco_2および2,3 diphosphoglyccratc (2,3-DPG）の増加により，解離曲線の右方偏位が起こり，酸素の放出が促進される。

馬のオキシヘモグロビン解離曲線は人で報告されてきた典型的な解離曲線とは僅かな相違がある。馬のヘモグロビンの酸素親和性（oxygen affinity）は人のそれよりも高いが，温度による影響は人の場合よりも小さいという（Clerbaux et al., 1986）。

貧血のように赤血球数（ヘモグロビン量）が減少した場合には，PaO_2 およびヘモグロビン飽和度が正常であるにもかかわらず酸素含有量は減少する。逆に馬の運動時のようにPCVが増加する場合には，PaO_2 は減少するが酸素含有量は増加する。脾臓収縮によるPCVの増加に伴うヘモグロビンの増加は馬に特有な運動に対する適応であり，運動時の酸素の結合部を50～60％も多く供給していることになる（Persson, 1967）。これは，PaO_2 の低下とヘモグロビン脱飽和に対する代償的調節を示している。しかし，PCVがあまりにも高くなると血液粘度が増加するので血行力学上，不利となる（Boucher et al., 1981）。

組織における代謝により二酸化炭素（CO_2）が発生し，細胞から毛細血管に拡散される。安静時には，組織から血液が離れると CO_2 分圧は動脈血の40㎜Hgから46㎜Hgに増加する。CO_2 の約5％が血漿に溶解するが，これが CO_2 分圧を決定する。残りの CO_2 は2種類の化学結合により運搬される。ほとんどの CO_2 は可逆的に H_2O と結合し，炭酸（carbonic acid, H_2CO_3）を作る。H_2CO_3 は重炭酸イオンと水素イオンに解離する。

$$H_2O + CO_2 \longleftrightarrow H_2CO_3 \longleftrightarrow HCO_3^- + H^+$$

CO_2 の60～80％は HCO_3^- として運搬される。この反応は血漿中でも起こるが主には赤血球内で生じ，赤血球内の炭酸脱水素酸素の存在がこの反応を数100倍にも促進する。血液が肺に到達すると逆の反応が起こる。

カルバミノ化合物（carbamino compound）は CO_2 と蛋白質（主としてヘモグロビン）の－NH基との結合により生成されるもので，血液の全 CO_2 含有量の15～20％がこの形で運搬される。強運動時（100％ $\dot{V}o_2max$）には，大量の筋肉から著しく大量の CO_2 が産生されて，肺ですべてを放出するのが不可能であると思われる。マスクをしないで走った場合にも相対的 CO_2 停滞の進展がみられるのは哺乳動物の中でも馬だけである（Bayly et al., 1989）。人の運動選手の激運動時には，PaO_2 を高く保つために，代償的に換気亢進が発現し，混合静脈血による肺胞ガスの平衡速度を促進させるが，$PaCO_2$ の低下（約30㎜Hg）をもたらしている。運動時の馬には明らかに真の代償性呼吸亢進は発現しないので運動性高炭酸症（exercise-induced hypercapnia）が発症する（Bayly et al., 1989 ; Jones et al., 1989）。

6．呼吸運動の調節

呼吸運動は，横隔膜の伸縮と肋骨の運動により行われる。横隔膜の縁辺は筋肉からなり，胸郭後縁の内壁に付着しており，横隔神経により支配されている。吸息時には，この筋肉の収縮により横隔膜の周辺が胸壁から離れ，ここにできた腔所に肺の後縁が侵入し，肋骨がそれ自体の弾性で外転して胸腔を広げるので，肺の容積が拡大して，外気が流入してくる。呼息時には，横隔膜の筋の弛緩によって胸腔内に再び穹隆し，同時に肋骨間の筋肉と腹筋が収縮することにより，胸腔の容積が縮小して肺を押し，肺内の空気を呼出させる。

常歩と速歩において，呼吸数と完歩数とが時々連結することが報告されているが，この連結は必ず発現するものではない（Attenburrow, 1982 ; Art et al., 1990）。呼吸数と完歩数との一致は，歩行運動と呼吸運動が連関するものであり，動作－呼吸連関（locomotion respiration coupling, LRC）と呼ばれている。

しかし，連結が発現している場合には，腹部の内臓ピストン（abdominal piston）が呼吸ポンプと共動して働いているように考えられ（Art et al., 1990），この現象は，呼吸のエネルギーコストを軽減する戦略であると思われる。

運動時には，馬体の酸素消費量の増加に従って呼吸活動は活発化するが，同時に呼吸に要するエネルギー消費量も増大する。駈歩や襲歩では，LRCにより効率的に呼吸運動を遂行する。すなわち，前肢の着地時の

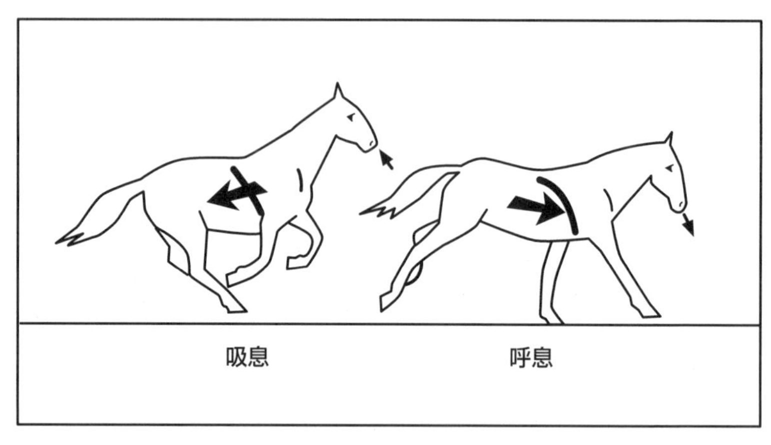

図 5.4　運動時の馬体の揺動動作と呼吸との関係

負重，横隔膜に対する腹部臓器（肝臓，胃，膵臓，盲腸）の圧力，および体軸の方位の変化に関連する運動の力を呼吸に利用し，呼吸周期と運動周期（完歩）とが完全に一致し 1：1 の関係を示す。速歩や側対歩では，LRC はさほど厳密ではなく，呼吸数と完歩数とは 1：2，1：3 または 2：3 を選ぶ柔軟な対応を示す（Attenburrow, 1982）。

運動時の動作－呼吸連関を図 5.4 に示した。馬の腹部臓器は体重の約 30％を占めており（体重 450kg の馬の腹部臓器の重量は約 130kg ある），この腹部臓器は骨盤部の体壁と横隔膜に付着し，腹腔内をピストンのように自由に動く（内臓ピストン）。運動中の馬体の動きの速度は完歩内でも変化しており，反手前の前肢が着地した時には馬体は減速し，手前の前肢が離地する時には馬体は加速する。この重い内臓ピストンは著明な慣性を有するので，馬体が減速した時には内臓ピストンが横隔膜を前方に押し続けて，肺から空気を排出させる。さらに馬体が加速した時には内臓ピストンが横隔膜を後方に引っぱるので，胸郭を広げることになり，吸息が促進される。

この内臓ピストンの動きは，運動時の馬体の揺動動作によってさらに促進される（図5.4）。馬体が浮遊期に入ると，胸郭の縦軸は上方に傾いて内臓ピストンが後方に移動するのを助ける。前肢が着地する時には，胸郭が下方に傾いて内臓ピストンが横隔膜に向って前方に滑走しやすくなる。

駈歩や襲歩では，完歩と呼吸は完全に連結するようになる（Attenburrow, 1982；Attenburrow et al., 1983；Bramble & Carrier, 1983；Young et al., 1992）。この連結を引き起こす機序については未だ明らかにはされていないが，恐らく，ピストンとして働く内臓内容物およびこの同期化の機械的利点に貢献する脊柱の屈曲および四肢による胸廓の負荷による機械的な連関によるものと考えられている（Bramble & Carrier, 1983）。前肢が伸展している間に，肋骨は前方から外側方向に引っぱられて吸入を助ける。負重している間には，胸廓は力を吸収して圧縮されて，呼気を起こす。襲歩時の馬では，内臓ピストンよりもむしろ脊柱の屈曲が呼吸を助けているという（Young et al., 1992）。

【参考文献】

1）Amis, T. C. et al.：Topographic distribution of pulmonary ventilation and perfusion in the horse. Am. J. Vet. Res. 45：1597～1601 (1984)
2）Art, T. & Lokoux, P.：Pulmonary mechanics during treadmill exercise in race ponies. Vet. Res. Commun. 12：245～258 (1988)
3）Art, T. & Lekeux, P.：Training-induced modifications in cardiorespiratory and ventilatory measurements in Thoroughbred horses. Equine Vet. J. 25：532～536 (1993)
4）Art, T. et al.：Mechanics of breathing during strenuous exercise in thoroughbred horses. Resp. Physiol. 82：279～294 (1990)
5）Art, T. et al.：Synchronization of locomotion and respiration in trotting ponies. J. Vet. Med.〔A〕37：95～103 (1990)

6) Art, T. & Lekeux, P. : Mechanical properties of the isolated equine trachea. Res. Vet. Sci. 51 : 55～60 (1991)
7) Attenburrow, D. P. : Time relationship between the respiratory cycle and limb cycle in the horse. Equine Vet. J. 14 : 69～72 (1982)
8) Bayly, W. M. et al. : The effects of maximal exercise on acid-base balance and arterial blood gas tension in Thoroughbred horses. In Snow, D. H. et al. (eds) : Equine Exercise Physiology. pp.400～407, Granta Editions, Cambridge (1983)
9) Bayly, W. M. et al. : Arterial blood gas tensions during exercise in a horse with laryngeal hemiplegia, before and after corrective surgery. Res. Vet. Sci. 36 : 256～258 (1984)
10) Bayly, W. M. et al. : Ventilatory response to exercise in horses with exercise-induced hypoxemia. In Gillespie, J. R. & Robinson, N. E. (eds) : Equine Exercise Physiology 2. pp.172～182, ICEEP Publications, Davis (1987)
11) Bayly, W. M. et al. : Exercise-induced hypercapnia in the horse. J. Appl. Physiol. 67 : 1958～1966 (1989)
12) Boucher, J. H. et al. : Erythrocyte alterations during endurance exercise in horse. J. Appl. Physiol. 51 : 131～134 (1981)
13) Bramble, D. M. & Carrier, D. R. : Running and breathing in mammals. Science 219 : 251～256 (1983)
14) Clerbaux, T. et al. : Détermination de la courbe de dissociation standard de Ĺoxyhémoglobine de cheval et influence, sur cette courbe, de la température, de pH et du diphosphoglycérate. Can. J. Vet. Res. 50 : 188～192 (1986)
15) Constantinopol, M. et al. : Oxygen transport during exercise in the large mammals : II. Oxygen uptake by the pulmonary gas exchanger. J. Appl. Physiol. 67 : 871～878 (1989)
16) Cook, W. R. : Specifications for speed in the racehorse : The Airflow Factors. Equine Research Inc., Grand Prairie (1993)
17) Derksen, F. J. et al. : Effect of laryngeal hemiplegia and laryngoplasty on upper airway flow mechanics in exercising horses. Am. J. Vet. Res. 47 : 16～20 (1986)
18) Erickson, B. K. et al. : Pulmonary artery and aortic pressure changes during high intensity treadmill exercise in the horse : effect of furosemide and phentolamine. Equine Vet. J. 24 : 215～219 (1992)
19) Gale, G. E. et al. : Ventilation-perfusion inequality in normal humans during exercise at sea level and simulated altitude. J. Appl. Physiol. 58 : 978～988 (1985)
20) Gallivan, G. J. et al. : Comparative ventilation and gas exchange in

the horse and the cow. Res. Vet. Sci. 46 ： 331 ～ 336 (1989)
21) Gehr, P. & Erni, H. : Morphometric estimation of pulmonary diffusion capacity in two horse lungs. Resp. Physiol. 41 : 199 ～ 210 (1980)
22) Gillepsie, J. R. & Pascoe, J. R. : Respiratory function in the exercising horse : A review. In Snow, D. H. et al. (eds), Equine Exercise Physiology. pp. 1 ～ 6, Granta Editions, Cambridge (1983)
23) Gottlieb-Vedi, M. et al. : Draught load and speed compared by submaximal tests on a treadmill. In Persson, S. G. B. et al. (eds) : Equine Exercise Physiology 3. pp.92 ～ 96, ICEEP Publications, Davis (1991)
24) Hörnicke, H. et al. : Respiration in exercising horses. In Snow, D. H. et al. (eds) : Equine Exercise Physiology. pp.7 ～ 16, Granta Editions, Cambridge (1983)
25) Hörnicke, H. et al. : Pulmonary ventilation in Thoroughbred horses at maximum performance. In Gillepie, J. R. & Robinson, N. E. (eds) : Equine Exercise Physiology 2. pp.216 ～ 224, ICEEP Publications, Davis. (1987)
26) Jones, J. H. et al. : Oxygen transport during exercise in large mammals. 1. Adaptive variation in oxygen demand. J. Appl. Physiol. 67 : 862 ～ 870 (1989)
27) 加藤嘉太郎：家畜の解剖と生理．養賢堂，東京（1976）
28) Kiryu, K. : The pathology and morphometry of the equine lung naturally exposed to coal dust. Theses, The Ohio State University (1973)
29) Landgren, G. L. et al. : No ventilatory response to CO_2 in Thoroughbreds galloping at 14 ms^{-1}. In Persson, S. G. B. et al. (eds) : Equine Exercise Physiology 3. pp.59 ～ 65, ICEEP Publications, Davis (1991)
30) Lekeux, P. & Art, T. : The respiratory system : Anatomy, physiology, and adaptations to exercise and training. In Hodgson, D. R. & Rose, R. J. (eds) : The Athletic Horse. pp.79 ～ 127, W. B. Saunders Co., Philadelphia (1994)
31) Parks, C. M. & Manohor, M. : Blood-gas tensions and acid-base status in ponies during treadmill exercise. Am. J. Vet. Res. 45 ： 15 ～ 19 (1984)
32) Persson, S. G. B. : On blood volume and working capacity in horses. Acta Vet. Scand. Suppl. 19 ： 1 ～ 189 (1967)
33) Robinson, N. E. & Sorenson, P. R. : Collateral flow resistance and time constant in dog and horse lungs. J. Appl. Physiol. 44 ： 63 ～ 68 (1978)

34) Robinson, N. E. : Some functional consequences of species differences in lung anatomy. Adv. Vet. Sci. Comp. Med. 26 : 1～33 (1982)
35) Rose, R. J. et al. : Maximum O_2 uptake, O_2 dept and deficit, and muscle metabolites in Thoroughbred horses. J. Appl. Physiol. 64 : 781～788 (1988)
36) Thomas, D. P. et al. : Cardiorespiratory adjustments to tethered swimming in the horse. Pflügers Arch. 385 : 65～70 (1980)
37) Thornton, J. et al. : Effects of training and detraining on oxygen uptake, cardiac output, blood gas tensions, pH and lactate concentrations during and after exercise in the horse. In Snow, D. H. et al. (eds) : Equine Exercise Physiology. pp.470～486, Granta Editions, Cambridge (1983)
38) Wada, R. et al. : Identification of the bronchi for bronchoscopy in the horse and segmentation of the horse lung. Jpn. J. Equine Sci. 3 : 37～43 (1992)
39) Wagner, P. D. et al. : Mechanism of exercised-induced hypoxemia in horses. J. Appl. Physiol. 66 : 1227～1233 (1989)
40) Young, I. S. et al. : Some properties of the mammalian locomotory and respiratory systems in relation to body mass. J. Exp. Biol. 164 : 283～294 (1992)

6

心臓循環器の構造と機能

心臓血管系（cardiovascular system）は，筋肉ポンプ，心臓および血管系からなる血液の輸送器官である。この系の主要な役割は，水，酸素，二酸化炭素，エネルギー産生のための栄養分，電解質，ホルモンおよび代謝産物の輸送である。馬の心臓血管系は，肺から体組織への大量の酸素運搬のために独特な構造を持っている。

馬の酸素摂取量（$\dot{V}o_2$）は，他の競技動物に比べても著しく大きい。この優れた馬の酸素運搬能の秘密はその脾臓にある。すなわち，馬の脾臓には大量の赤血球が貯蔵されており，運動時には脾臓の収縮により，大量の予備の赤血球が循環血流に流れ込んで，酸素運搬に関与する。これによって動脈血の酸素運搬能が増強されて，運動時の最大酸素摂取量（$\dot{V}o_2max$）を大きく増加させることになる。心臓の1回拍出量は，十分にトレーニングされた馬で1 ℓ以上であり，運動時の最大血流量は約300 ℓ/分にも達する。

「競走馬は心臓で走り，肺で頑張る」といわれている。競走馬に必要な持久力を端的に表現した言葉である。さらに1932年，オーストラリアのMckayは「競走馬の耐久力，速力及び持久力の発達」という本を著わし，オーストラリアの世紀の名馬ファーラップ（Phar Lap）を例に挙げて，生理学的な立場から長距離馬には大きくて力のある心臓，すなわち持久力心臓が必要であるとする「持久力心臓説」というものを唱えた。

競走馬に必要な持久力を支えているのは主として有酸素エネルギーであり，この有酸素エネルギーの供給には，馬体の酸素運搬機構が重要な役割を担っていることはすでに述べてきた。本章では，酸素運搬機構のうちの心臓循環器の構造と機能における馬の持つ特殊性について述べる。

6-1　心臓の大きさ

心臓の役割は，血圧を維持し，そして酸素を組織に運搬するために十分な血液を駆出するポンプである。馬の心臓の構造は，基本的には他の哺乳動物の心臓と同様である。遊離壁の厚い左心室から駆出される血液は，大動脈から全身の動脈へ流れる。動脈内の血圧は，血流速度（心拍出量）と血流の抵抗により決まる。この血管抵抗の主な調節器は細動脈（arteriole）の収縮または弛緩の程度である。これらの細動脈は末梢の毛細血管内の血流を調節しており，そこで赤血球内のヘモグロビンから組織細胞内のミトコンドリアへ，有酸素性代謝を支持するために酸素が拡散される。次いで血液は静脈系を経て右心房に戻る。静脈内の血流は，壁の薄い静脈を圧縮する筋収縮に依存している。呼吸運動時の腹部と胸廓内の気圧の変化もまた静脈還流を助けている。心臓に戻ってきた血液は肺動脈を経て右心室から肺に駆出され，活動筋へ再輸送するために，肺において血液は二酸化炭素を放出して再酸素化される。

表 6.1　種々な動物の心臓重量

種　　類	体　重 (kg)	心臓重量 (g)	心臓重量の体重比*
ヒ　ト（アメリカ白人）	65.8	270	0.41
イ　ヌ　雑種犬	14.8	95	0.65
猟　犬（グレーハウンド）	24.5	309	1.26
ウ　マ　競走馬（サラブレッド）	485	4,688	0.97
輓　馬（ペルシュロン）	771	4,700	0.61
ウ　シ　乳　牛（ホルスタイン）	552	1,905	0.35
ゾ　ウ（アフリカゾウ）	6,654	26,000	0.39
クジラ（ザトウクジラ）	4,370	187,000	0.46

＊心臓重量×100/体重　　　Altman et al.（1959）より引用

一般に，哺乳動物における心臓の大きさは，体の大きさとほぼ比例しており，体の大きな動物ほど心臓も大きいが，体重当たりの比率でみるとほぼ一定している。しかし，運動の激しい動物種ほど，体の大きさの割に大きな心臓を有していることも知られている。表 6.1 に種々の動物の心臓重量を示した。激しい運動をしている動物は，心臓重量の体重比が 0.6 以上である。馬の中でもサラブレッドの心臓は大きく，体重比で 0.97 と重種馬のペルシュロンを凌いでいる。すなわち，競走馬の相対的心臓重量（relative heart mass）は輓馬のそれよりも大きいことが認められている（Kline & Foreman, 1991）。

サラブレッドの心臓重量とトレーニングとの関係について，Kubo ら（1973）が詳細な研究を報告している。サラブレッド 61 頭の剖検時に心臓重量を測定し，生前のトレーニングの程度により，長期トレーニング群，休養群，短期トレーニング群，非トレーニング群の 4 群に分けて比較検討した（表 6.2）。その結果，トレーニングにより心臓重量は明らかに増加し（体重比で平均 1.1 %まで増加），しかも短期トレーニング群でも心臓重量が増加しており，トレーニングに対する心肥大の反応は

表 6.2　トレーニングの期間と心臓重量

	長期トレーニング群	休養群*	短期トレーニング群	非トレーニング群
例数	29	7	12	13
月齢	50±11	69±17	36±3	34±6
体重 (kg)	438±35	426±45	429±33	446±55
トレーニング期間(月)**	19.0±11.8	20.7±14.1	2.3±1.3	0
心臓重量(g)	4,815 (3,730～6,500)	4,250 (3,500～5,600)	4,282 (3,700～5,800)	4,134 (3,100～5,200)
心臓重量の体重比	1.10 (0.92～1.41)	0.99 (0.86～1.16)	1.00 (0.86～1.00)	0.94 (0.67～1.18)

注）*休養群は平均20.7カ月のトレーニングの後に平均12.6カ月休養した馬
　**トレーニング期間は，初出走から最後の出走までの月数

Kubo et al.（1974)より引用

かなり速いものと考えられる。さらに，長期間休養すると，折角大きくなった心臓も元の大きさに戻ることが示唆された。

また，オーストラリアのSteel（1963）は，心臓重量と心電図のQRS時間との間に高い相関関係（r = 0.9）のあることに着目し，ハート・スコア（heart score）なる指標を考案して，これにより心臓重量を推定すると共に競走馬の能力判定に応用し得るとした。すなわち，標準肢誘導心電図のQRS時間をmsecの単位で測定し，Ⅰ，Ⅱ，Ⅲの3つの誘導のQRS時間の平均値を求め，これを“ハート・スコア”とした。オーストラリアにおけるクラシックレースの優勝馬のハート・スコアは，すべて120以上（心臓重量で4.3 kg以上）であったという。

さらに，心エコー法（echocardiography）により，耐久競技馬の心臓の大きさを評価した研究も報告されている（Paul et al., 1987)。トレーニングされた馬の平均左心室塊が2.8 kgであったのに対して，非トレーニング馬では平均2.0 kgであったという。

人のスポーツ医学において，長期間にわたり激しい運動をしたスポーツ選手の心臓が大きくなることは古くから知られている（Henschen, 1899)。このスポーツ選手の大きな心臓，すなわちスポーツ心臓（sport heart）は基本的には病的なものでなく，スポーツによる生理的適応によるものと考えられている。ドイツのReindell（1960）は，スポーツマンの心肥大に対して“調節的心臓拡張(regulative Herzvergösserung)”という概念を唱え，この心肥大は長時間持続する心臓負荷に対する生理的適応で，主として自律神経系の調節の影響によるものと考えた。さらにLinzbach（1960）はこのReindellの推論の組織学的裏付けとして，スポーツマンの心肥大は“調和のとれた発育（harmonische Herzvergösserung)”であると説明した。

心臓に対する負荷が増加すると，短時間内にRNAの増加が起こり，蛋白合成が行われ，個々の心筋細胞内で収縮蛋白線維が増量して個々の心筋細胞が肥大する。成熟した心筋細胞はもはや分裂しないので，心筋細胞数は増加しない。すなわちスポーツマンの心肥大は，個々の心筋線維の肥大によるものであり，しかも壁厚の心内径に対する比率が保たれる遠心性の心肥大である。

6-2　心拍数

1．安静時の心拍数

競走馬（成馬）の安静時心拍数の正常範囲は26～50拍/分であり，50拍/分以上を洞性頻脈，26拍/分以下を洞性徐脈としている（Fregin, 1982)。馬は他の動物に比べてきわめて神経質であるため，全くの安静状態で心拍数を検査することが困難な場合が多い。馬の心拍数は他の動物に比べて明らかに低いが，これは安静時の副交感神経の緊張が高いことに起因するものである（Hamlin et al., 1972)。さらに十分にトレーニングされた馬の心拍数は，トレーニングされていない馬の心拍数よりも低いが，これは人におけるよく鍛練されたスポーツ選手と同様に，鍛練性迷走神経緊張症（training vagotonia）による徐脈であると考えられている。

2．運動時の心拍数

馬の運動生理学の研究または検査において，運動時の心拍数を測定することは不可欠であり，運動の生理的強度，体力または運動能力，トレーニング効果などの評価のために用いられてきた。

以前には，テレメーター方式の心電計やテープ心電計が利用されてきたが，現在は幾つかの心拍計（heart rate meter）が市販されており，運動時の心拍数の測定が容易になった（Foreman, 1984 ; Evans & Rose, 1986 ; Physic-Sheard et al., 1987）。

運動を開始すると同時に心拍数は急激に増加し，そして2～3分後に定常状態（steady state）に達して，最大下運動（submaximal exercise）が持続する間はこの定常状態が維持される（Engelhardt, 1977）。運動開始に伴う心拍数の増加は，交感神経活動の増大およびカテコールアミンの分泌によるものである（Hamlin et al., 1972）。運動開始直後にみられる心拍数の急激な増加，すなわちオーバーシュート（overshoot）は，人では出現しても数秒で定常状態に移行するのに比べて，馬ではより顕著に出現し，しかも2～3分持続する。この現象について，後述するように，脾臓における貯蔵血液量の多い馬では，この貯蔵血液が循環血流に動員されるのに若干の時間がかかるためであると説明されている（Persson, 1967）。

運動強度がより強くなると，オーバーシュートは出現しなくなり，さらに心拍数の定常状態もみられなくなる。スタンダードブレッド競走馬（繋駕速歩馬）に3種の強度の運動を負荷した場合の心拍反応を図6.1に示した。軽い運動（50％ $\dot{V}o_2max$）では，上述した最大下運動の典型

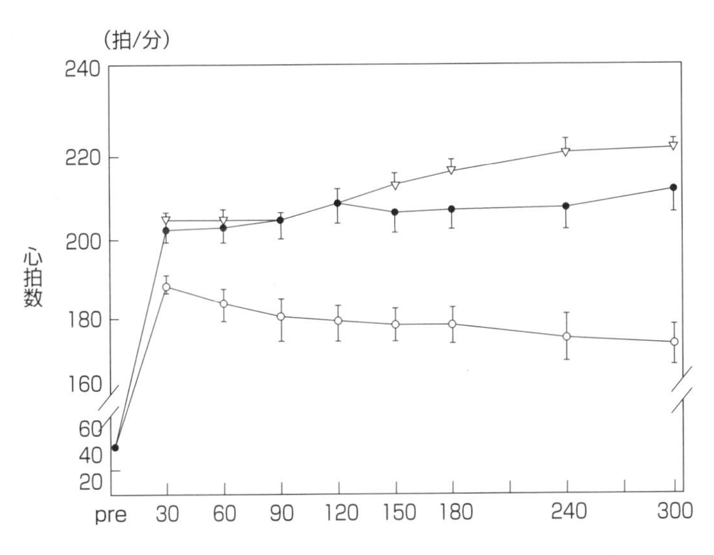

図 6.1　運動強度の相違による心拍数の反応

（○印：50% $\dot{V}O_2max$，●印：75% $\dot{V}O_2max$，△印：100% $\dot{V}O_2max$，スタンダードブレッド 6 頭の成績）
Evans & Rose（1988）より引用

的な心拍反応であるオーバーシュートと定常状態がみられる。中等度の運動（75 % $\dot{V}O_2max$）では，初期の急激な増加の後そのまま定常状態に移り，明白なオーバーシュートはみられない。さらに激しい運動（100 % $\dot{V}O_2max$）では，初期の急激な増加に続いて緩やかな増加が継続し，やがて運動継続が不可能になる。

最大下運動では，運動時の心拍数は運動強度（走速度）に比例して増加することが知られている。健康なサラブレッド競走馬 10 頭の，運動時における心拍数の走速度による変化を図 6.2 に示した。分速 800 m 以下の速度では，心拍数が走速度に比例して増加する傾向が認められる。10 頭の心拍数を重ねて表示したので若干のバラツキがあるが，個体別表示すれば回帰直線上にプロットされて，心拍数と運動強度との間の直

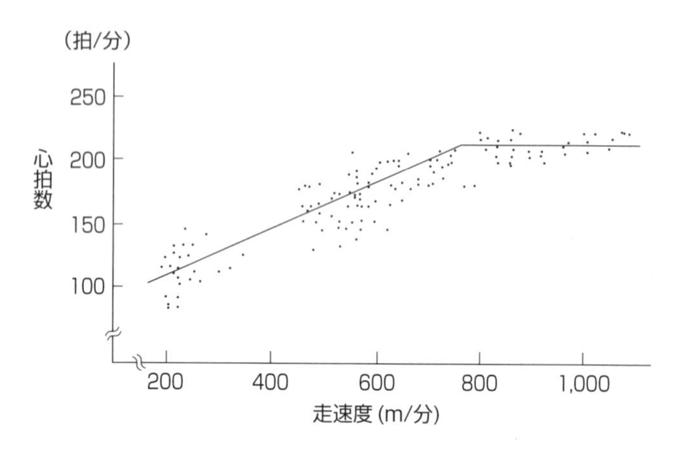

図 6.2　サラブレッド競走馬（10頭）の運動時の心拍数

線関係がより明確になる。この運動時心拍数と走速度との間の回帰直線の位置は，個体差，トレーニングの進展状況，馬場状態，環境温度など種々の要因により影響を受ける。おおよそ分速800 m以上の速度になると，心拍数は増加することなく横這い（プラトー）になる。このプラトー時が最も高い心拍数であり，その個体が記録する最高の心拍数が最高心拍数（maximal heart rate, HRmax）である。心拍数がプラトーに移行する運動強度は，運動時のエネルギー供給機構の主役が，有酸素系から無酸素系に変換していく運動強度にほぼ相当するものと考えられる。

実際のHRmaxの測定には，トレッドミル上の段階的漸増方式の運動負荷試験（incremental-speed treadmill test）により，プラトー時の心拍数から求める。HRmaxにはかなりの個体差があり，サラブレッドでは，204～241拍/分で平均223拍/分（Krzywanek et al., 1970），スタンダードブレッドでは，210～238拍/分で平均221拍/分（Asheim et al., 1970）である。

人では，HRmaxが加齢とともに減少することが知られている（Åstrand & Rodahl, 1977）。馬では，加齢とHRmaxを予測し得る関連性は認められていない。HRmaxに対して，プラトーが出現しない場合の運動中に記録された最も高い心拍数を極大心拍数（peak heart rate）と呼ぶ。満1歳（yearling）のサラブレッド8頭の平均の極大心拍数は約240拍/分であったが，満2歳～4歳では220～230拍/分であったと報告されている（Rose et al., 1990）。同様に，満1歳，満2歳および成馬のサラブレッドについて漸増式トレッドミル運動負荷試験中の心拍数をみた研究では，極大心拍数の平均値は229～231拍/分であり，その範囲は215～254拍/分であったと報じている（Seeherman & Morris, 1991）。

馬のHRmaxは，個体別にみても繰り返し精度の高い数値である（Evans & Rose, 1988）。しかし，トレーニングにより，$\dot{V}o_2max$が増加するにもかかわらずHRmaxは影響を受けないので，HRmaxは体力評価の指標としては重要ではないと考えられている（Evans & Rose, 1988 ; Seeherman & Morris, 1991）。

漸増運動負荷試験中にHRmaxが記録されたときのトレッドミルの速度（V－HRmax）は，$\dot{V}o_2max$と有意に相関があるので，このV－HRmaxは，$\dot{V}o_2max$を測定しないで体力を評価するのに適した指標になると報告されている（Evans & Rose, 1987）。さらに，HRmaxの百分率で示される相対的心拍数（relative heart rate）は，トレッドミル運動中の相対的酸素摂取量と高い相関があるという（Evans & Rose, 1987）。

3．最大下運動時心拍数による体力評価

スウェーデンのPersson一派は，スタンダードブレッド種の能力判定に利用する目的で，トレッドミル走による最大下運動時の心拍数と走速度との関連性を研究した。そして，心拍数が140拍/分を示す時の走速度であるV_{140}，または心拍数が200拍/分を示す時の走速度であるV_{200}なる指標が能力評価に有用であると報じた。彼らは，心拍数が120～210

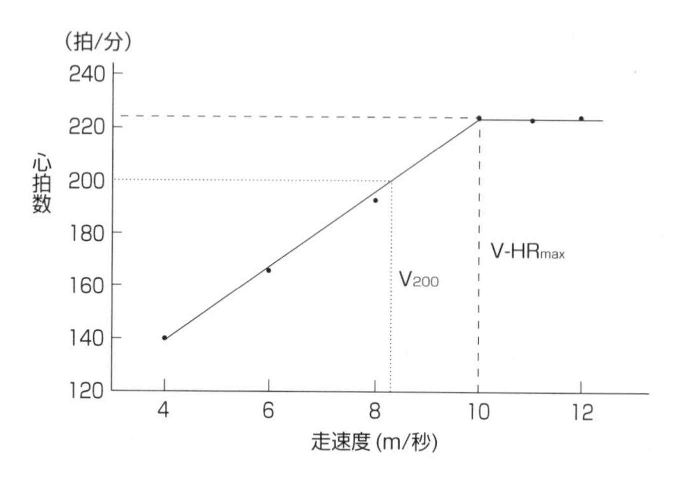

図 6.3　V200およびV-HRmaxの求め方

拍/分を示す範囲の3～4段階の速度のトレッドミルによる漸増運動負荷試験を行い，各段階の終りの心拍数を用いて V_{200} を計算した(Persson & Ullberg, 1974；Persson, 1983)。

前述のV-HRmaxも体力評価の有用な指標である。V-HRmax値は，最大下運動による心拍数と走速度の相関図を記し，回帰直線を求めて，直線部分とプラトーとの変曲点をHRmaxとして，図6.3のようにして求める。

Perssonらにより開発されたトレッドミル走による V_{200} 法は，スタンダードブレッド速歩馬の競馬場トラックでの漸増運動負荷試験についても検討されている（Wilson et al., 1983)。さらにサラブレッド競走馬についても，トレッドミル規定運動負荷試験により得られた V_{200} 値がトレーニング効果の評価に有用であることが報告された(Rose et al., 1990)。

4．運動後の心拍数の回復

運動が終了すると心拍数は急激に減少し，その後は緩徐に減少するようになって安静時心拍数に戻る（Persson, 1967；Marsland, 1968）。この回復時の心拍数は運動強度と運動の持続時間に依存するが，さらに馬の体力（走能力）や環境条件（温度，湿度など）などに影響される。

スタンダードブレッド速走馬において，馬場での規定運動負荷試験後の回復心拍数は，優勝時のレース・タイムとの相関は高くないが（r = 0.34 ～ 0.51），運動後5分の心拍数との相関が最も大きかった（Marsland, 1968）。しかし，運動後の心拍数の回復は馬の情動の影響を受けて急に増加しやすく，運動能力との関係を検査するのは困難である。

耐久レースにおいては，馬の体力の評価にこの回復心拍数が重要視されている。したがって，耐久レースの競技馬は検査員が馬に接近したり，また聴診器で心拍数を聴診することに馴れさせておくべきである。能力の低い馬は，能力の高い馬に比べて運動後の心拍数が高い（Cardinet et al., 1963）。運動後30分の心拍数が60拍/分以下である馬では，脱水や筋障害はないものと判定される（Rose et al., 1977）。耐久レースの中間地点における運動後30分の心拍数が65～70拍/分より多い馬は，それ以上レースを続けると重度の脱水や疲憊（exhaustion）に進展することが多いという（Rose, 1983）。

6-3　酸素脈

酸素脈（oxygen pulse）は，心拍数に対する酸素消費量の比率と定義されており，心拍動ごとに心室から駆出される酸素量を示すものである。人では，運動時の酸素脈は，最大有酸素性運動能力を示すものとされている（Wasserman et al., 1967）。

個体によってHRmaxが約±5％しか変動しないところから，馬においても，酸素脈が有酸素運動能力の指標になりうるものと考えられる。馬におけるトレーニング前とトレーニング後の$\dot{V}O_2max$は90～180mℓ

/kg/分と100％もの差がある。したがって，馬の最大運動時の酸素脈は0.4～0.8mℓ/kg/拍または180～400mℓ/拍の幅がみられるものと考えられる。この酸素脈の大きな幅は，1回拍出量および動静脈血酸素較差のそれぞれの最大値の個体差によるものである。

酸素脈は運動時の心拍数の増加に伴って増加するので，低い心拍数を示す運動時の酸素脈の測定値から最大の有酸素性運動能力を予測することは不可能である。しかし，運動時の $\dot{V}o_2$ と心拍数との間に密接な直線関係があり，しかもその回帰直線の傾斜が個体の酸素脈を反映しているところから，最大の有酸素性運動能力の推定は可能であると考えられる。この回帰直線の推定HRmax225拍/分への補外法によって $\dot{V}o_2max$ を予測できる。

6-4　心拍出量

酸素運搬能としての心機能を端的に示す指標は心拍出量（cardiac output）である。心拍出量は1回拍出量（stroke volume）と心拍数の積で求められる。運動時の心拍出量の増加は主として酸素摂取量の増加によるものである。心拍出量は，色素希釈法，熱希釈法，電磁流量計およびFickの原理などの方法により測定される。安静時の馬の1回拍出量について多くの報告があるが，おおよそ800～900mℓ，すなわち2～2.5mℓ/kgである。これらの報告の中から，サラブレッドについて測定したEberlyら（1964）とKuboら（1973）の成績を表6.3に示した。

運動時の心拍出量の測定は，馬用トレッドミルの導入により可能になった。十分にトレーニングされたサラブレッドのトレッドミル走による $\dot{V}o_2max$ における1回拍出量は，2.4mℓ/kg（1,250mℓ）および3.8±0.4mℓ/kg（約1,700mℓ）であったといわれ（Evans & Rose, 1988；Butler et al., 1991），馬の1回拍出量は，安静時から最大下運動への移

表 6.3　馬の安静時の心拍出量

報告者	頭数	体　重 (kg)	心拍数 (/分)	毎分拍出量 ℓ/分	 mℓ/kg/分	1回拍出量 mℓ	 mℓ/kg
Eberly et al.	10	443 (228~505)	48 (32~85)	35.5 (22.9~49.2)	90 (48~216)	773 (593~1,164)	1.8 (1.2~2.6)
Kubo et al.	8	456 (402~496)	34 (30~42)	25.3 (14.4~42.1)	56 (34~85)	746 (400~1,238)	1.7 (1.0~2.5)

行に伴って約 20 ～ 50 %増加することが知られている（Waugh et al., 1980 ; Thomas & Fregin, 1981 ; Thornton et al., 1983 ; Weber et al., 1987)。運動強度が約 40 % $\dot{V}o_2max$ から 100 % $\dot{V}o_2max$ に増加しても，1 回拍出量が変化しないと報告されており（Evans & Rose, 1988）, 運動時に心拍数が増加すると心室充満に要する時間が限定されるにもかかわらず，1 回拍出量が変化しないのは，運動時の静脈還流量と血液量の増加により心室充満圧が上昇するためであると考えられる。

繋ぎ綱で引っぱりながら緩やかな速度で水泳している馬の 1 回拍出量は，安静時の 2.06mℓ /kg から約 1.5mℓ /kg へ減少し，この 1 回拍出量の減少は，水泳中の呼吸様式の変化による静脈還流量の減少に関連すると考えられている（Thomas et al., 1980）。十分にトレーニングされたサラブレッドのトレッドミル走による $\dot{V}o_2max$ における心拍出量の測定値は，789 ± 102mℓ /kg/分（355 ℓ /分）および 534 ± 54mℓ /kg/分（277 ℓ /分）である（Evans & Rosc, 1988 ; Butlcr ct al., 1991）。

馬のトレーニングが心拍出量と 1 回拍出量に及ぼす影響についても幾つかの研究があり，その内 2 つの研究成果を紹介する。Evans と Rose（1988）は，6 頭のサラブレッドを供試して，トレッドミルにより 7 週間のトレーニングによる影響を調べた。その結果，$\dot{V}o_2max$ は平均 129.7 mℓ /kg/ 分から 160.0 mℓ /kg/ 分へ 23 %の増加がみられ，

表 6.4　馬の運動時の心拍出量

報告者		毎分拍出量		1回拍出量	
		ℓ/分	mℓ/kg/分	mℓ	mℓ/kg
Bergsten	安静時	40±11	76±19	864±232	1.6±0.4
	運動時	134±22	260±51	988±216	1.9±0.5
Thomas et al.	安静時	38±4		900	
	運動時	241±17		1,270	

100％$\dot{V}O_2$max の運動時の 1 回拍出量も平均 2.43 mℓ /kg から 3.65 mℓ /kg へ 50％も増加したという。

さらに Knight ら（1991）は，10 頭のサラブレッドを供試し，トレッドミルにより 6 週間トレーニングを課し，その後 6 週間は馬房内に繋養したままにして脱トレーニング（detraining）の影響を調べた。その結果，$\dot{V}O_2$max はトレーニング開始の 2 週間後に約 10％増加したが，その後はトレーニングが進展しても $\dot{V}O_2$max は変化しなかった。そして脱トレーニングにより $\dot{V}O_2$max はトレーニング前よりも低値を示した。さらに 100％$\dot{V}O_2$max 時の 1 回拍出量は，トレーニング前の平均 1,391 mℓ からトレーニング後 1,426 mℓ とあまり変化はなかったが，脱トレーニングにより 1,271 mℓ と約 11％の減少がみられたと報じている。このようにトレーニング効果に関連する研究成果は，トレーニング前の馬の状態やトレーニングの運動量に大きく依存するので，その結論もかなりの相違がみられる。

Bergsten（1974）は，スタンダードブレッドの最大下運動（走速度 240 m/分，心拍数 135 拍/分）時の心拍出量を測定し，Thomas ら（1981）は，サラブレッドの最大下運動（傾斜角度 11.5％，走速度 12 ㎞/時，心拍数 190 拍/分）時の心拍出量を測定した。両報告の測定値を表 6.4 に示したが，Bergsten の成績では，安静時に対する運動時の増加は，毎分拍出量で約2.4倍，1回拍出量で約15％増であった。さらにThomasらの成績では，毎分拍出量で約6.3倍，1回拍出量で約41％の増加が認められているが，心拍数190拍/分にも達する激しい運動時に1回拍出量が41％も増加していることは注目に値する。

馬のHRmaxを240拍/分とすると，心室拡張期はわずかに0.06秒となる。このきわめて短時間に，少なくとも安静時の1回拍出量に相当する血液量を駆出するための心室の等容弛緩と血液充満の機序は生理学的に興味深い。運動時の交感神経活動の増強による心収縮性の増大が収縮終期容積の減少をもたらし，その結果1回拍出量の増加を引き起こす。さらに，馬に特有な脾臓における多量の貯蔵血が運動時に循環血流に動員されることによる循環血液量の増大が，心室充満に対して有利に働いていることも考えられる。

いずれにしても，安静時の36倍以上にも増加する$\dot{V}O_2max$に対する酸素運搬機構において，心臓がきわめて重要な役割を演じていることは事実である。

6-5　血圧

血圧は血液を循環させるための位置エネルギーであり，心拍出量と全末梢抵抗（total peripheral resistance, TPR）の積である。TPRは主として細動脈の径に依存するが，血液の粘度にも影響される。

馬の安静時の平均動脈圧は113～138㎜Hgであり，軽運動ではほとんど変化しないが，激運動では有意に上昇することが知られている。サラブレッドの血圧を測定した報告では，安静時の動脈圧115/83㎜Hg，平均動脈圧97㎜Hg，脈圧32㎜Hgであったが，駈歩運動時（走速度548 m/分，心拍数184拍/分）には，動脈圧205/116㎜Hg，平均動脈圧160㎜Hg，脈圧89㎜Hgにそれぞれ上昇したという（Engelhardt et al.,

1977)。

肺動脈圧については，14頭の馬の安静時における測定値が報告されており（Milne et al., 1975），収縮期圧 42.23 ± 5.22 mmHg，拡張期圧 18.32 ± 4.13 mmHg および平均血圧 26.40 ± 3.83 mmHg であった。さらに激運動（傾斜角度 3 %，走速度 10 m/秒，心拍数 202 拍/分）時には，平均肺動脈圧は，安静時の 28 mmHg から 80 mmHg に上昇した（Erickson et al., 1992）。競走馬に特有な一種の職業病とされている運動性肺出血（exercise-induced pulmonary hemorrhage, EIPH）の誘因として，この運動時の肺動脈の高血圧が注目されている。

6-6　血液量

安静時の馬の血液量は体重の約 9 %である。この血液量の約 20 %は肺循環に関与し，残りの 80 %が体循環に関与している（Holmes, 1982）。体循環に関与する血液のうち，60 %が静脈と小静脈にあり，動脈内の血液は 15 %だけである。

血液量は興奮や運動により大きく変化する。すなわち，興奮や運動により脾臓が収縮し脾臓に大量に貯蔵されている赤血球が循環血液に放出され，運動前に 35 ～ 40 %であったヘマトクリット値（PCV）が運動後には 50 ～ 70 %に増加する。運動時の血液量の増加量は運動強度，馬の年齢，性別およびトレーニングの進度などに依存する（Persson, 1967）。

馬の脾臓の重量は，馬の用途別の品種によって大きく相違しており，したがって全血液量も品種によって異なる（Kline & Foreman, 1991）。

馬の全血液量を測定するには血漿量と運動後のヘマトクリット値を求める必要がある（Persson, 1967）。トレーニングされていない 10 頭のサラブレッドの平均の全血液量は 53.3 ℓ であり，血漿量は 40 %であったと報告されている（Knight et al., 1991）。

1．血漿量

馬の血漿量は色素希釈法により測定され，通常はEvans blue dye（T1824）が用いられている。安静時の血漿量は16～31 ℓまたは38～64mℓ/kgである（Kohn et al., 1978 ; McKeever et al., 1987 ; Masri et al., 1990 ; Knight et al., 1991）。

馬に運動を負荷すると，通常は血漿量は減少する。これは，血管内区画から血管外区画へ水分が移動するためであり（Kohn et al., 1978），1,000 mを全力疾走したサラブレッドで，血漿量が13％減少したとの報告がある（Masri et al., 1990）。

安静時の馬の血漿量は，トレーニングにより増加し（McKeever et al., 1987），血漿量の増加により心室充満が増強され，心臓の右房圧と1回拍出量の増加がみられる（Hopper et al., 1991）。血漿量の増加は，皮膚への血流量の増加が期待できるので，運動時の体温調節能の増強につながる重要な機序であると考えられる。

トレッドミル走での緩やかな速度（1.6 m/秒）による14日間のトレーニングで4.7 ℓすなわち29.1％の血漿量の増加がみられた（McKeever et al., 1987）。増加量の90％はトレーニングの1週間後に発現している上，血液中の一定濃度ヘモグロビン量も伴っているため，この時期の$\dot{V}O_2max$の10％の増加を説明しうるものと考えられる（Knight et al., 1991）。しかし，トレーニングを中止すると$\dot{V}O_2max$は急速に減少するが，増加した血漿量は6週間は維持されるという（Knight et al., 1991）。

トレーニングによる血漿量の急速な増加の機序については，腎における水分の再吸収や尿素保存が示唆されているが（McKeever et al., 1987），解明されていない。

2．赤血球数

肺胞から筋肉までの酸素運搬を担っているのが血液であり，血液成分

表 6.5　馬，牛，犬の安静時の赤血球像

	馬	牛	犬
赤血球数（$\times 10^{12}$/ℓ）	7.0～11.0 (9)	6.0～8.0	6.0～8.0
ヘモグロビン量（g/dℓ）	11～17 (14)	11～12	
PCV (%)	32～46 (40)	32～35	
MCV (μm^3)	42～47 (44)	46～54	59～69
MCHC（g/ℓ）	330～380 (350)	320～390	300～350
MCH (pg)	14～17 (15.5)	15～20	20～24

馬はサラブレッド競走馬の測定値で，Rose & Hodgson（1994）より引用
牛と犬の測定値は，Swenson（1984）より引用

の中でも中心的役割を演じているのが赤血球である。表 6.5 に，馬，牛，犬の赤血球像を比較表示した。サラブレッドの赤血球数は末梢血液 1 ㎣中に 700 ～ 1,100 万個含まれており，牛や犬に比べて多数の赤血球を有している。しかも平均血球容積（MCV）は 42 ～ 47μm^3 であり，他の動物に比べて小さい。これらは赤血球の表面積がより大きいことを示しており，肺胞や筋組織におけるガス交換能を有利にしている。

全赤血球数（total red cell volume）は，運動後あるいはエピネフリン注射後の循環血液中の赤血球数である。馬ではトレーニングにより脾臓の貯蔵血が増大し，全赤血球数が増加するために，酸素運搬能を向上させる潜在能力が増強される（Lykkeboe et al., 1977）。スェーデン速歩馬 35 頭について，1,000 m の最高スピードと体重 1 kg 当たりの全赤血球数が，競走成績と相関（0.68）のあることが報告されている（Persson & Ullberg, 1974）。

3．脾臓血

上述したように，運動時の赤血球の増加は，主として脾臓における大量の貯蔵血液が循環血流に動員されるためである。馬の脾臓重量は体重の約 0.85 %を占めており，牛の脾臓重量が体重の 0.16 %であるのに比

べて著しく大きい。脾臓は元来最大のリンパ器官であるが，馬においては血液の貯蔵所としての意義が大きい。

スウェーデンのPersson一派は，スタンダードブレッド種に脾摘出術を導入した詳細な研究により，馬の血液貯蔵所としての脾臓の役割を明らかにした。馬の摘出脾臓の重量は平均10.29 kgで，その54％が貯蔵血液である。脾臓における貯蔵赤血球量は，馬体の総赤血球量の1/3～1/2に相当する。しかも，脾臓血のヘマトクリット値は65～85％であり，安静時の末梢静脈血の40～50％に比べて平均で1.69倍も高い。情動的興奮または運動時には，放出されるアドレナリンにより脾臓が収縮して赤血球濃度の高い脾臓血が循環血流に多量放出される。

さらに彼らは，運動に伴うヘマトクリット値の変化に対する脾臓の役割をみるために，脾臓摘出術を行い，摘出前後の運動時のヘマトクリット値を比較した。脾臓を有している時には運動時に1.3～1.6倍と大幅に増加したヘマトクリット値が，脾臓を摘出した後ではその変化は1.1倍以下ときわめて小さくなることがわかった。脾臓から放出される赤血球量は運動強度によって異なるが，完全に放出されると，赤血球の酸素運搬能が放出前の1.6倍にも増大することになる（Persson et al., 1973）。

【参考文献】

1）Altman, P. L. et al. : Handbook of Circulation. W. B. Saunders Co., Philadelphia (1959)
2）天田明男：競走馬の心臓．Jpn. J. Sports Sci. 3：56～63 (1984)
3）天田明男：不整脈．澤崎　坦（編）家畜の心疾患．275～332頁，文永堂，東京（1984）
4）Asheim, A. et al. : Heart rate and blood lactate concentrations of Standardbred horses during training and racing. J. Am. Vet. Med. Ass. 157 : 304～312 (1970)
5）Åstrand, P.-O & Rodahl, K. : Textbook of Work Physiology. McGraw-

Hill, New York (1977)
6) Bergsten, G. : Blood pressure, cardiac output, and blood gas tension in the horse at rest and during exercise. Acta Vet. Scand. Suppl. 48 : 1 ～ 88 (1974)
7) Butler, P. J. et al. : The effect of cessation of training on cardiorespiratory variables during exercise. In Persson, S. G. B. et al. (eds) : Equine Exercise Physiology 3. pp.71 ～ 76, ICEEP Publications, Davis (1991)
8) Cardinet, G. H. et al. : Heart rates and respiratory rates for evaluating performance in horses during endurance trail ride competition. J. Am. Vet. Med. Ass. 143 : 1303 ～ 1309 (1963)
9) Eberly, I. E. et al. : Cardiovascular parameters in the Thoroughbred horse. Am. J. Vet. Res. 25 : 1712 ～ 1715 (1964)
10) Engelhardt, W. V. : Cardiovascular effects of exercise and training horses. Adv. Vet. Sci. Comp. Med. 21 : 173 ～ 205 (1977)
11) Erickson, B. K. et al. : Pulmonary artery and aortic pressure changes during high intensity treadmill exercise in the horse : Effect to furosemide and phentolamine. Equine Vet. J. 24 : 215 ～ 219 (1992)
12) Evans, D. L. : The cardiovascular system : Anatomy, physiology, and adaptations to exercise and training. In Hodgson, D. R. & Rose, R J. (eds) : The Athletic Horse. pp. 130 ～ 144, W. B. Saunders Co., Philadelphia (1994)
13) Evans, D. L. & Rose, R. J. : Method of investigation of the accuracy of four digitally displaying heart rate meters suitable for use in the exercising horse. Equine Vet. J. 18 : 129 ～ 132 (1986)
14) Evans, D. L. & Rose, R. J. : Maximal oxygen consumption in racehorses : Changes with training state and prediction from submaximal indices of cardiorespiratory function. In Gillespie, J. R. and Robinson, N. E. (eds) : Equine Exercise Physiology 2. pp. 52 ～ 67, ICEEP Publications, Davis (1987)
15) Evans, D. L. & Rose, R. J. : Cardiovascular and respiratory responses in Thoroughbred horses during treadmill exercise. J. Exp. Biol. 134 : 397 ～ 408 (1988)
16) Evans, D. L. & Rose, R. J. : Determination and repeatability of maximum oxygen uptake and other cardiorespiratory measurements in the exercising horse. Equine Vet. J. 20 : 94 ～ 98 (1988)
17) Evans, D. L. & Rose, R. J. : Dynamics of cardiorespiratory function in Standardbred horses during constant load exercise. J. Comp. Physiol. 〔B〕 157 : 791 ～ 799 (1988)
18) Evans. D. L. & Rose, R. J. : Cardiovascular and respiratory responses

to submaximal exercise training in the thoroughbred horse. Pflügers Arch. 411 : 316 ~ 321 (1988)
19) Foreman, J. H. & Robin, D. : Determination of accuracy of a digitally displaying equine heart rate meter. J. Equine Vet. Sci. 4 : 161 ~ 163 (1984)
20) Fregin, G. F. : The caridiovascular system. In Mansmawn, R. A. & McAllister, E. S. (eds) : Equine Medicine and Surgery. 3rd ed. pp. 645 ~ 704, American Veterinary Publications, Santa Barbara (1982)
21) Hamlin, R. L. et al. : Autonomic control of heart rate in the horse. Am. J. Physiol. 222 : 976 ~ 978 (1972)
22) Holmes, J. R. : A superb transport system : The circulation. Equine Vet. J. 14 : 267 ~ 276 (1982)
23) Hopper, M. K. et al. : Cardiopulmonary effects of acute blood volume alteration prior to exercise. In Persson, S. G. B. et al.(eds) : Equine Exercise Physiology 3. pp. 9 ~ 16, ICEEP Publications, Davis (1991)
24) 石河利寛，竹宮　隆（編）：持久力の科学．杏林書店．東京（1994）
25) Kline, H. & Foreman, J. H. : Heart and spleen weights as a function of breed and somatotype. In Persson, S. G. B. et al.(eds) : Equine Exercise Physiology 3. pp.17 ~ 21, ICEEP Publications, Davis (1991)
26) Knight, P. K. et al. : Effects of training intensity on maximum oxygen uptake. In Persson, S. G. B.(eds) : Equine Exercise Physiology 3. pp.77 ~ 82, ICEEP Publications, Davis (1991)
27) Kohn, C. W. et al. : Plasma volume and extracellular fluid volume in horses at rest and following exercise. Am. J. Vet. Res. 39 : 871 ~ 874 (1978)
28) Krzywanek, H. et al. : The heart rates of thoroughbred horses during a race. Equine Vet. J. 2 : 115 ~ 117 (1970)
29) Kubo, K. et al. : Cardiac output in the Thoroughbred horse. Exp. Rep. Equine Hlth Lab., No.10 : 84 ~ 89 (1973)
30) Kubo, K. et al. : Relationship between training and heart in the Thoroughbred racehorse. Exp. Rep. Equine Hlth Lab. No.11 : 87 ~ 93 (1974)
31) Linzbach, A. J : Heart failure from the point of view of quantitative anatomy. Am. J. Cardiol. 5 : 370 ~ 382 (1960)
32) Lykkeboe, G. et al. : Training and exercise change respiratory properties of blood in race horses. Resp. Physiol. 29 : 315 ~ 325 (1977)
33) Marsland, W. P. : Heart rate response to submaximal exercise in the Standardbred horse. J. Appl. Physiol. 24 : 98 ~ 101 (1968)
34) Masri, M. et al. : Alterations in plasma volume, plasma constituents,

renin activity and aldosterone induced by maximal exercise in the horse. Equine Vet. J. Suppl. 9 : 72 ~ 77 (1990)
35) Mckay, W. J. S. : The Evolution of the Endurance, Speed and Staying Power of the Racehorse. (1932), 四条隆徳訳「競走馬の耐久力，速力及び持久力の発達」日本競馬会，東京 (1944)
36) McKeever, K. H. et al. : Exercise-training induced hypervolemia in the horse. Med. Sci. Sports Exerc. 19 : 21 ~ 27 (1987)
37) Milne, D. W. et al. : Pulmonary arterial wedge pressures : Blood gas tensions and pH in the resting horse. Am. J. Vet. Res. 36 : 1431 ~ 1434 (1975)
38) Paul, K. S. et al. : Echocardiographic changes with endurance training. In Gillespie, J. R. & Robinson, N. E.(eds) : Equine Exercise Physiology 2. pp. 34 ~ 40, ICEEP Publications, Davis (1987)
39) Persson, S. G. B. : On blood volume and working capacity in horses. Acta Vet. Scand. Suppl. 19 : 1 ~ 189 (1967)
40) Persson, S. et al. : Circulatory effects of splenectomy in the horse. Zbl. Vet. Med. A 20 : 441 ~ 455, 456 ~ 468, 521 ~ 530 (1973)
41) Persson, S. G. B. & Ullberg, L. E. : Blood volume in relation to exercise tolerance in trotters. J. S. Afr. Vet. Ass. 45 : 293 ~ 299 (1974)
42) Persson, S. G. B. : Evaluation of exercise tolerance and fitness in the performance horse. In Snow, D. H. et al.(eds) : Equine Exercise Physiology. pp.441 ~ 457, Granta Editions, Cambridge (1983)
43) Physic-Sheard, P. W. et al. : Evaluation of factors influencing the performance of four equine heart rate meters. In Gillespie, J. R. & Robinson, N. E.(eds) : Equine Exercise Physiology 2. pp.102 ~ 116, ICEEP Publications, Davis (1987)
44) Reindell, H. : Herz Kreislauf Krankheiten und Sport. Johann Ambrosius Barth, München (1960)
45) Rose, R. J. et al. : Plasma biochemistry alterations in horses during an endurance ride. Equine Vet. J. 9 : 122 ~ 126 (1977)
46) Rose, R. J. : An evaluation of heart rate and respiratory rate recovery for assessment of fitness during endurance rides. In Persson, S. G. B. et al.(eds) : Equine Exercise Physiology. pp. 505 ~ 509, Granta Editions, Cambridge (1983)
47) Rose, R. J. et al. : Clinical exercise testing in the normal Thoroughbred racehorse. Aust. Vet. J. 67 : 345 ~ 348 (1990)
48) Rose, R. J. & Hodgson, D. R. : Hematology and biochemistry. In Hodgson, D. R. & Rose, R. J.(eds) : The Athletic Horse. pp. 63 ~ 78, W. B. Saunders Co., Philadelphia(1994)

49) 澤崎　坦：比較心臓学．朝倉書店，東京（1980）
50) Seeherman, H. J. & Morris, E. A. : Comparison of yearling, two-year-old and adult Thoroughbreds using a standardized exercise test. Equine Vet. J. 23 : 175 ~ 184 (1991)
51) Steel, J. D. : Studies on the Electrocardiogram of the Racehorse. Australasian Medical Publish. Co. Ltd, Sydney (1963)
52) Swenson, M. J. (ed.) : Dukes' Physiology of Domestic Animals. 11th ed. Cornell University Press, Ithaca (1984)
53) Thomas, D. P. et al. : Cardiorespiratory adjustments to tethered swimming in the horse. Pfügers Arch. 385 : 65 ~ 70 (1980)
54) Thornton, J. et al. : Effect of training and detraining on oxygen uptake, cardiac output, blood gas tensions, pH and lactate concentrations during and after exercise in the horse. In Snow, D. H. et al.(eds) : Equine Exercise Physiology. pp. 470 ~ 486, Granta Editions, Cambridge (1983)
55) Wasserman, K. et al. : Interaction of physiological mechanisms during exercise. J. Appl. Physiol. 22 : 71 ~ 85 (1967)
56) Waugh, S. L. et al. : Electromagnetic measurement of cardiac output during exercise in the horse. Am. J. Vet. Res. 41 : 812 ~ 815 (1980)
57) Weber, J.-M. et al. : Cardiac output and oxygen consumption in exercising Thoroughbred horses. Am. J. Physiol. 253 : R890 ~ 895 (1987)
58) Wilson, R. G. et al. : Heart rate, lactic acid production and speed during a standardized exercise test in Standardbred horses. In Snow, D. H. et al.(eds) : Equine Exercise Physiology. pp.487 ~ 496, Granta Editions, Cambridge (1983)

7 体温調節

馬が運動時の筋収縮に必要なエネルギーは，筋肉内で供給された化学エネルギーを機械エネルギーに変換して得られる。この過程におけるエネルギー効率は相対的に悪く，機械エネルギーとして利用されるのは20％だけで，残りの80％は熱として失われる。仮にこの熱が放散されない事態が起こった場合には，体温は致命的に上昇することになる。したがって体温調節系（thermoregulation system）により支配されて熱放散を起こす生理機構は，競技動物である馬にとってきわめて重要である。

本章では，馬の体温調節機構について概説すると共に，運動時の熱放散に関する馬に特有な機能について解説する。

7-1 馬の体温

健常馬の直腸温は，37.2～38.6℃で平均38℃である。熱は主に筋肉や肝臓で生産され，皮膚や呼吸気道で放散されるので，熱を体全体に分配する必要がある。生体内の組織の熱伝導度はコルクと同程度に低いので，組織間の熱伝導は熱の再分配にとって効率の良い手段ではない。生体内の熱の再分配の主役を演ずるのは血流である。代謝が活発な器官を流れる血液は熱を集めて，それを体内の低温部分に運んでいる。

馬体内の温度分布をみると，体の中心部の温度は高く，周辺部に向かって低くなる。体表面を外殻層（shell）といい，脳や主な内臓を含む中心部を核心部（core）という。直腸温は核心温度よりも若干低いが，飼育動物では測定が容易であり，核心温度の有益な指標となるため習慣的に用いられている。

外殻温度は環境温により変動し，その変動は体表面や四肢など末端の方で大きい。外殻層の厚さは皮膚血流の増減で調節される。暑熱下では，皮膚の血管床の細動脈が拡張して毛細血管の血流が増加するが，さらに馬の皮膚には大量の血液が流れ込む特殊な血管叢である動静脈吻合（atriovenous anastomosis, AVA）が発達しており，このAVAを介しても血流が著しく増加し，外殻層を薄くして核心部を皮膚の近くまで広げ，熱放散を大きくしている。一方，寒冷下では，交感神経インパルスが皮膚血管を収縮させて外殻層を広げて厚くし，核心部を縮小して熱放散を少なくする。四肢の脂質は中心部のそれよりも融点が低いので，脂肪は極端な寒冷下でも凝固しない。

運動時には，筋活動のためのエネルギー供給の副産物として，大量の熱が産生される。この運動時の熱産生量は，代謝率の指標として酸素消費量を用いて，次式のように計算できる（Åstrand & Rodahl, 1979）。

代謝熱＝$\dot{V}O_2$（ℓ/分）× K ×運動時間（分）

$\dot{V}O_2$；酸素消費量，K；消費酸素1 ℓ当たりの遊離熱量（利用される基質により4.7～5.1kcal）

代謝効率を20％とすると，酸素1 ℓ当たり約1 kcalが筋肉活動に利用されることになる。

競走馬はきわめて激しい運動を遂行する能力を持っており，激運動時の熱産生は基礎代謝時のそれの 40 ～ 60 倍を超えるという（Carlson, 1983）。優れたサラブレッドの走速度は 16 ～ 17 m/秒であり，最大酸素摂取量（$\dot{V}O_2max$）は 80 ～ 90 ℓ O_2/分に達し，その際の熱産生は 450 kcal/分となる。サラブレッドはレースで 1 ～ 3 分間走るので，この間の熱産生量は 1,350 ～ 2,250 kcal となる。仮にこのレース中に産生された熱がすべて放散されないで蓄えられたとすると，体温は 3.25 ～ 5.42 ℃上昇することになる。

耐久レースの馬は，4～5 m/秒の速度で走り，約 25 ℓ/分の酸素（約 40 % $\dot{V}O_2max$）を消費し，そして約 100 kcal/分の熱を産生する。この産生された熱が全く放散されないとすると，体温は約 0.25 ℃/分，すなわち 1 時間当たり約 15 ℃も上昇することになる。

運動に伴う直腸温の変化を実際に測定した報告（Thiel et al., 1987）によると，速歩時および駈歩時の熱産生量はそれぞれ 78 kcal/分および 131 kcal/分であり，これらの熱産生量による体温上昇は速歩時に 0.13 ℃/分，駈歩時に 0.23 ℃/分と推定される。しかし，実測値では，速歩時に 0.02 ℃/分，駈歩時に 0.035 ℃/分の上昇がみられたにすぎず，熱生産量のうち約 15 %が蓄熱(heat storage)されていることになる。運動時のこの蓄熱は，運動後に放散される。運動後に筋肉で産生された熱が再分配されるので，最大運動後の最初の数分間は核心温度は上昇し続ける。

7-2　熱放散

動物の熱放散には，基本的に伝導（conduction），対流（convection），放射（radiation）および蒸散（evaporation）の 4 つの方法がある。運動時の放熱（heat loss）に最も有効な方法は蒸散である（図 7.1）。

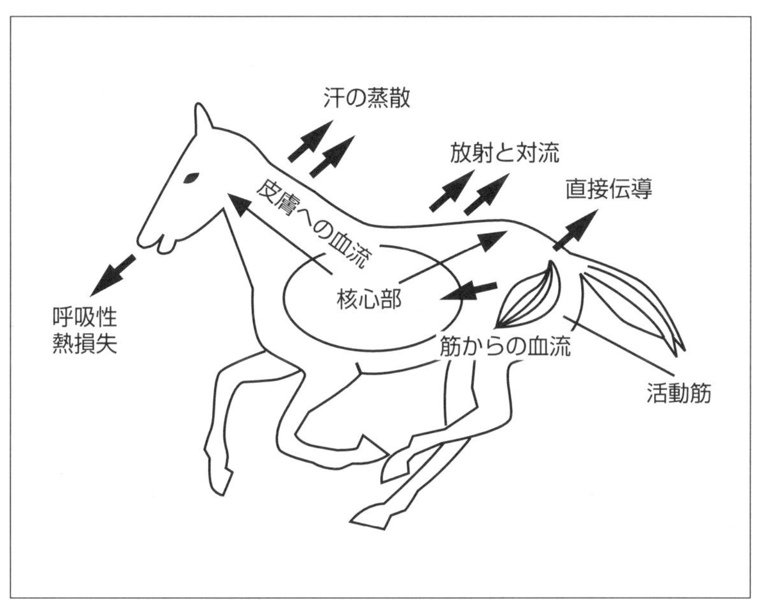

図 7.1 運動時の馬の熱放散

1．伝導

伝導は直接接触により温度のより高い面から低い面への熱移動である。馬が駐立している場合には，伝導による熱放散は体表面から空気に向かうものだけである。空気の熱伝導度が低いために，全体の熱放散のうちで伝導によるものの占める割合は小さい。空気が風で動くと（対流），新しい空気が皮膚に接するので伝導が促進される。しかし，馬が冷たく湿った床面に横臥する場合には，この伝導による熱損失は大きくなる。

馬の四肢と頭部は，これらの部位の質量に対する表面積の割合が大きく，しかも外気温に対応して皮下の血流量を調節して皮膚温を変化させ，伝導による熱放散を大きくしている。

2．対流

皮膚に接触する空気の対流によっても熱放散が起こる。対流による熱損失の量は，馬の皮膚と皮膚表面に漂う流体との温度勾配に依存し，大きな温度勾配はより多くの熱損失を起こす。馬の被毛は皮膚上に空気層を作って，対流による熱の移動を妨げている。風によってこの絶縁層が除去されると（強制対流），熱損失が増大する。夏季における馬の夏毛は細くてすべすべしており，熱放散が容易である。一方，冬季の深い被毛は，絶縁層を増大させることになり，熱を放散しにくくしている。

3．放射

馬の体表面からは，直接接触していない物体に向かっての赤外線領域の電磁放射（electromagnetic radiation）により熱放散が行われる。この放射熱は温度勾配により移動するので，たとえ室温が暖かくても，熱は馬から断熱されていない馬房の壁へと失われる。

4．蒸散

蒸散は水分の蒸発による熱放散であり，体を冷却させる有効な手段である。1gの水の温度を1℃上昇させるのに1kcalを要するにすぎないが，体から同じ1gの水を蒸発させると580kcalの気化熱が馬体から奪われることになる。馬体からの蒸散には，気道（respiratory tract）によるものと発汗（sweating）によるものがあり，両者共に運動時の馬の熱放散には最も有効な手段である。

呼吸に際し，肺や気道から水が呼気中に蒸発する。運動時には分時換気量が増加するが，そのための気道からの熱放散は安静時の約5倍に増加し，全熱損失量の10～15％に達する（Thiel et al., 1987）。

馬の駈歩時には，呼吸周期と運動周期とが同期し，呼吸数と完歩数が一致する。したがって，呼吸気道からの熱損失は，1回換気量の変化に依存しており，肺換気量を測定し，換気量1ℓ当たり0.03gの水が蒸散すると算出される（Kaminski et al., 1985）。体重700kgの乗馬について，

表 7.1　体重700kgの馬の熱産生量と熱放散量

	駐立	常歩	速歩	駈歩
走速度（m/分）	0	115	240	340
肺換気量（ℓ/分）	212	288	599	948
酸素消費量（ℓ/分）	2.5	12.2	22.5	37.5
熱産生量（kJ/分）	50	170	325	550
体温上昇・計算値（℃/分）		0.070	0.134	0.226
体温上昇・実測値（℃/分）		0.010	0.020	0.035
熱放散量（%）	100	86	85	85
（kJ/分）	50	146	276	468
上記熱量を放散するに必要な				
水蒸発量（mℓ/分）	22	65	122	207
呼吸性熱損失（kJ/分）	19	26	53	86
（kcal/分）	4.5	6.2	12.7	20.5

Thiel et al.（1987）より引用

運動に伴う熱産生量と熱放射量の変化を表 7.1 に示した。駐立時の呼吸性熱損失は 19 kJ/分で，全熱損失量の 38 %を占めている。常歩，速歩，駈歩と運動強度が増すにしたがって，呼吸性熱損失は毎分当たりそれぞれ 26，53，86 kJ と増加するが，全熱損失量に対する割合はいずれも約 18 %であった（Thiel et al., 1978）。

羊，犬および豚では，熱放散における呼吸性熱損失の占める割合が大きい。これらの動物では，暑熱下または運動時に発現する浅速呼吸（panting）によって，多大の熱放散を行っている。浅速呼吸は，呼吸数は増えるが 1 回換気量が減る死腔換気であり，少ない 1 回換気量が呼吸死腔を頻繁に移動することになり，気道からの蒸発を増加させている。馬は通常では浅速呼吸はみられないが，高湿度また無汗症（anhydrosis）により汗の蒸散が妨げられると，頻呼吸（tachypnea）がみられることがある（Evans et al., 1957）。

7-3　発汗

馬では，運動時に産生する大量の熱は，主として発汗による蒸散により放散している。

1．馬の汗腺と発汗機序

人の体温調節機能に関与する汗腺がエクリン腺（eccrine gland）であるのに対し，馬の汗腺のほとんどがアポクリン腺（apocrine gland）である。馬の汗腺はその導管が毛包に開口しており，体表面全体に分布している。

人の汗腺は交感神経系のコリン作動性線維（cholinergic fiber）の支配を受けているが，馬の運動時の発汗は，副腎髄質から分泌された循環血流中のアドレナリン（Evans et al., 1956, 1995 ; Evans & Smith, 1956）および交感神経のアドレナリン作動性線維（adrenergic fiber）の両方の支配を受けている。このアドレナリン誘発発汗は，β_2受容体により介在される（Snow, 1977）。

人と馬は発汗機能の最も発達した代表的な動物である。人の発汗は主として神経の作用による神経性発汗であり，一方，馬の発汗は主としてアドレナリンの作用による体液性発汗である。哺乳類の発汗器官が原始的な汗腺からこのように二つの別の方向に発達して，それぞれ多大の分泌力を持つようになったとする発汗器官発達仮説なるものが提案された(久野，1963)。交感神経もアドレナリンも共に血管を収縮させる作用を持つものである。この両者による汗腺の血管収縮を回避することによって，それぞれの発汗器官が発達してきたとする考え方である。すなわち，人の汗腺に分布する交感神経線維は，アドレナリン性線維からコリン性線維に変わることにより汗腺血管の収縮を避けられるようになった。一方，馬のアドレナリンによる汗腺血管の収縮は，汗腺細胞のアドレナリンに対する感受性が向上することにより，汗腺に作用するアドレナリン

表 7.2　馬と人の汗の電解質成分

(mM)

報告者	Na^+	K^+	Cl^-
馬			
Carlson & Ocen (1979)	132	53	174
Rose et al. (1980)	249	78	301
Kerr et al. (1983)	147	57	200
血漿成分	139	3.7	100
人			
Costill (1977)	50	4.7	40
血漿成分	140	4	101

McConaghy (1994) より引用

の閾値が汗腺血管に対するよりも著しく低くなり，汗腺血管を収縮させない程度のアドレナリン濃度で発汗させることができるようになったとした。これら二つの発汗機序は，いずれも合目的的な利点を有し，人における神経性発汗は，暑熱による神経刺激に対して発汗するのに便宜である。馬における体液性発汗は，体内におけるアドレナリンの分泌が原因となるものであり，筋肉運動により発汗するのに便宜であるという。

2．汗の成分

汗には，主として水と電解質が含まれている。人と馬の汗の電解質含量を表 7.2 に示した。人の汗の電解質含量は個体差が著しく大きく，しかも発汗量や暑熱順応の程度によって成分が大きく異なる。人の汗は血漿よりも低張性である。

馬の汗では，血漿に比べて，Na 濃度は同じか若干高い程度であるが，Cl 濃度は有意に高く，そして K 濃度は 10 ～ 20 倍も高く，血漿よりも高張性である。激運動時の汗は軽運動時の汗よりも希薄であるが，これは激運動時にはアドレナリン分泌が増大するためであるといわれている

(Evans, 1955 ; 1966)。アドレナリン注入により運動時の汗よりも希薄な汗が産生される（Carlson & Ocen, 1979 ; Kerr & Snow, 1983)。馬では運動時にアドレナリン濃度が増加することが知られており（Evans et al., 1955 ; Evans, 1966)，馬の発汗は，交感神経活動と循環血中のアドレナリンの両方に反応して発現する（Evans, 1955 ; Anderson & Aitken, 1977 ; Kerr et al., 1983)。

さらに，馬の汗には他の動物よりも高濃度の糖蛋白（glycoprotein）が含まれている。この糖蛋白はラセリン（latherin）と呼ばれ，運動後の馬にみられる石けんを泡だてたような泡汗（lather）の原因になっている。このラセリンは，汗が被毛を通って広がりやすくなる界面活性剤の働きをし，熱放散の促進に役立っている（Eckersall et al., 1984)。

3．発汗による熱放散

馬においては，1～2分間の最大運動（450 kcal/分）または5～6分間の最大下耐久運動（100 kcal/分）により産生される熱を放散するには，1ℓの汗を蒸散する必要がある。1時間にわたる最大下運動による熱産生は6,000 kcal（60分× 100 kcal/分）にも達し，この熱を蒸散により放散するのは11ℓの汗が必要になる。

発汗による熱放散の効率は，環境温度，相対湿度，風速および体表面積体重比に依存する。馬の体表面積体重比は，他の動物に比べて小さい。体重60 kgの人の体表面積が約1.7 ㎡であるのに対し，500 kgの馬の体表面積は5 ㎡にすぎない。しかし，実際には，前述したように，皮膚への血流量を増加することによって，大量の熱放散を達成している。

運動中の人では，心拍出量の15％が皮膚に向かうとされている。馬においても心拍出量の同率の血液が皮膚を流れるとして，発汗による熱損出量を推定しうる。運動中の耐久レース馬の心拍出量を約160ℓ/分（40％ $\dot{V}O_2max$)，そして血液の比熱容量を0.9 kcal/ℓ/℃とすると，発汗による熱損失は55 kcal/分（0.15 × 160ℓ/分× 2.5 ℃ × 0.9 kcal/ℓ/℃）

となる。この熱損失のために必要な発汗量は，95 mℓ/分または5.7 ℓ/時（580 kcal/ℓ）であり，耐久レースによって産生される全熱量の55～60％に相当することになる。

運動時の発汗量を測定することによっても，発汗による熱損失量を推定しうる。暑熱下での運動に伴う馬の発汗量は15 ℓ/時にも達する（Carlson, 1983, 1987）。この発汗量から推定される熱損失量は，全熱産生量の60％以上を占めることになる。

4．運動時の発汗量

運動時の発汗量は，運動前後の体重の変化から推定される。6時間にわたる中等度の運動（3.5 m/秒）で，体重の5～6％の発汗（約27 kg）があったとの報告がある（Carlson, 1983）。また寒冷な気候状態で58～80 kmの距離を18 km/時の速度で走った場合の別の研究では，37 ± 2.6 kg（7.6 ± 0.5％）の体重減少があったと報告されている（Kerr & Snow, 1983）。

1～2マイルの距離を走るサラブレッド競馬では，ウォーミングアップ，レース，および初期の回復期の間に約10 ℓの発汗量がある（Carlson, 1987）。40％ $\dot{V}o_2max$ でトレッドミル走させた馬の頚部と背部の発汗量を直接的に測定した研究では，21～34 mℓ/分/m^2の発汗量があったという（Hodgson et al., 1993）。馬の全体表面積（total surface area, SA）を

$$SA = 1.09 + 0.008 \times 体重（kg）$$

で計算し得るものとすると（Hodgson et al., 1993），体重450 kgの馬の発汗量は6.5～9 ℓ/時となる。

【参考文献】

1） Anderson, M. G. & Aitken, M. M. : Biochemical and physiological effects of catecholamine administration in the horse. Res. Vet. Sci, 22 : 357 ～ 360 (1977)

2） Åstrand, P. O. & Rodahl, K. : Textbook of Work Physiology : Physiological Bases of Exercise. McGraw-Hill, New York (1979)

3） Carlson, G. P. : Thermoregulation and fluid balance in the exercising horse. In Snow, D. H. et al. (eds) : Equine Exercise Physiology. pp.291 ～ 309, Granta Editions, Cambridge (1983)

4） Carlson, G. P. : Hematology and body fluids in the equine athlete : A review. In Gillespie, J. R. & Robinson, N. E. (eds) : Equine Exercise Physiology 2. pp.393 ～ 425, ICEEP Publications, Davis (1987)

5） Carlson, G. P. & Ocen, P. O. : Composition of equine sweat following exercise in high environmental temperatures and in response to intravenous epinephrine administration. J. Equine Med. Surg. 3 : 27 ～ 32 (1979)

6） Costill, D. L. : Sweating : Its composition and effects on body fluids. Ann. N. Y. Acad. Sci. 301 : 160 ～ 174 (1977)

7） Eckersall, P. D. et al. : Characterisation of glycoproteins in the sweat of the horse (Equus caballus). Res. Vet. Sci. 36 : 231 ～ 234 (1984)

8） Evans, C. L. : Sweating in relation to sympathetic innervation. Br. Med. Bull. 13 : 197 ～ 201 (1955)

9） Evans, C. L. : Physiological mechanisms that underlie sweating in the horse. Br. Vet. J. 122 : 117 ～ 123 (1966)

10） Evans, C. L. et al. : The adrenaline and noradrenaline of venous blood of the horse before and after exercise. J. Physiol. 128 : 50P ～ 51P (1955)

11） Evans, C. L. et al. : The relation between sweating and the catechol content of the blood in the horse. J. Physiol. 132 : 542 ～ 552 (1956)

12） Evans, C. L. & Smith, D. F. G. : Sweating responses in the horse. Proc. Roy. Soc. Lond. Biol. 145 : 61 ～ 83 (1956)

13） Evans, C. L. et al. : Physiological factors in the condition of "dry coat" in horses. Vet. Rec. 69 : 1 ～ 9 (1957)

14） 久野　寧：汗の話．光生館，東京 (1963)

15） Hodgson, D. R. et al. : Dissipation of metabolic heat in the horse during exercise. J. Appl. Physiol. 74 : 1161 ～ 1170 (1993)

16） Kaminski, R. P. et al. : Effect of altered ambient temperature on breathing in ponies. J. Appl. Physiol. 58 : 1585 ～ 1591 (1985)

17) Kerr, M. G. & Snow, D. H. : Composition of sweat of the horse during prolonged epinephrine (adrenaline) infusion, heat exposure, and exercise. Am. J. Vet. Res. 44 : 1571 ～ 1577 (1983)
18) McConaghy, F. : Thermoregulation. In Hodgson, D. R. & Rose, R. J. (eds) : The Athletic Horse. pp.182 ～ 202, W. B. Saunders Co., Philadelphia (1994)
19) Pollmann, U. & Hörnicke, H. : Characteristics of respiratory air flow during exercise in horses with reduced performance due to pulmonary emphysema or bronchitis. In Gillepsie, J. R. et al. (eds) : Equine Exercise Physiology 2. pp.760 ～ 771, ICEEP Publications, Davis (1987)
20) Rose, R. J. et al. : Plasma and sweat electrolyte concentrations in the horse during long-distance exercise. Equine Vet. J. 12 : 19 ～ 22 (1980)
21) Snow, D. H. : Identification of the receptor involved in adrenaline mediated sweating in the horse. Res. Vet. Sci. 23 : 246 ～ 247 (1977)
22) Thiel, M. et al. : Body temperature changes in horses during riding ; Time course and effects on heart rate and respiratory frequency. In Gillespie, J. R. et al. (eds) : Equine Exercise Physiology 2. pp.183 ～ 193, ICEEP Publications, Davis (1987)

8

運動のための栄養学

馬の栄養素要求量（nutrient requirments）は，馬の一生を通して，成長，妊娠，泌乳および運動負荷のような因子によって変わる。運動に伴ってエネルギー供給量が増加するために栄養素要求量も増大するが，その要求量は，運動の種類，走速度と距離，馬のコンディション，個体差，騎乗者の技能，寄生虫の寄生程度，環境温などの多くの因子の影響を受ける。

競技馬に対して，栄養素要求量以上の栄養を給与したとしても，その馬の持つ能力以上に競技成績を改善することはできない。コンディション不良またはトレーニング不足の馬に対して，給餌またはある栄養素の給与によって奇跡を期待することは不可能なことである。競技馬の栄養は，あくまでもその要求量ならびに種々の飼料の嗜好性に基づいて給与されるべきである。

本章では，馬の消化器官の構造と機能について概説すると共に，運動負荷に対する栄養素の要求に限定して解説する。

競技馬の飼養標準については，NRC（National Research Council Subcommittee on Horse Nutrition）が馬の飼養標準をまとめており，絶えず改訂作業が行われている。このNRCの馬飼養標準は，現在のところ第5版（1989）が刊行されており，わが国の馬の飼養管理においても重要な指針になっている。一方，わが国では馬の栄養，飼料に関する研究はきわめて少なく，したがって馬の飼育方法も経験則の範囲にとどまっていた。わが国の環境を考慮した軽種馬の飼養標準が久しく求められていたが，本年，JRA競走馬総合研究所編「軽種馬飼養標準（1998年版）」が出版された。この飼養標準に準拠し，今後わが国の馬の飼養がより科学的になり，より良い馬の生産飼養が行われるようになることが期待される。

8-1　馬の消化管の構造と機能

消化器（digestive tract）は口腔～肛門までの馬体内を縦貫する消化管，ならびに消化液を分泌する唾液腺，膵臓，肝臓などの付属臓器からなっている。図8.1に馬の消化管の概要を示す。消化管（alimentary canal）は，口腔，食道，胃，小腸，大腸に分類される。単胃動物としての馬と，反芻動物である牛の消化器の各部容積を表8.1に示した。

1．口腔

口腔（oral cavity）は口唇～咽頭までの部分であり，ここで採食，咀嚼および嚥下が行われる。馬は飼料を十分に咀嚼するので，歯は偏平な形状を示しており，線維質の飼料を磨砕しやすい構造になっている。

唾液（saliva）は，主として耳下腺，顎下腺，舌下腺から分泌され，その分泌量は摂取する飼料の種類によって相違するが，1日に約40ℓにも及ぶ。

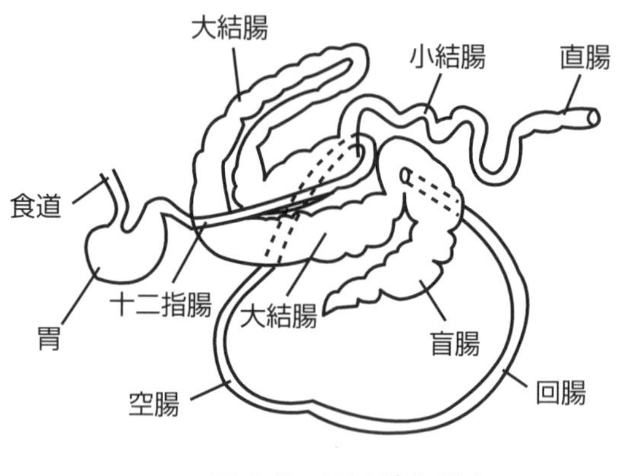

図 8.1　馬の消化器官

表 8.1　馬と牛の消化器の各部容積の比較

		胃	小腸	盲腸	結腸･直腸	総計
馬	容積（ℓ）	17.67	63.82	33.54	96.02	211.05
	比率（%）	8.5	30.2	15.9	45.8	100.4
牛	容積（ℓ）	252.5	66.0	9.9	28.0	356.4
	比率（%）	70.8	18.5	2.8	7.9	100

森本（1980）より引用

2．食道

嚥下した食塊は，食道（esophagus）を通って胃（stomach）に入る。頚の長い馬では，食道も長く全長 125 ～ 150 ㎝もある。一方，馬の食道の内腔は狭く，一時に飲み込める液体嚥下量は少なく 150 ～ 300 cc 程度である。

食塊が食道を通って胃に送られるのは，食道筋の蠕動運動（peristalsis）による。馬の食道筋の前半は横紋筋からできていて，その収縮速度が速いため食塊が毎秒20㎝の速度で下降するのに対して，後半は平滑筋からできており，ここでの食塊の下降速度は毎秒5㎝でずっと遅い。そして，食塊が食道を通って胃に収まるまでには60～80秒もかかる。

馬の食道は，噴門部の筋層が厚く，狭い噴門を持っているため，嘔吐を困難にしている。

3．胃

馬の胃の最大の特徴は，体の大きさと飼料の摂取量の割合に対して非常に小さいことであり，その生理的容量は5～15ℓである。

馬の胃の噴門部は，食道の粘膜がそのまま移行している前胃部（胃腺を含まない）であり，胃の粘膜の1/3を占めている。残りの2/3が胃腺を含んだ真正の胃粘膜である腺部である。馬の噴門の括約筋はよく発達していて胃の入り口をきつく閉めており，胃に収まった食餌を吐き出すことが難しい。

胃は食道から送られてきた食塊を収容して，しばらくの時間とどめておき，胃壁から消化液を分泌して食塊の栄養分をある程度消化分解して，少しずつ幽門から十二指腸の方へ送りだしている。

胃には，噴門腺（cardiac gland），胃底腺（fundic gland），幽門腺（pyloric gland）の3つの腺が発達している。噴門腺および幽門腺からは粘液が分泌される。胃底腺からはペプシノーゲン（pepsinogen），塩酸および粘液が分泌される。各腺から分泌される粘液はムコ蛋白質やムコ多糖類を含みアルカリ性であり，胃粘膜表面を覆い胃壁を保護する。胃底腺から分泌されるペプシノーゲンは，塩酸の作用で蛋白消化酵素であるペプシンになる。幼若な馬では，蛋白分解酵素の一種であるレニン（rennin）が分泌され，乳汁中のカゼインに作用して乳汁を凝固させる。

採食後1時間位までは胃液の分泌が十分でないために，飼料や細菌の中に含まれている糖化酵素の作用で，飼料中のデンプン質の分解が軽く行われる程度である。採食後4～8時間頃になると，腺部での胃液の分泌が盛んになって，飼料の蛋白質の消化が本格的に進むようになる。馬では，胃内容物の流出には約24時間かかる。

4．小腸

小腸（small intestine）は，十二指腸（duodenum），空腸（jejunum）および回腸（ileum）からなる。馬の小腸は，全消化管容積の約30％を占め（表8.1），その長さは平均25mである。そのうち，十二指腸と回腸がそれぞれ1m程度であるので，残りの23mが空腸である。十二指腸には肝臓からの胆管と膵臓からの膵管が開口し，それぞれ胆汁と膵液が十二指腸に分泌されている。

ほとんどの消化は小腸で始まり，小腸粘膜や膵臓で産生される消化酵素により，蛋白質，脂肪およびデンプンやショ糖のような可溶性炭水化物が分解される。食餌性蛋白質は，その構成単位であるアミノ酸に分解されて吸収される。吸収されたアミノ酸は，蛋白合成やエネルギー代謝に用いられるために，血流により組織に運ばれる。馬の食餌は低脂肪であるにもかかわらず，ほとんどの脂肪は効率的に消化される（Rich et al., 1981）。食餌性トリグリセリドは，脂肪酸やグリセロールとして吸収されるが，貯蔵や代謝部位への移動のためにトリグリセリドに再合成される。デンプンは小腸でグルコースに消化され，他の可溶性炭水化物はその構成単位である糖に消化される。グルコースや他の単糖（通常はフラクトース）は，エネルギー代謝や貯蔵のために血流を介して組織に運搬される。

5．大腸

大腸（large intestine）は盲腸（caecum），結腸（colon），直腸（rectum）に分けられる。

馬では盲腸がよく発達しており，大型の馬では盲腸容積は30 ℓ以上，長さは1m以上もある。つまり馬では，牛のような反芻類が第一胃で行っている線維類の分解作用を，主にこの膨大な盲腸や結腸の中で，微生物や消化液の助けをかりて行っている。

大腸における線維質の消化により，主に酢酸，プロピオン酸，酪酸などの揮発性脂肪酸（volatile fatty acid, VFA）が産生される。馬では，このVFAは直接，エネルギー産生かグルコースや脂肪の合成に用いられる。大腸に到達した可溶性炭水化物（デンプンまたはグルコース）も微生物による発酵を受けてVFAを生ずる。食餌の内容にもよるが，食餌性蛋白質のかなりの量は大腸で消化される。乾草中の蛋白質の74％は大腸で消化され，小腸で消化されるのは30％以下であると報告されている（Gibbs et al., 1988）。馬に混合飼料（乾草と濃厚飼料）を給与すると，蛋白質消化の多くが小腸で行われる（Hintz et al., 1971）。小腸での蛋白質消化によりアミノ酸が吸収されるが，大腸での蛋白質消化ではアンモニアが産生される。馬では，吸収されたアンモニアは，非必須アミノ酸（nonessential amino acid）に合成されるか，または尿素として尿中に排出される。

馬の大腸は，リンが吸収される重要な部位であり（Schryver et al., 1972），大部分の水や電解質をも吸収し，その貯水能力は大腸の最も重要な機能の一つである（Argenzio, 1975）。さらに，大腸において大量のビタミンB群が合成されて，大腸から吸収されることが知られている（Linerode, 1967, Stillions et al., 1971）。

馬では，小腸から送られてきた食糜が，さらにこのような膨大な大腸の中で54～72時間（このうち盲腸に18～24時間）も滞在して，十分に消化されるようになっている。

大腸における食糜は，次第に水分が吸収されて固形体になる。馬では，小結腸の部分で腸の膨起がすでに馬糞形になっていて，腸の内容も鋳型に合った固形の馬糞形になる。その固形の糞の外側には，大腸粘膜の杯細胞から産生された粘液がついて，粘膜面を滑りやすくしている。そして大腸の蠕動と共に，糞塊は直腸末端の直腸膨大部に移る。肛門括約筋が弛むと，糞塊が排出される。馬の１日の排便回数は多く，10回を超す場合もある。

8-2　競技馬の栄養素要求量

馬にとって必要な栄養素は，蛋白質，炭水化物，脂肪，ミネラル，ビタミンおよび水分である。これらの栄養素のうち，運動によってその要求量が増加するものもあるが，増加しないものもある。筋収縮のためのエネルギー供給には，より多くの炭水化物または脂肪が要求され，さらに発汗による損失を補完するために，水分と電解質の要求量が増加する。

1．蛋白質

蛋白質（protein）は，各種の体組織および酵素，ホルモンなどの構成要素であり，発育，繁殖，泌乳，組織の修復などに欠くことのできない栄養素である。運動時の燃料（エネルギー供給物質）としては炭水化物と脂肪が重要であるが，蛋白質は全エネルギー使用量の５～15％を寄与している程度である。絶食時や食餌制限中には，蛋白質が重要な燃料となる。1978年にNRCから提示された飼養標準では，運動によって馬の蛋白質要求量は増加していない。すなわち，激運動を課せられている500 kgの馬の蛋白質要求量は維持量と同量で，粗蛋白質（crude protein）で約630 gとしている。

しかし，1989年版のNRCの飼養標準では，運動強度の増加に伴って，粗蛋白質要求量が増加している（表８.２）。その理由として，①乾物（dry matter, DM）の摂取増加に伴う内因性糞窒素損失（endogenous fecal nitrogen loss, DM 1kg当たり約3.6 gの窒素量－蛋白質量として約22.5 g）の増加，②汗からの窒素損失（汗1kg当たり窒素として１～1.5 gの喪失），運動している馬は１日で５～７gの窒素（蛋白質として13.25～43.75 g）を発汗により喪失している，そして③休止期後の

表 8.2　運動負荷している馬の粗蛋白質要求量（日量，g）

	馬体重		
	400kg	500kg	600kg
維持量	536	656	776
軽運動	670	820	920
中等度運動	804	984	1,164
激運動	1,072	1,312	1,552

NRC（1989）飼養標準より引用

大量の蛋白質の筋組織への同化，などが考えられている（Meyer, 1987）。実際には，運動量の増加に伴って増量される飼料中に含まれる蛋白質で，必要な蛋白質が十分に賄えるものと考えられており，蛋白質の添加飼料を補給する必要はない。

2．炭水化物

炭水化物（carbohydrate）は，エネルギー源となる主要な栄養素であり，少糖類（麦芽糖，ショ糖など）および多糖類（デンプン，セルロース，ヘミセルロースなど）の形で飼料中に存在する。家畜の飼料の主体である植物体は，その大部分（乾燥体の約70％）が炭水化物から構成されている。

デンプン，麦芽糖，ショ糖などのような，馬自体の持つ消化酵素で分解できる易消化性炭水化物はグルコース（glucose）として吸収され，セルロースやヘミセルロースなどの消化酵素に反応しない難消化性炭水化物（繊維質）はVFAとして吸収されて，それぞれがエネルギー源となる。

炭水化物は小腸からグルコースとして吸収されて，採食後30～60分で血糖値が増加し始めるが，この血糖値の増加が膵臓におけるインスリンの合成と分泌を促進する。血糖値とインスリン分泌は食餌後約2時間で最大に達するが，約5時間後には食餌前のレベルに戻る。このようにインスリンは血糖値を低下させるが，その他の炭水化物代謝に対して，グルコースの利用（解糖）促進，グリコーゲンの合成促進，グルコースの細胞内への輸送促進など，様々な効果を有する。

穀類には炭水化物が豊富に含まれており，大量の穀類を摂取した場合に，血糖値が急激に増加して，インスリン反応が大きくなり血糖値が正常以下に減少する（低血糖）ことがある。この現象は，リバウンド低血糖（rebound hypoglycemia）と呼ばれる。

当面の必要量以上に摂取された炭水化物は，グリコーゲンとして筋線維と肝臓内に貯蔵される。運動時には，筋肉に貯蔵されているグリコーゲンが有酸素的代謝または乳酸性無酸素的代謝に利用される。肝臓に貯えられているグリコーゲンは，グルコースとして血流を介して活動筋に運搬される。馬の短時間の激運動では，筋肉の貯蔵グリコーゲンの20～35％が減少する（Lindholm et al., 1974；Nimmo & Snow, 1983）。一方，耐久レースにおいて80㎞または160㎞騎乗後の筋グリコーゲン貯蔵量は，50～75％以上減少する（Snow et al., 1981, 1982）。

3．脂肪

脂肪（fat）または脂質（lipid）は，各種有機溶媒に可溶な成分の総称である。飼料に含まれる脂肪は2～5％程度と少ないが，脂肪は炭水化物や蛋白質の2.25倍のエネルギーを供給するので，競技馬にとって効率の良いエネルギー供給物質である。

体内に存在する脂質にはトリグリセリド，遊離脂肪酸（FFA），コレステロール，リン脂質などがある。トリグリセリドとFFAは水を含まないのでコンパクトに貯蔵され，非常に効率の良いエネルギー源となる。

食餌性の脂肪の少量はトリグリセリドとして筋線維に貯蔵され，大部分の脂肪は脂肪組織に貯えられて，運動時のエネルギー産生に利用される。脂肪は有酸素的代謝で利用され，運動時間が長びく程脂肪の関与の割合が大きくなる。したがって，脂肪が主要なエネルギー源になるのは，長時間にわたる持久走運動においてである。

4．ミネラル

ミネラル(mineral)は無機質であり，馬体そのものの構成成分であると共に，種々の生理機能に重要な役割を持っている。運動時には，ミネラルは浸透圧，体液平衡，神経や筋肉の活動などの維持に密接に関与している。カルシウム（Ca），リン（P），カリウム（K），ナトリウム(Na)，塩素（Cl），マグネシウム（Mg）およびイオウ（S）は比較的大量を必要とするので多量元素（macromineral）と呼ばれ，コバルト(Co)，銅（Cu），フッ素（F），ヨウ素（I），鉄（Fe），マンガン（Mn），セレン（Se）および亜鉛（Zn）は比較的少量しか必要でないので微量元素（micromineral）と呼ばれる。表8.3に馬のミネラル要求量を示した。飼料中のミネラル含量は，土壌中のミネラル含量，飼料植物の品種や生育時期，収穫時の調整方法などの影響を受ける。

運動時の発汗によって，馬は相当な量のミネラルを失うので，飼料からミネラルを補給しなければならない。特に，Na，KおよびClは大量に失われるので（表8.4），経口的に補給されるべきである。激運動をする馬のミネラル補給の日量は，Na 125 g，K 75 gおよびCl 175 gである(Meyer, 1987)。過剰に給与されたミネラルは尿中に排泄されるので，馬が水を自由に飲める状態であれば過剰給与による心配はない。

あるミネラルの過剰給与が他のミネラルの吸収を阻害することが多いので，極端な過剰給与は避けるべきである。例えば，ZnがCaとCuの吸収を阻害し，MgがFeの吸収を妨げ，CaがZnの吸収を阻害し，モリブデン（Mo）がCuの吸収を妨げることなどが知られている。

1）カルシウム（calcium, Ca）

馬の骨の約35％はCaで構成されており，さらにCaは筋収縮や蹄角

表 8.3　500kgの馬のミネラル要求量（日量）

ミネラル	維持量	運動時
Ca（g）	20	40
P　（g）	14	29
Mg（g）	7.5	15.1
K　（g）	25	49.9
Na（g）	8.2	34.5
S　（g）	12.3	17.3
Fe（g）	328	460
Mn（mg）	328	460
Cu（mg）	82	115
Zn（mg）	328	460
Se（mg）	0.8	1.15
I　（mg）	0.8	1.15
Co（mg）	0.8	1.15

注）維持のための乾物摂取量を日量8.2kg，激運動のための乾物摂取量を日量11.5kgとした場合のミネラル要求量

NRC飼養標準第5版（1989）より引用

表 8.4　運動時の馬の汗のミネラル濃度（mmol/ℓ）

発汗部位	Na	K	Cl	報告者
鞍　部	142	58	156	Meyer et al.(1978)
〃	132	53	174	Carlson & Ocen(1979)
〃	249	78	301	Rose et al.(1980)
〃	159	32	165	Snow et al.(1982)
頚部と腹部	146	55	199	Kerr et al.(1980)

Meyer(1987)より引用

質の形成にも不可欠である。Ca含量の多いマメ科牧草を給与している場合は，運動に伴うCa要求量の増加分は，エネルギー要求量の増加に相当する飼料給与で十分に補給できる。しかし，穀類やイネ科牧草を給与している場合には，炭酸カルシウム（石灰岩）の形で補給する必要がある。

発汗によるCaの損失は，汗1ℓ当たり約190㎎と少ない。Caの過剰給与（要求量の3倍以上）は，他の栄養素の吸収を阻害するので避けるべきである。

2）リン（phosphorus, P）

リンは骨の約15％を構成する成分であり，さらにATPやADPの高エネルギー物質が関連する多くのエネルギー転換反応に必要である。リンの維持要求量は日量14gであるが，Ca：Pの比が1：1より大きいことが必要である。Ca：Pの比が低い場合（Ca＜P）には，腸からのCa吸収が阻害されて，骨格の奇形を起こす。栄養性二次性上皮小体機能亢進症（nutritional secondary hyperparathyroidism）を発症することもある。

3）カリウム（potassium, K）

Kは主要な細胞内陽イオンであり，酸塩基平衡と浸透圧の維持に関与している。粗飼料や油粕類にはK含量が高く（乾物として1～2％），これらの飼料を主体にして給与している場合には，馬の要求量を十分に満たすことができる。穀類のK含量は0.3～0.4％と低い。

4）ナトリウム（sodium, Na）

Naも主要な細胞内陽イオンであり，酸塩基平衡の維持および体液の浸透圧調節のために重要な役割を果たしている。天然飼料中のNa含量は0.1％以下と低いので，塩塊を自由に舐められるようにしておく。馬が水を自由に飲める状態にしておけば，飼料中の塩分が高くても馬は耐えることができる。

5） 塩素（chloride, Cl）

Clは重要な細胞外液の陰イオンであり，酸塩基平衡と浸透圧調節に関与する。馬のCl要求量は確立されていないが，Na要求量が食塩によって満たされていれば，Cl摂取量も十分であると考えられる。

6） マグネシウム（magnesium, Mg）

Mgは馬体の0.05％を構成しているにすぎないが，Mgの約60％は骨に存在している。Mgは多くの酵素の賦活体でもある。

7） 鉄（iron, Fe）

Feは赤血球内の酸素運搬体であるヘモグロビンの構成成分である。通常の飼料給与でFeの要求量は十分に供給される。ヘモグロビンを含む赤血球はたえず骨髄で作られ，たえず破壊されているが，Feの大部分は再度ヘモグロビンの合成に利用されるので，健常な馬のFe要求量は少ない。

8） セレン（selenium, Se）

Seはグルタチオンペルオキシダーゼ（glutathione peroxidase，細胞膜を損傷する過酸化物を解毒する酵素）の必須成分である。馬のSe要求量は，飼料1 kg当たり0.1 mgとされている。飼料中のSe含量は，生育土壌の酸性度とSe含量に影響されるが，ある特定の地域で生育した作物にSe欠乏がみられる。しかし，馬はSeをきわめて効率よく吸収する（牛で29％吸収するのに対し，馬では77％）ので，馬のSe欠乏症の発症は多くない。無症状のSe欠乏症では，競技成績の低下がみられる。正常な血漿のSe濃度（約0.075 μg/mℓ）の馬には，それ以上のSe補給は不要である。Seの過剰給与（飼料1 kg当たり2 mg以上）は有毒である。

5．ビタミン（vitamin）

ビタミンは，馬体内の有機質（糖質，蛋白質，脂質）の新陳代謝を円滑に進め，正常な生理機能を営むために不可欠な栄養素である。多くの馬の飼料は，ビタミンの良好な供給源であり，ある種のビタミンは馬の大腸内で合成され吸収される。しかし，競技馬のビタミン要求量は研究されていない。良質の牧草を採食している馬にはビタミンを補給する必要はないが，長期間馬房内で飼養されている馬にはビタミンの補給が必要なことがある。

1）ビタミンA（vitamin A）

ビタミンAは，視覚に重要であるばかりでなく，細胞分化（cellular differentiation）や骨造成（bone remodelling）に関与している。ビタミン前駆物質であるカロチン（carotene）は，生草や黄色トウモロコシに多量含まれているが，熱や光で徐々に破壊されるので，新鮮粗飼料よりも天日乾燥の方がカロチン含量は少ない。さらに，乾草中のカロチン含量は，貯蔵によっても減少する。馬が放牧されない場合には，日量25,000 IU（IUは効力を示す国際単位で，カロチン1㎎はビタミンA 400 IUに相当する）の要求量を補うために，ビタミンAの添加剤が必要である。

2）ビタミンD（vitamin D）

ビタミンDはカルシウム代謝に関与する。日光の紫外線照射により，馬体内でビタミンDは合成される。馬について食餌性ビタミンDの要求量は明らかにされていないが，日光浴をしている馬には欠乏症はみられない。

3）ビタミンE（vitamin E, α-tocopherol）

ビタミンEはセレンと関係し，ビタミンE－セレン欠乏症では，特に子馬にミオパシー（myopathy）を引き起こす。飼料中のビタミンEの効力は，湿潤な場所で保存した場合に急速に低下する。競技馬のビタミンE要求量は日量1.5～4.4㎎/kgという（Roneus et al., 1986）。

ビタミンEは，生物学的抗酸化薬（antioxidant）としての機能もあり，フリー・ラジカル（free radical）による膜の損傷を防御している。運動時には，過酸化物（peroxide）やヒドロキシラジカル（hydroxyl radical）のような傷害物質の産生が増加するので，特にこのビタミンEの役割が重要である（Witt et al., 1992）。ビタミンE欠乏症のラットでは，運動能力が阻害されることが知られているが（Gohil et al., 1986），馬においては，ビタミンE摂取と運動能力との関係は明確にはなっていない。低ビタミンE（<10 mg/kg）飼料を4カ月間給与した馬を運動群と非運動群に分けて膜の統合性について検討したが，有意差は認められなかった（Petersson et al., 1991）。

4） ビタミンB群（B complex vitamins）

ビタミンB群は，赤血球の機能やエネルギー代謝において重要な役割を担っており，競技馬にとって重要な栄養素である。ビタミンB群は，各種飼料に十分に含まれており，馬の大腸内でも大量に合成される。しかし，運動時に必要なビタミンB群を十分に合成する能力があるかどうか疑問視する研究者もいる（Frape, 1989）。

チアミン（thiamine, vitamin B_1）は，エネルギー代謝の中枢的役割を担っている。激運動によりチアミン欠乏症を起こすことがあり，競走馬の血中チアミン濃度が低いことが知られている。競技馬には，乾物1 kg当たり5 mgのチアミンの給与が勧められている。

激運動が数カ月続いたり，また長時間放牧されずに厩舎内に飼養されている馬では，葉酸（folic acid）のレベルが低下する。このような馬には，葉酸の添加給与が有用である。

5） 水分

水分はすべての栄養素のうちで最も重要であり，馬はいつでも自由に新鮮な水を飲めるようにしておくべきである。馬体内のすべての代謝過程で水は必要であり，水分の欠乏によって，その他の栄養素の欠乏症が発現する前に，重篤な有害症状が現れる。

水分の1日の必要量は，糞や尿の排泄，肺と皮膚からの蒸散および他の分泌で馬体から失われる水分に依存する。水分の消費に影響するもう一つの因子は，乾物摂取量である。乾草や穀類の乾物量は高いので，馬はこれらの飼料給与に伴って多量の水分を摂取する。これに対し，生草やビートパルプのような多汁質飼料を給与する場合には，馬の水分消費は減少する。馬体に必要以上の水分を摂取すると，尿中に排泄される。休養している馬は，寒冷時には1日に約28ℓの，暑熱時には1日に約80ℓの水分を飲む。運動により飲水量はさらに増加する。

運動時には発汗により水分が失われるが，直ちに水分を補給しないと脱水が起こって競走能力を低下させる。体重の変化で正確な水分喪失量がわかるが，体重の3％の水分が失われると競走能力は減退する。耐久レースの馬では，体重の5～10％の水分が失われる。

【参考文献】

1）Argenzio, R. A. : Functions of the equine large intestine and their interrelationship in disease. Cornell Vet. 65 : 303～330 (1975)

2）Clayton, H. M. : Conditioning Sport Horses. Sport Horse Publications, Saskatoon (1991)

3）Frape, D. L. : Nutrition and the growth and racing performance of thoroughbred horses. Proc. Nutr, Soc. 48 : 141～152 (1989)

4）Gibbs, P. G. et al. : Digestion of hay protein in different segments of the equine digestive tract. J. Anim. Sci, 66 : 400～406 (1988)

5）Gohil, K. et al. : Vitamin E deficiency and vitamin C supplements : Exercise and mitochondrial oxidation. J. Appl. Physiol. 60 : 1986～1991 (1986)

6）Hintz, H. F. et al. : Apparent digestion in various segments of the digestive tract of ponies diets with varying roughage-grain ratios. J. Anim. Sci. 32 : 245～248 (1971)

7）Hintz, H. F. : Nutritional requirements of the exercising horse-a review. In Snow, D. H. et al. (eds) : Equine Exercise Physiology. pp. 275～290, Granta Editions, Cambridge (1983)

8）加藤嘉太郎：増訂改版，家畜の解剖と生理．養賢堂，東京 (1976)

9）Lawrence, L. : Nutrition and athletic horse. In Hodgson, D. R. & Rose, R. J. (eds) : The Athletic Horse. pp. 205～230, W. B. Saunders Co., Philadelphia (1994)

10) Linerode, P. A. ; Studies on the synthesis and absorption of B-complex vitamins in the horse. Proc. Ann. Conv. Am. Ass. Equine Practnrs. pp. 283 ~ 314 (1967)
11) Lindholm, A. et al. : Glycogen depletion pattern in muscle fibres of trotting horses. Acta Physiol. Scand. 90 ; 475 ~ 484 (1974)
12) 森本　宏：改著，家畜栄養学．養賢堂，東京 (1980)
13) Meyer, H. : Nutrition of the equine athlete. In Gillespie, J. R. & Robinson, N. E. (eds) : Equine Exercise Physiology 2. pp. 644 ~ 673, ICEEP Publications, Davis (1987)
14) 永田雄三：競走馬の育成と栄養．日本中央競馬会弘済会，東京 (1976)
15) National Research Council (NRC) : Nutrient Requirements of Horses. 4th ed., National Academy Press, Washington (1978)
16) National Research Council (NRC) : Nutrient Requirements of Horses. 5th ed., National Academy Press, Washington (1989)
17) Nimmo, M. A. & Snow, D. H. : Changes in muscle glycogen, lactate and pyruvate concentrations in the Thoroughbred horse following maximal exercise. In Snow, D. H. et al. (eds) : Equine Exercise Physiology. pp. 237 ~ 244, Granta Editions, Cambridge (1983)
18) 日本中央競馬会競走馬総合研究所編：軽種馬飼養標準 (1998 年版)．日本中央競馬会弘済会，東京 (1998)
19) 奥村純一，田中桂一（編）：動物栄養学．朝倉書店，東京 (1995)
20) Petersson, K. H. et al. : The effect of vitamin E on menbrane integrity during submaximal exercise. In Persson, S. G. B. et al. (eds) : Equine Exercise Physiology 3. pp.315 ~ 322, ICEEP Publications, Davis (1991)
21) Roneus, B. O. et al. : Vitamin E requirements of adult Standardbred horses evaluated by tissue depletion and repletion. Equine Vet. J. 18 : 50 ~ 58 (1986)
22) Schryver, H. F. et al. : Site of phosphorus absorption in the horse. J. Nutr. 102 : 143 ~ 148 (1972)
23) Snow, D. H. et al. : Muscle fibre composition and glycogen depletion in horses competing in an endurance ride. Vet. Rec. 108 : 374 ~ 378 (1981)
24) Snow, D. H. et al. : Alterations in blood, sweat, urine and muscle composition during prolonged exercise in the horse. Vet. Rec. 110 : 377 ~ 384 (1982)
25) Stillions, M. C. et al. : Utilization of dietary vitamin B_{12} and cobalt by mature horses. J. Anim. Sci. 32 : 252 ~ 255 (1971)
26) Witt, E. H. et al. : Exercise, oxidative damage and effects of antioxidant manipulation. J. Nutr. 122 : 766 ~ 773 (1992)

9

歩行運動

馬の運動時には，馬体のほとんどすべての器官や機能が動員されているが，その中でも馬の運動能力（performance）に直接的かつ最終的に関与しているのが歩行運動（locomotion）である。馬の歩行運動の研究は，遠く古代ギリシャ時代にまでさかのぼることができる。当時の著名な哲学者であり，比較解剖学の元祖でもあるアリストテレス（B. C. 384 ～ 322）が，すでに四足動物（quadrupedal animal）の肢の動きと協調について観察したと伝えられている。

その後の馬の歩行運動の研究は，主観的な観察を中心にした推論の域を出ないものであった。そして，科学的データに基づく馬の歩行運動の分析が始まったのは，19 世紀の後半以降である。フランスの Marey（1874）は，歩行時の蹄の着地を自動的に記録する装置（Marey's pneumatic recorder)，下肢の動きを記録する装置および馬体の垂直方向の動きを記録する装置を考案し，これらを用いて歩行運動時の四肢の動きを分析した。その結果，前肢は体重支持能力が高いのに対して，後肢は推進力としての機能が高いことを明らかにした（Leach & Dagg, 1983)。さらに，米国のMuybridge（1887）は，連続撮影装置が発明されていなかった時代に，12～24台の静止カメラを走路に等間隔に並べて，シャッターに接続した糸を走路に直角に張り，走ってくる馬にこの糸を切らせて，連続的にシャッターを切るという独創的な方法を開発した。これによって走行中の馬の連続写真を撮影することが可能になり，馬の歩行運動を詳細に分析できるようになった（Leach & Dagg, 1983)。ちなみに，競馬における着順の写真判定の重要性を主張したのもMuybridgeであり，1888年には米国のニュージャージー州で初めて写真判定が導入された。

彼らの画期的な研究方法は，その後の馬の歩行運動の研究に大きな影響を与えた。しかし歩行運動の研究には，四肢の動きを分析するための映像記録装置や四肢が作り出す物理的な力の測定装置などの開発，進歩が不可欠である。したがって本格的な研究成果が報告されるようになったのは，この30年あまりのことである。この間の研究成果については，カナダのLeachとDagg（1983）および山口大学の徳力幹彦教授（1991）による卓越した総説があるので，詳細はこれらの総説を参考にされたい。したがって，ここでは，馬の歩行運動の特徴的所見について概説すると共に，最近の研究成果のうちの2，3のトピックスを紹介する。

9-1　馬の歩行運動と用語

馬の歩行運動には，数多くの種類の歩法があり，歩行運動に伴う四肢の動作パターンもかなり複雑であり，専門家以外には容易に理解できるものではない。特に，歩行運動が重要な研究対象となる動物は主として馬であり，馬に特有な研究分野であるともいえる。そこでまず，馬の歩行運動の基本的パターンについて簡単に説明する。さらに馬の歩行運動に関しては，日常には馴染みのない用語が使われているので，これらの用語の定義についても説明しておく。

人は直立して後足２本のみで歩いたり走ったりするだけであり，その歩行運動は左右交互だけの単純なものである。一方，馬の歩行運動は四肢を用い，しかも各肢の組み合わせによりその種類も多様でかつかなり複雑なものになっている。

馬の前進の仕方すなわち歩法（gait）は，歩行運動に用いられる四肢の協調運動パターンであり，一般には常歩，速歩，駈歩，襲歩の４種の歩法を馬の基本歩法（principal gaits）と呼んでいる。それ以外にも，馬の歩法は調教によって様々な修飾を加えることができ，人工的に作出した特異な人為歩法（artificial gait）をその品種の特徴としているものも幾つかある。次に馬の基本歩法について解説する。

１．常歩（なみあし，walk）

常歩はすべての馬が用いる，最も緩徐な歩法である。ある特定の一肢が地面を離れ（離地）てから，再び地面に着く（着地）までの歩行運動の１サイクルを完歩（stride）といい，その直線距離を完歩幅（stride length），単位時間当たりの完歩の数を完歩数（stride frequency）という。さらに，１本の肢が着地（または離地）してから，その対側肢が着地（または離地）するまでを歩（step）といい，１完歩は２歩に相当する。また，肢が着地している期間をスタンス相（stance phase）といい，肢が離地している期間をスイング相（swing phase）という。図９.１に常歩の１完歩の動作，ならびに蹄が地面を踏んでできる蹄の跡，すなわち蹄跡（hoof prints，蹄が着地していることを示す）を示した。常歩では，四肢は交互に同側の肢を動かして，左後肢→左前肢→右後肢→右前

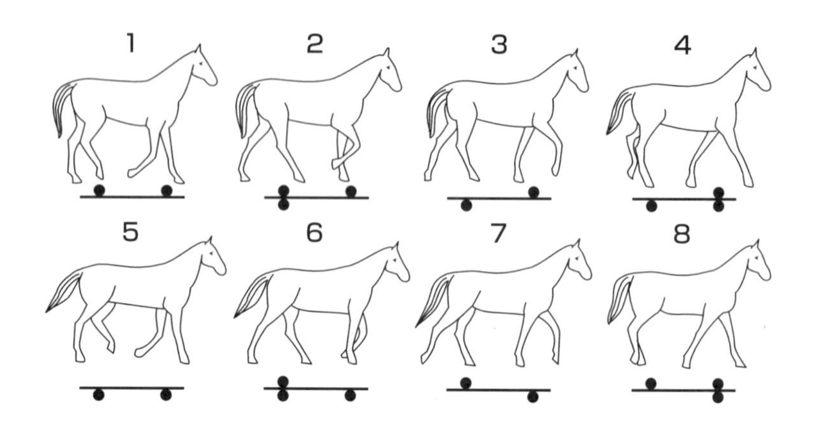

図 9.1　常歩の動作と蹄跡

野村（1977）原図を改変

肢の順序で着地を繰り返し，一側の前後肢の動きが反対側の前後肢の動きと対称的である対称歩法（symmetrical gait）である。

常歩では，図 9.1 の蹄跡にみるように，常に体重を三肢または二肢が負重（着地）し，これを交互に繰り返して前進するので，四肢全部が地面を離れて，馬体が空中に浮遊することはない。

2．速歩（はやあし，trot）

常歩よりも歩行速度を速めると，馬の歩法は速歩に変わる。図 9.2 に速歩の 1 完歩の動作の蹄跡を示した。速歩は，対角線上にある前，後肢が同時に着地または離地する歩法である。速歩では，1 完歩に 2 回（1 歩毎に 1 回），四肢が完全に地面から離れて，馬体が空中に浮遊する時期が入る。速歩も，常歩と同様に対称歩法である。

3．駈歩（かけあし，canter）

速歩よりもさらに歩行速度を速めると，馬の歩法は駈歩に変わる。駈歩には，右手前駈歩（right lead canter）と左手前駈歩（left lead canter）があり，手前肢（lead limb）とは，反対側肢よりも遅れて着地

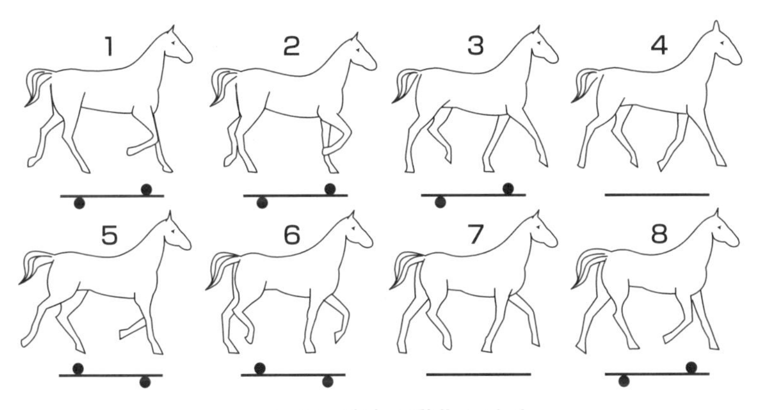

図 9.2　速歩の動作と蹄跡

野村（1977）原図を改変

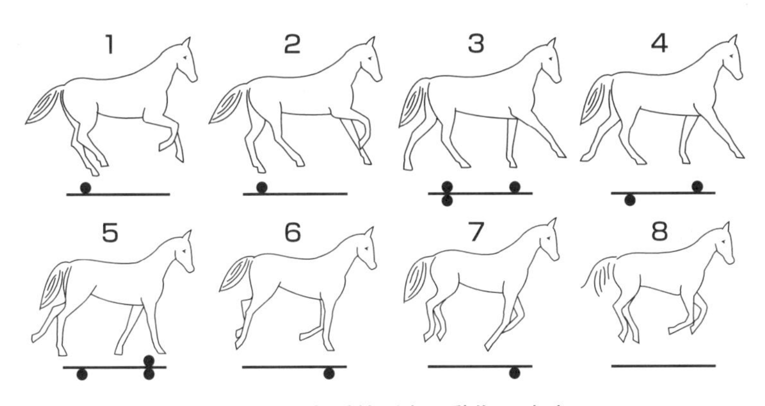

図 9.3　右手前駈歩の動作と蹄跡

野村（1977）原図を改変

する肢をいう。

図 9.3 に，右手前駈歩（右前肢と右後肢が手前肢）の動作と蹄跡を

示した。1完歩に1回の浮遊期があって，その間に馬体が空中を前進するが，浮遊期から着地に入ると，先ず左後肢が着地し，次いで左前肢と右後肢が着地し，これら三肢で負重する。左後肢が離地してから右前肢が着地し，次いで右後肢，左前肢が離地し，最後に右前肢が離地して浮遊期に移る。左手前駈歩では，右手前駈歩の場合と左右の肢の動きが逆になる。駈歩は，一側の前後肢の動きが反対側のそれらとは対称的とならない非対称歩法（asymmetrical gait）である。

4．襲歩（gallop）

前記の駈歩からさらに歩行速度を速めると，襲歩と呼ばれる歩法に変わる。襲歩は，後肢と前肢の着地点をなるべく離し，脊椎の伸展を利用して歩幅を伸ばすための歩法である。

右手前襲歩では，左後肢→右後肢→左前肢→右前肢，左手前襲歩では，右後肢→左後肢→右前肢→左前肢の順に着地する。この四肢の着地順序をみると，後肢の着地から前肢の着地に移る時に左右が交叉しており，これを交叉襲歩（transverse gallop）という。襲歩では，駈歩と同様に，前肢の手前肢が離地した後に，四肢がすべて地面から離れる浮遊期があるが，駈歩と異なり，3本以上の肢で体重を支える時期がないのが特徴である。

9-2　歩行運動の研究方法

歩行運動の研究は，もっぱら馬に特有の研究分野であり，そして生体の他の生理機能の研究とは異なった方法が用いられている。したがってここでは，馬の歩行運動の研究方法について述べる。

人を含めた動物の運動（motion）を扱う科学は，運動学またはキネシオロジー（kinesiology）と呼ばれる。キネシオロジーには，運動の原因となる力を考慮しないで運動の時間的および空間的経過を取り扱うキネマティクス（kinematics），および運動により発生する物理的な力を取り扱うカイネティクスまたは運動力学（kinetics）の二つの方向に分けられる。

1．キネマティクス

キネマティックな研究では，主として馬の歩行運動を映像として記録し，その映像から計測される動きを分析する。この方法は非侵襲的であり，歩行運動を阻害することもなく，しかも比較的容易に実施できることから，歩行運動分析の中心的存在である。この映像記録に用いられるのが高速カメラ（high-speed cinematography）である。さらに最近は，その操作の容易性から，高速ビデオ装置（high-speed video system）も使われるようになった。これらの映像はすべてコンピュータで分析されるようになり，膨大な資料を短時間で処理できるようになった。さらにこれら映像分析と同時に，肢の関節角度を自動的に測定する電気角度計（electrogoniometer）や，四肢の各部の加速度を測定する加速度計（accelerometer）の遠隔測定（telemetry）も導入されている。

2．カイネティクス

カイネティックな研究では，四肢が着地によって蹄と地面とに働く力，すなわち床反力を測定するフォース・プレート（force plate）が主として用いられている。通常，床反力は左右，前後および垂直方向の三分力（三次元）に分割して調べられる。ひずみ計を組み込んだ特殊蹄鉄を装着して，床反力を測定する方法も用いられているが，高速で走行するには蹄鉄重量が重すぎて，歩法を阻害する欠点がある。

3．その他の方法

その他，歩行運動に伴う骨格筋の活動を直接調べる筋電図法（electromyography）も導入されている。さらに，通常の運動生理学的研究に使用されている馬用高速トレッドミルは，運動負荷量ならびに歩法に高い再現性が得られることから，歩行運動の分析にも導入されている。

9-3　馬格と運動能力

1．馬格

馬格（conformation）とは，馬の体型，外観のことである。馬格は，馬の歩行運動を支えている基本的構造に由来するものであり，馬格と歩行運動の能力との関連性については，古くから多くの人の関心を集めてきた。馬はその労役能力を利用する家畜として改良されてきた動物である。人が利用する馬の労役として，大きく騎乗，輓曳および駄載の三つに分けられ，それぞれの労役に使用する乗馬，輓馬および駄馬の馬格には，その労役内容にふさわしい能力を発揮できるような体型上の特徴が要求されてきた。人のスポーツ競技についても，それぞれの競技種目に適した体形があるように，馬の競技についても理想的な体形が求められてきたわけである。

現在，世界各国で飼育されている馬の品種は，100を越えるといわれている。それぞれの品種は，飼養や利用の条件を異にする各国の自然的，産業的，社会的事情に応じて改良されたものであるので，各々の品種の馬格にはそれらを反映するような特性がある。したがって，競技馬や繁殖馬の選抜に際し，血統（pedigree）や競技成績（performance）と共に，この馬格が古くから馬の優劣の判断に用いられてきた。この馬格による馬体の審査は，審査する人間の主観的な評価であるので，数人で同じ馬を審査した場合，馬格の全体的な特徴についての評価が一致しても，馬格の詳細についての評価は大きく相違することがある。

わが国においても，“相馬（そうま）”と称される馬格の見方が古くから知られている。この相馬には長い経験が必要とされており，簡単に説明することは難しいが，一応，常識的には全体として均整がとれ，骨量に富み，比較的幅のある，しかも品がよく，皮膚の薄い感じのものが良馬といわれている。

馬の改良，育種，審査などということが行われていなかった古い時代においても優れた馬の体形や体格について考えられていた。その多くは彫刻や絵画を職とする芸術家であったが，馬体を物指しで計測して背丈と胴の長さの釣合，肢の部分の長さの分配などを決めていたようである。

理想馬（ideal horse）の体形を初めて公表したのは，ドイツの馬学者Pinter（1664）であった。彼は，頭の長さ（耳端から鼻端まで）を基準にして，その割合で馬体各部の大きさを示し，理想の馬の体形を画き出した。次いで，フランスの馬学者Bourgelat（1735）は，馬格の優秀な馬は馬体の各部の釣合の良い馬であるとの視点から馬体測定を行い，さきのPinterにならって，頭長（頭頂から鼻端まで）を基準にして理想馬の体形を詳しく説明した。このような古い歴史的な記録をもとにして後述する馬体測定法が次第に完成していき，さらに馬体各部の釣合を第一の着眼点にするという現代の馬判断法が発達してきた。

日本における戦前の馬学書では，馬の体形を釣合または対称という用語で論じられている（久合田，1932）。そしてこれらの馬の判断は主観的であり，馬の栄養状態や手入れ，さらには検者の状況により判断が相違するところから，より客観性を持たせるために次に述べる馬体測定法の導入が勧められてきた。

2．馬体測定法

馬格による馬の審査をより客観的にするために，関節角度を計測するための写真測量法（photogrammetry），および馬体各部の高さ，長さ，幅などを計測するための馬体測定法（hippometry）が導入されるようになった。特に馬体測定法は広く用いられており，現行の測定方法はおよそ30～40項目を採用しているが（図9.4），用いる人によって測定部位の選択は一定でない。測定用具は，桿尺，両脚器，角度計および巻尺であるが，ときには副尺付きのノギスも用いられる。このような詳細な馬体測定は，研究以外にはほとんど用いられておらず，セリ市の出陳

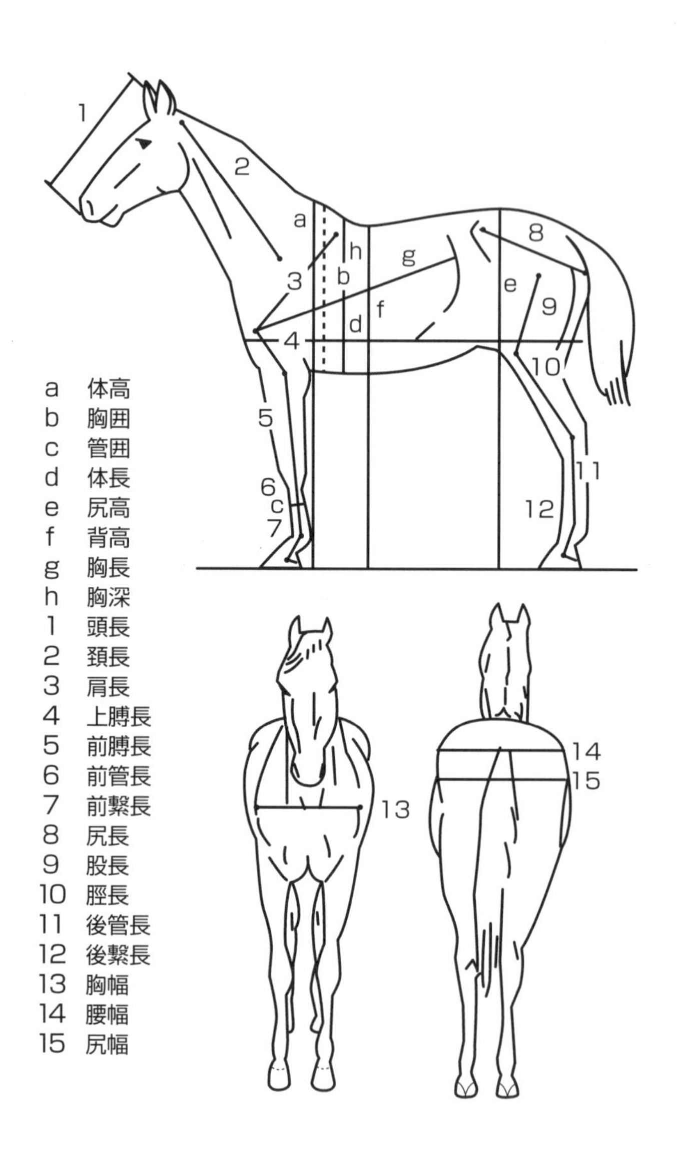

図 9.4　馬体の主要計測部位

野村（1977）より引用

馬名簿や日常の牧場業務としての測尺（measurement）としては，体高（height），胸囲（girth's circumference），管囲（cannon's circumference）および体重（body weight）の4項目について行われているにすぎない。

3．馬格と能力

昭和20年以前の軍馬生産が盛んであった当時，わが国では馬体測定による馬の体型の研究が大規模に行われていた。この馬格による馬の審査は原始的な検査法ではあるが，きわめて実用的であるので，馬格と歩行運動および運動能力との関連性について多くの測定結果が報告されてきた。その後，馬の用途別の体形審査と馬体測定を組み合わせた理想馬の採点法が利用されるようになった（野村，1977）。

最近になって，馬格と能力との関連についての研究が報告されるようになった。500頭のスタンダードブレッド種の繋駕速歩馬の馬格と競走成績との関連を調べたスウェーデンのMagnusson（1985）によると，競走成績の優れた速歩馬は，軽量で細い体型で，あまり長くない頭，高いき甲および正常なサイズの蹄を有し，さらに前膝または飛節の直下の管囲は小さすぎず，かつ外向肢勢をとり，そして肩関節と後膝関節が大きな馬格を示したという。

さらに，356頭のスウェーデン温血種（馬場馬術馬，障碍飛越馬，乗用馬など）について，馬格と能力との関係を報告したHolmström ら（1990）によると，優れた馬場馬術馬と障碍飛越馬の馬格は，き甲が高く，よく傾斜した斜肩と角度の大きい飛節を有する。さらに，障碍飛越馬は骨盤の傾斜が小さく（正尻），股関節と前肢の球節の角度が小さく，馬場馬術馬は頚が短く，肘関節の角度が大きく，大腿骨と水平線との角度が大きいと報じた。

また，サラブレッドのスピードの秘密を形態学的（馬格）に説明しようとしたGunn（1982）は，背部の長さに対する前肢の長さの比率に注目した。そして，優れたサラブレッド種競技馬とその他の品種の非競技馬と比較し，両者の間に差はみられなかったと報告している。次いで，前肢に比べて推進力としての機能が高い後肢の重心に注目し，後肢の近位筋と遠位筋の重量の比を求めて，サラブレッド種とその他の品種とを比較した。その結果，サラブレッド種は他の品種に比べて，後肢の近位筋（寛関節近辺の筋）の重量が遠位筋重量に比べて著しく大きいことがわかった。この事実は，後肢の速い動きに有利である。

さらにMawdsleyら（1996）は，サラブレッドを審査するための27項目の評価方法（馬体測定6項目および主観的採点21項目）を発表し，選抜基準として有用であると報告した。体格不良が馬の競技能力を損い，しかも跛行の原因にもなるところから，この馬格による審査法の重要性を主張するとともに，審査法の確立が期待されている（Belloy & Bathe, 1996）。

9-4　完歩と歩法

馬の歩行運動において，歩行速度を次第に速めていくと，馬は自然にその歩法を常歩→速歩→駈歩→襲歩と変えていく。この歩法の変換の生理的機序を解明するために，HoytとTaylor（1981）は，トレッドミル上にポニーを走らせて，酸素摂取量（$\dot{V}O_2$）の変化と歩法との関連性を検討した。その結果，常歩，速歩および駈歩のいずれの歩法においても，単位距離を走るための酸素コスト（酸素消費量÷走行速度）が最小値を示す狭い速度範囲があり，それらの速度範囲以外の速度では高い酸素コストを示した。すなわち，馬は種々のスピードの歩行運動に対して，最もエネルギー消費量の少ない歩法を選んで走行しているという。

馬の歩行運動からその走能力を評価する際には，走行速度と，完歩幅ならびに完歩数の間の相互関係についての分析が必要である。走行速度の増加に伴って，完歩幅と完歩数は共に増加する（Deuel & Lawrence, 1985）。速歩と駈歩では，走行速度の増加のためには，完歩幅の伸長が優先的に使われるが，さらに速いスピード（12 m/秒）では，完歩数の増加の方が優位であると報じられている（Dusek et al., 1970）。

子馬について，走行速度と完歩幅および完歩数との間の相互関係に対する，体重の影響を検討したLeachとCymbaluk（1986）によると，走行速度を増加させるのに，小さい子馬は主として完歩幅の増加に頼っているが，大きい子馬は主として完歩数の増加に頼っている。成馬について，同様な研究は報告されていない。

サラブレッドの最大に近い歩行速度である襲歩について観察したYamanobeら（1992）は，完歩幅と完歩数は速度の増加に伴って直線的に増加したが，速い速度範囲では完歩幅の増加率は減少し，逆に完歩数の増加率は増加する傾向を示したと報じた。また，最高歩行速度に近づくにつれて，手前後肢の離地から反手前前肢の着地までの距離が次第に頭打ちになるが，手前前肢の着地から反手前後肢の着地までの距離は延長し続けることを明らかにした。

馬の歩行運動のキネマティックな分析については，上記以外にも多くの論文が報告されているが，馬の品種によっても成績に相違があり，さらに最高走行速度付近における完歩幅，完歩数およびトレーニングの影響などにはまだ議論の余地がある。その他，機能解剖学的研究として，歩行運動中の肢の骨，ならびに腱や靱帯などの軟部組織にかかるひずみを，直接的に埋め込んだストレイン・ゲージにより連続的に*in vivo*で測定した研究論文が増えてきている。さらに，歩行運動中の四肢の床反力を分析したカイネティックな研究，歩行している筋の動きを直接調べる筋電図学的研究，馬が走行するための馬場の研究なども最近になって報告されている。これらの詳細については，先に紹介した徳力幹彦教授による総説を参考にしていただきたい。

【参考文献】

1） Belloy, E. & Bathe, A. P. : The importance of standardising the evaluation of conformation in the horse. Equine Vet. J. 28 : 429～430 (1996)

2） Dalin, G. & Jeffcott, L. B. : Locomotion and gait analysis. Vet. Clin. North Am. Equine Pract. 1 : 549～572 (1985)

3） Deuel, N. R. : Third International Workshop on Animal Locomotion : components of applied science. Equine Vet. J. 28 : 253 (1996)

4） Deuel, N. R. & Lawrence, L. M. : Effects of velocity on gallop limb contact variable. Proc. Equine Nutr. Physiol. Symp. 9 : 254～259 (1985)

5） Dusek, J. et al. : Beziehungen zwischen Trittlange, Trittfrequenz und Geschwindigkeit bei Pferden. Z. Tierzuchtg. Zuchtg. Biol. 87 : 177～188 (1970)

6） Gunn, H. M. : Morphological attributes associated with speed of running in horses. In Snow, D. H. et al. (eds) : Equine Exercise Physiology. pp. 271～274, Granta Editions, Cambridge (1982)

7） Holmström, M. et al. : Variation in comformation of Swedish Warmblood horses and conformational characteristics of élite sport horses. Equine Vet. J. 22 : 186～193 (1990)

8） Hoyt, D. F. & Taylor, C. R. : Gait and the energetics of locomotion in horses. Nature 292 : 239～240 (1981)

9） 北　昴 (監修)：装蹄学．第3版，日本装蹄師会，東京 (1992)

10） 久合田　勉：馬学　外貌編．養賢堂，東京 (1932)

11） Leach, D. H. & Dagg, A. I. : Evolution of equine locomotion research. Equine Vet. J. 15 : 87～92 (1983)

12） Leach, D. H. & Dagg, A. I. : A review of research on equine locomotion and biomechanics. Equine Vet. J. 15 : 93～102 (1983)

13） Leach, D. H. et al. : Standardised terminology for the description and analysis of equine locomotion. Equine Vet. J. 16 : 522～528 (1984)

14） Leach, D. H. & Cymbaluk, N. F. : Relationships between stride length, stride frequency, velocity and morphometrics of foals. Am. J. Vet. Res. 47 : 2090～2097 (1986)

15） Magnusson, L. -E. : Studies on the conformation and related traits of standardbred trottors in Sweden. Ph. D. thesis, Skara, Sweden (1932)

16） Mawdsley, A. : Linear assessment of the Thoroughbred horse : an approach to conformation evaluation. Equine Vet. J. 28 : 461～467 (1996)

17）野村晋一：概説馬学．新日本教育図書，東京 (1977)
18）徳力幹彦：ウマの歩行運動の分析．Jpn. J. Equine Sci. 2 : 1 〜 10 (1991)
19）Yamanobe, A. et al. ; Relationships between stride frequency, stride length, step length and velocity with asymmetric gaits in the Thoroughbred horse. Jpn. J. Equine Sci. 3 : 143 〜 148 (1992)

10 トレーニングとその効果

前章までに，サラブレッドに代表される競技馬の優れた運動能力について，運動生理学的に解説してきた。先天的（遺伝的）に如何に優れた運動能力を持って生まれてきたサラブレッドといえども，レースに出走するためには，さらなる運動能力の向上をめざして鍛練（トレーニング）されなければならない。

競技馬のほとんどは，人が騎乗して馬を制御することによって，種々の競技に参加するものである。したがってすべての競技馬は，本格的なトレーニングに入る前に，人を乗せて走るための準備，すなわち騎乗馴致（breaking）を受けなければならない。まず鞍（saddle）をつけ，銜（はみ，bit）をかけるといった馬装馴致から始まり，それに馴れると初めて人を乗せて歩くことができるようになる。このような馬装や騎乗はほとんどの馬にとって初めての経験であり，恐怖感から立ち上がったり，人を落馬させようとしたりする。しかし，根気よく時間をかけて教えこむことにより，馬は反抗することを断念し，人の指示に従うようになる。この馬装や騎乗の馴致は，人と馬との良好な関係を作り上げるために，調教過程の中でもきわめて重要な作業である。

次いで，騎手の意志どおりに馬を動かすための扶助（aid）の馴致が行われる。銜うけ，脚扶助など，人の指示に対して従順に服従できるように，種々の扶助馴致が忍耐強く行われる。馬の個性ならびに馴致に対する反応も，個体によって相異なっているので，これらの馴致作業はかなり骨の折れるものである。そして，常歩から速歩，駈歩への各種の歩法の学習を終えると，馬は本格的なトレーニングの段階に入る。

特にほとんどのサラブレッド競走馬は，明け3歳の夏ごろにレースに出走するため，明け2歳の秋～明け3歳の初夏にかけての若齢期（化骨修了前）に馴致ならびにトレーニングが課せられることから，職業病とされている運動器疾患の発症のリスクが高く，きわめて困難な作業でもある。

本章では，トレーニングによる運動能力向上の生理機序，ならびに馬におけるトレーニング効果の実態について述べる。

10-1　トレーニングの原理

トレーニング（training）の動詞 train は，本来的には「競走馬をレースに向けて鍛練する」意味に用いられていた。現在の英和辞典では，train は他動詞として「仕込む，鍛える，調教する」，また自動詞として「訓練する，コンディションを整える」と訳されている。トレーニングなる用語は，人のスポーツならびに競走馬の調教において，普遍的に用いられている。トレーニングに類似する用語で，コンディショニング（conditioning）がある。人のスポーツでは，コンディショニングは一応のトレーニングを終えて，十分にトレーニングされた（well trained）状態を維持しながら，競技に向けて調整する場合に用いられている。これを競走馬の場合に当てはめると，基礎体力を鍛える育成期の鍛練がトレーニングであり，競走馬としてレースの出走に向けて調整されるのがコンディショニングであると，使い分けるべきと考えられる。しかし，実際に外国の馬の専門書においては，トレーニングとコンディショニングをほとんど同義語的に用いていることが多い。

1．トレーニングの生理的機序

生体に運動を負荷すると，運動を遂行するために生体の生理機能が様々に変化する。すなわち，運動に対して生体の適応現象が起こる。この運動に対する生体の適応には，一過性（短期）の反応と長期の反応がある。運動負荷時に交感神経の緊張が高まり，酸素摂取量（Vo_2）の増加に伴って心拍数，呼吸数などが増加したり，筋運動に必要なエネルギー源を供給するために，血糖値が低下したり，貯蔵グリコーゲンが枯渇したり，代謝性産物が蓄積したり，さらに大量の発汗から体液や電解質のバランスが乱れたりするのは，すべて運動に対する一過性の反応である。これらの運動に伴う一過性の反応のほとんどは，運動後の休養によって安静時の状態に回復する。

一方，長期間にわたる運動の繰り返し（トレーニング）によって，生体の最大酸素摂取量（$\dot{V}o_2max$）が増大するが，この酸素摂取量の増大を支えている酸素運搬能の向上（心臓肥大，循環赤血球数の増加など），筋肉の酸素利用能の向上（ミトコンドリアの増数，酸化酵素の増加など）など，さらにこれら酸素運搬能や酸素利用能の向上に伴って安静時や運動時の心拍数や呼吸数が減少したりするのは，運動に対する長期的反応（適応）である。

2．トレーニングの定義

前述のように，生体の長期の適応現象を利用して，運動が一定の計画のもとで運動能力の向上のために用いられる場合に，これをトレーニングと呼ぶ。したがって，運動に対する長期的適応がトレーニング効果（training effect）である。

猪飼ら（1973）は，人におけるトレーニングを「運動刺激に対する人体の適応性を利用し，人体の作業能力をできるだけ発達させる過程」と定義しているが，この定義の中で，人体を馬体に，作業能力を運動能力に置き換えれば，競走馬のトレーニングの定義としても十分な説明であると考えられる。

競技馬のトレーニングについては，Hodgson ら（1994）は，「苛酷な競技に参加するために，馬体の損傷のリスクを低くしてかつ運動能力を向上させるように，馬体を鍛練することである」と定義づけている。

さらに競技馬には，運動能力を向上させるためのトレーニング以外に，神経筋共調性（neuromuscular coordination）や精神訓練（mental discipline）のための運動も必要であり，これはスクーリング（schooling）と呼ばれている（Clayton，1991）。

わが国において，従来から馬の訓練の意味で用いられている調教なる用語には，馴致に加えてこのトレーニングとスクーリングの両方の意味も含まれているようである。

3．トレーニングの原則

目標とする十分なトレーニング効果を得るためには，トレーニング方法に考慮すべき幾つかの原則がある。

1）運動量の原則

トレーニング効果は負荷される運動量に依存しているが，運動量（volume of exercise）は強度（intensity），持続時間（duration）および頻度（frequency）の 3 つの因子で規定される。トレーニングにおける運動処方の作成に際しては，これら運動量の 3 つの因子の組み合わせによって，適切な運動量が決められる。競走馬の運動強度は，主として走行速度によって決まる。持続時間は運動を負荷している時間であり，競走馬において走行速度が決まれば，この持続時間は走行距離としても示される。頻度は一定期間内の運動負荷の回数であり，競走馬においては通常は1週間以内の日数で示される。

2）過負荷の原則

トレーニングにおける負荷運動量については，弱すぎると期待する効果は得られず，強すぎると損傷を招くことになる。馬体の損傷のリスクを低くしてかつトレーニング効果を得るためには，馬体にとって多少過負荷（overloading）の運動負荷が必要である。これがトレーニングにおける過負荷の原則である。過負荷の運動を課すると，運動器障害のリスクが高くなるので，毎日しかも運動前後の運動器の検査が重要である。

3）漸進性の原則

トレーニングにおいて，一定の運動量の運動を負荷し続けても，期待するトレーニング効果は得られない。過負荷の原則によりトレーニングを課していくと，馬の体力もしくは運動能力も向上するため，運動負荷量も漸進的に増加させねばならない。これを漸進性負荷（progressive loading）の原則という。

4）反復性の原則

トレーニング効果は，器官の適応や，機能の増大という現象で現れる。その効果は，1～2回のトレーニングで即効的に期待できるものではなく，長期間にわたる反復トレーニングの結果として得られるものである。これが反復性負荷の原則である。

5）個別性の原則

馬の体力もしくは運動能力には個体差がある。さらにトレーニングに対する適応能にも個体差がある。したがってトレーニングにおける運動処方（運動負荷量）は，それぞれの馬の体力や運動能力に合わせて個別に作成されなければならない。これが個別性負荷の原則である。

10-2 トレーニング効果

長期のトレーニングによって，馬体はより強い運動を遂行できるようにその形態や機能を変化させるが，この運動に対する適応の仕方は，器官によって相違する。心臓血管系と筋肉系の適応は速く，わずか数週間のトレーニングで有意な変化が認められる。一方，蹄，骨，軟骨，靱帯，腱など支持器官の適応は遅く，数カ月のトレーニングが必要であるといわれている。

馬体のトレーニング効果に関しては，筋骨格系，心臓呼吸器系，血液リンパ系，体温調節系などについて研究が進められている。主要な研究成果を以下に紹介する。

1．筋肉におけるトレーニング効果

筋肉はトレーニングに対して著しく順応性に富んだ組織である。トレーニングによる筋肉の最も顕著な変化は，ミトコンドリア量の増加とそれによる有酸素的代謝過程の酸化系酵素活性の亢進であり，多くの研究が報告されている（Snow & Guy, 1979 ; Essén-Gustavsson et al., 1980 ; Lindholm et al., 1983 ; Straub et al., 1983 ; Essén-Gustavsson & Lindholm, 1985 ; Hodgson et al., 1986 ; Hodgson & Rose, 1987 ; Lovell & Rose, 1991 ; Ronéus et al., 1991）。特に持久的トレーニングでは，酸化系酵素活性の増大が大きく，最初の数カ月で酸化系の酵素活性が約2倍も高くなることが示されている（Ronéus et al., 1991）。このようなトレーニングに伴う酸化系酵素活性の増加は，4章で述べたように酸化系筋線維の数の増加とも関連するものであり，さらに筋線維の周りの毛細血管密度の増加とも関連があり，特にType Ⅰ線維とType ⅡA線維の酸化能の高い筋線維における毛細血管密度の増加が顕著である（Henckel, 1983）。

一方，馬の骨格筋は本来的に高い解糖能を有しており，解糖系の酵素

活性が高く，酸化系酵素の10倍以上の酵素を保有しているという。しかし，この無酸素的代謝過程に関与する解糖系の酵素活性は，通常のトレーニングではほとんど変化しないとされているが（Nimmo et al., 1982；Cutmore et al., 1985 ; Essén-Gustavsson & Lindholm, 1985 ; Hodgson et al., 1986 ; Hodgson & Rose, 1987 ; Foreman et al., 1990)，最高心拍数を示す最大強度の運動でのトレーニングでは，解糖系の酵素活性の増加が認められた（Lovell & Rose, 1991)。

筋線維組成とトレーニングとの関連については，十分に解明されていない。加齢（若齢馬～成馬にかけて）ならびにトレーニングに伴って，骨格筋のType I線維の割合が増加するとの報告がある（Roneus et al., 1991）一方，成馬に対する慣習的なトレーニングにより，筋線維組成の割合に変化がなかったとの報告もある（Foreman et al., 1990)。

馬の骨格筋のグリコーゲン濃度は，1 kg（乾重量）当たり500～650 mmol（グルコース単位）であり，人での貯蔵量よりも約50％高い（Lindholm et al., 1974)。一般にトレーニングにより，筋肉内のグリコーゲン貯蔵量は増加する（Foreman et al., 1990)。

激しい運動時に筋肉に有害な代謝産物（無機リン，H^+，AMP，NH_3）が蓄積するが，これら代謝産物を償うための緩衝能（buffering capacity）が馬では大きいことが知られている（Harris et al., 1990)。この筋の緩衝能には，クレアチンリン酸の分解による動的緩衝（dynamic buffering)，および無機リン酸，重炭酸イオン，蛋白質，カルノシン（carnosine，筋肉に含まれるジペプチドで細胞内水素イオンの緩衝系の一つである）などによる物理化学的緩衝（physicochemical buffering）があるが，馬の骨格筋ではカルノシンによる緩衝の割合が大きいことが認められている（Marlin et al., 1989)。この筋肉の緩衝能に対するトレーニング効果については，中等度の運動量のトレーニングでも緩衝能が顕著に増加すると報告されている（McCutcheon et al.,

1987)。

2．血液に対するトレーニング効果

運動やトレーニングとの関連において，最も重要な血液成分は酸素運搬の担い手である赤血球である。競走馬の脾臓が大きく，その赤血球貯蔵所として重要な役割を持つことが知られているが，トレーニングにより，脾臓がさらに増大し赤血球貯蔵量が増加することが報告されている(Persson et al., 1980)。トレーニングにより，安静時のヘマトクリット値，ヘモグロビン濃度および赤血球数が若干増加することも知られている（Allen & Powell, 1983)。しかしこれらの増加がトレーニングによる変化か，もしくは採血時の生理状態の変化によるものかについては論争があり，明らかにはされていない。

さらに，トレーニングにより血漿量が増加することも知られており，軽い運動によるトレーニング開始後2週間で，血漿量が29％増加したと報告されている（McKeever et al., 1987)。この血漿量の増加と共にヘモグロビン濃度も増加しており，酸素運搬能の向上を裏付ける証拠であると考えられる。さらに血漿量の増加により，運動時の活動筋に対する血流量の増加と共に，皮膚への血流増加にも関与し得るので，体温調節能からみても合目的的な変化である。

3．心臓呼吸系に対するトレーニング効果

トレーニングにより，最大下運動時の心拍数が減少することは，多くの研究者により報告されている。トレッドミルを用いてトレーニングを実施したThomasら（1983）は，トレーニングによる運動時心拍数の減少は最大下走速度で約10拍/分程度であったと報じている(図10.1)。運動後の回復過程の心拍数も，トレーニングにより有意に減数するようになり，特にサラブレッドの襲歩運動終了後5分の心拍数は，トレーニング効果判定に有用である（Foreman et al., 1990)。

運動時の1回拍出量や心拍出量に対するトレーニング効果について

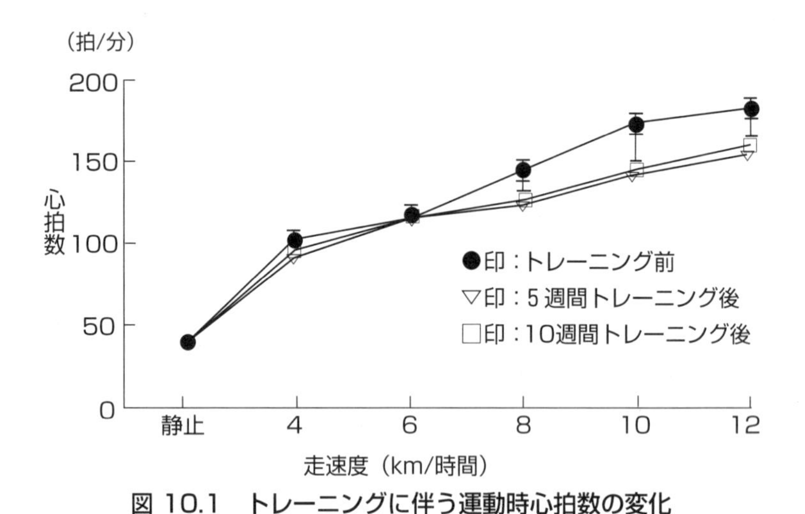

図 10.1　トレーニングに伴う運動時心拍数の変化

Thomas et al.（1983）より引用

も，6章で述べたように種々の報告がある。緩やかな走速度の運動によるトレーニングにより，最大下運動時の1回拍出量がわずかながら有意に増加し（Thomas et al., 1983），最大運動時の1回拍出量および心拍出量も，トレーニングにより増加する（Evans & Rose, 1988）。

$\dot{V}O_2max$ に対するトレーニング効果についても研究されてきており，サラブレッドのトレーニングにより $\dot{V}O_2max$ は130 mℓ/kg/分から160 mℓ/kg/分に23％の増加をみたという（Evans & Rose, 1988）。この $\dot{V}O_2max$ のトレーニングによる増大には，血漿量，動静脈血酸素較差および1回拍出量の増加が関与している（Knight et al., 1991）。

4．エネルギー供給機構に対するトレーニング効果

馬の運動時において，比較的緩やかな速度での走行では，主として有酸素的過程が主役となってエネルギー供給が行われており，血中乳酸は安静値の1 mmol/ℓ程度を維持している。しかし，ある速度から血中

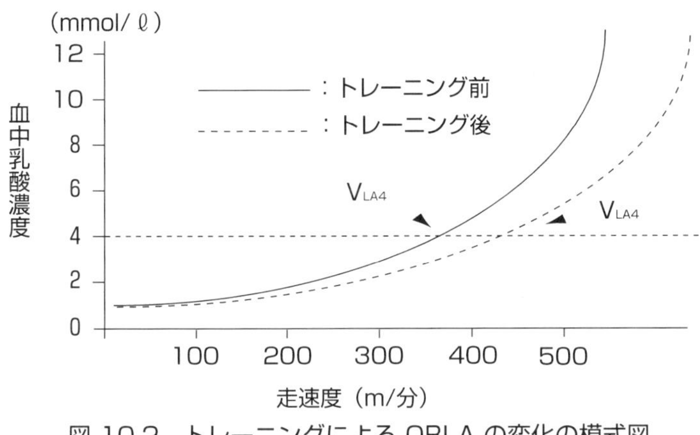

図 10.2　トレーニングによる OBLA の変化の模式図

乳酸蓄積開始点（OBLA，4 mmol/ ℓを越える点）を越えて血中乳酸は急激に増加し始め，エネルギー供給機構の主役が有酸素系から無酸素系に変換する。この OBLA を示す時の走速度（V_{LA4}）が，トレーニングによって変化する。すなわち，図 10.2 の模式図に示したように，トレーニングによって V_{LA4} は右方に（走速度の速い方）移動することが知られている。この V_{LA4} の右方移動は，有酸素的運動で走り得るスピードの限界がさらに速いスピードの範囲まで延びることであり，有酸素的運動能力の向上を示すものである。

スタンダードブレッドをトレッドミルによりトレーニングした研究では，5 週間のトレーニングによって，V_{LA4} は 7 m/秒から 8 m/秒に増加した（Thornton et al., 1983）。

【参考文献】

1）Allen, B. V. & Powell, D. G. : Effects of training and time of day of blood sampling on the variation of some common hematological parameters in normal Thoroughbred racehorses. In Snow, D. H. et al. (eds) : Equine Exercise Physiology. pp. 328 ～ 335, Granta Editions, Cambridge (1983)
2）天田明男：競走馬の運動生理．農業技術大系　畜産編1．　畜産基本編・馬．135 ～ 150 頁，農山漁村文化協会，東京 (1978)
3）Clayton, H. M. : Conditioning Sport Horses. Sport Horse Publications, Saskatchewan (1991)
4）Cutmore, C. M. et al. : Activities of key enzymes of aerobic and anerobic metabolism in middle gluteal muscle from trained and untrained horses. Equine Vet. J. 17 : 354 ～ 356 (1985)
5）Essén-Gustavsson, B. et al. : Histochemical properties of muscle fiber types and enzyme activities in skeletal muscle of Standardberd trotters of different ages. Equine Vet. J. 12 : 175 ～ 180 (1980)
6）Essén-Gustavsson, B. & Lindholm, A. : Muscle fibre characteristics of active and inactive Standardbred horses. Equine Vet. J. 17 : 434 ～ 438 (1985)
7）Evans, D. L. & Rose, R. J. : Cardiovascular and respiratory responses to submaximal exercise training in the thoroughbred horse. Pflügers Arch. 411 : 316 ～ 321 (1988)
8）Foreman, J. H. et al. : Muscle responses of thoroughbreds to conventional race training and detraining. Am. J. Vet. Res. 51 : 909 ～ 913 (1990)
9）Harris, R. C. : Muscle buffering capacity and dipeptide content in the Thoroughbred horse, Greyhound dog and man. Comp. Biochem. Physiol. 97A : 249 ～ 251 (1990)
10）Henckel, P. : A histochemical assessment of the capillary blood supply of the middle gluteal muscle of thoroughbred horses. In Snow, D. H. et al. (eds) : Equine Exercise Physiology. pp. 225 ～ 228, Granta Editions, Cambridge (1983)
11）Hodgson, D. R. & Rose, R. J. : Training regimens : Physiologic adaptations to training. In Hodgson, D. R. & Rose, R. J. (eds) : The Athletic Horse. pp. 379 ～ 385, W. B. Saunders Co., Philadelphia (1994)
12）Hodgson, D. R. et al. : Effects of training on muscle composition in horses. Am. J. Vet. Res. 47 : 12 ～ 15 (1986)
13）Hodgson, D. R. & Rose, R. J. : Effects of a nine-month endurance

training programme on muscle composition in the horse. Vet. Rec. 121 : 271 ～ 274 (1987)
14) 猪飼道夫ら：身体運動の生理学．杏林書院，東京 (1973)
15) Knight, P. K. et al. : Effects of training intensity on maximum oxygen uptake. In Persson, S. G. B. et al. (eds) : Equine Exercise Physiology 3. pp.77 ～ 82, ICEEP Publications, Davis (1991)
16) Lindholm, A. et al. : Glycogen depletion pattern in muscle fibers of trotting horses. Acta Physiol. Scand. 90 : 475 ～ 484 (1974)
17) Lindholm, A. et al. : Muscle histochemistry and biochemistry of thoroughbred horse during growth and training. In Snow, D. H. et al. (eds) : Equine Exercise Physiology. pp. 211 ～ 217, Granta Editions, Cambridge (1983)
18) Lindholm, A. et al. : Muscle histochemistry and biochemistry of Thoroughbred horses during growth and training. In Snow, D. H. et al. (eds) : Equine Exercise Physiology. pp.211 ～ 217, Granta Editions, Cambridge (1983)
19) Lovell, D. K. & Rose, R. J. : Changes in skeletal muscle composition in response to interval and high intensity training. In Persson, S. G. B. et al. (eds) : Equine Exercise Physiology 3. pp.215 ～ 222, ICEEP Publications, Davis (1991)
20) Marlin, D. J. et al. : Carnosine content of the middle gluteal muscle in Thoroughbred horses with relation to age, sex and training. Comp. Biochem. Physiol. [A] 93A : 629 ～ 632 (1989)
21) McCutcheon, L. J. et al. : Buffering and aerobic capacity in equine muscle : Variation and effect of training. In Gillepsie, J. R. & Robinson, N. E. (eds) : Equine Exercise Physiology 2. pp. 348 ～ 358, ICEEP Publications, Davis (1987)
22) McKeever, K. H. et al. : Exercise-training induced hypervolemia in the horse. Med. Sci. Spors Exerc. 19 : 21 ～ 27 (1987)
23) 宮下充正：トレーニングの科学的基礎．ブックハウス HD，東京 (1993)
24) Nimmo, M. A. et al. : Effects of nandrolone phenylpropionate in the horse : 3, Skeletal muscle composition in the exercising animal. Equine Vet. J. 14 : 229 ～ 233 (1982)
25) Persson, S. G. B. et al. : Effects of training on adreno-cortical function and red-cell volume in trotters. Zbl. Vet. Med. A. 27 : 261 ～ 268 (1980)
26) Ronéus, M. et al. : Muscle characteristics in Thoroughbreds of different ages and sexes. Equine Vet. J. 23 : 207 ～ 210 (1991)
27) Snow, D. H. & Guy, P. S. : The effects of training and detraining on the activity of a number of enzymes in the horse skeletal muscle. Arch.

Int. Physiol. Biochem. 87 : 87 ～ 93 (1979)
28) Straub, R. et al. : The use of morphometry and enzyme activity measurements in skeletal muscles for the assessment of the working capacity of horses. In Snow, D. H. et al. (eds) : Equine Exercise Physiology. pp.193 ～ 199, Granta Editions, Cambridge (1983)
29) Thomas, D. P. et al. : Effects of training on cardiorespiratory function in the horse. Am. J. Physiol. 245 : R160 ～ 165 (1983)
30) Thornton, J. et al. : Effects of training and detraining on oxygen uptake, cardiac output, blood gas tensions, pH and lactate concentrations during and after exercise in the horse. In Snow, D. H. et al. (eds) : Equine Exercise Physiology. pp. 470 ～ 486, Granta Editions, Cambridge (1983)

11

サラブレッド競走馬のトレーニング法

前章では，競技馬におけるトレーニングによる運動能力向上の生理機序，ならびにトレーニング効果の実態など，トレーニングの生理学について述べた。本章では，わが国の代表的競技馬であるサラブレッド競走馬の実際のトレーニング法，ならびにそれに関連する問題について述べる。

競技種目によって，トレーニング法の内容がかなり相違することは当然のことである。競技馬についても，サラブレッド競走，スタンダードブレッド繋駕速歩競技，耐久騎乗競技，障碍飛越競技，総合馬術競技などの種目別にトレーニング法が考えられている。過去，多くのサラブレッド競走馬のトレーナーは，運動やトレーニングに関する科学的な知識がなくても，彼らの経験と勘をもとに素晴らしい競走馬を育てあげてきた。しかし，伝統的技術を修正したり，新しい知見を活用したりすることにより，より大きな成果を得ることを体験するようになり，多くのトレーナーは，人や馬の運動生理学的知識を導入しながらトレーニング法の改善に努力してきている。

11-1　サラブレッド競走馬のトレーニング法

1．サラブレッド競走の特殊性

サラブレッド競走馬は，1,000 ～ 3,200 m までの距離を疾走するが，レース中のエネルギー要求量ならびに有酸素性運動能力（有酸素パワー）と無酸素性運動能力（無酸素パワー）の関与の割合も，レース距離によりかなり相違する。有酸素パワーを主体にして疾走する耐久レース馬や，無酸素パワーを主体にして疾走するクォーターホース（Quarter Horse, 400 m の短距離レース馬）と違って，サラブレッドのレースでは有酸素パワーと無酸素パワーの両方が使われるので，この両方を鍛練しなければならない点で，トレーニングの難しさがある。事実，サラブレッド競走馬のトレーニングは，耐久レース馬やクォーターホースのトレーニングよりも難しいとされている。このようなサラブレッド競走馬のトレーニングの特殊性は，有酸素パワーと無酸素パワーの両方を鍛練しなければならない点で，人の陸上競技における中距離（800 ～ 1,600 m）選手の場合に類似するものと考えられている。

サラブレッド競走における，有酸素パワーと無酸素パワーとの関与の割合についてはすでに 3 章で述べたが，従来は運動生理学的推定値として，1,000 ～ 3,200 m レースにおける有酸素パワーの関与の割合は 5 ～ 40 %程度であると考えられていた（Bayly, 1985)。しかし，サラブレッドの無酸素パワーを測定した最近の研究では，サラブレッド競走における有酸素パワーの関与の割合が，従来からの推定値よりもかなり大きいことが報告されている（Eaton et al., 1992，表 3 . 6 参照)。すなわち，1,000 m 競走でも有酸素パワーが約 70 %を占めており，3,200 m レースではエネルギー要求量の約 90 %を有酸素パワーに依存しているという。

したがって，サラブレッド競走馬では有酸素パワーのトレーニングが，大変重要な意味を持つことを認識すべきである。

2．サラブレッドのトレーニング法

サラブレッド競走馬のトレーニング法は，国によってかなり相違している。トレーニング法は，馬の年齢，過去のトレーニング歴，現在の体力レベルなどによって当然異なるが，若馬（通常は明け3歳の秋から開始）の初期トレーニングからレースに出走するまでのトレーニングは，大まかに三つの段階に分けられる。すなわち，①1段階：持久性トレーニング，②2段階：有酸素性トレーニングと無酸素性トレーニングの組み合わせ，③3段階：無酸素性トレーニング，の3段階である（Evans, 1994）。

1）1段階：持久性トレーニング

サラブレッドの初期トレーニングにおいて，持久性トレーニング（endurance training）は不可欠なプログラムである。これは速度600 m/分（ハロンタイム20秒）以下の，緩やかなスピードでの速歩および駈歩の長距離運動であり，負荷距離はトレーナーによってかなり異なっている。

この持久性トレーニングにより，サラブレッドの最大酸素摂取量（$\dot{V}O_2max$）は急速に増大する。サラブレッドのトレッドミルを用いた最大下運動での，6週間にわたるトレーニング実験では，$\dot{V}O_2max$は最初の2週間で約10％増加し，その後は変化がなかったと報じている（Knight et al., 1991）。サラブレッドは，運動に対する心臓循環器系の適応が，他の品種の馬よりも迅速であることが認められている。

この持久性トレーニングによりもたらされるもう一つの重要な効果は，四肢の骨と軟部組織（筋，腱，靱帯）の強化である。明け3歳のサラブレッドの初期持久性トレーニングによって，近位種子骨の適応性リモデリング（Nunamaker et al., 1990），第三中手骨の骨質の改善

(McCarthy & Jeffcott, 1992)，繋靱帯の強化（Bramlage et al., 1990）などが報告されている。しかし，これら四肢の骨と軟部組織を強化するための適正な運動負荷量については知られていない。

このようなトレーニング効果は，過負荷の原則に基づくトレーニングを負荷する場合に最大になると考えられている。馬は新しい過負荷の運動に適応するのに2～3週間かかるので，2～3週の間隔をおいて負荷運動量を漸増すべきである。トレーニング過程で発症する管骨骨膜炎や周期性食欲不振は，運動量の急激な増加による適応不全が原因と考えられている。

持久性トレーニングの方法として，通常の騎乗運動以外にも，騎手が騎乗しない運動としてトレッドミル走，輓曳走，スイミング（swimming）などの方法が利用されている。しかし，若馬のトレーニングでは，持久力の増強と同時に，歩様行動の矯正も重要な目的であるので，従来から実施されている騎乗運動によりトレーニングすることが望ましい。さらに馬の水泳（写真11.1）は，心臓循環器系の運動適性の増強には有効であるが（Thomas et al., 1980），歩行運動の強化や歩様の共調性の訓練にはならないので，運動器疾患の馬のリハビリテーションとしてのトレーニングなど，特別な用途以外には勧められない。

オーストラリアでは，この持久性トレーニングは4～5週間の短期間で終了して次の2段階に進むが（高松，1996），英国では3カ月以上の長期間かけて持久性トレーニングを実施している。その結果，英国における2歳馬（明け3歳馬）の管骨骨膜炎の発病率は，オーストラリアの馬に比べて低いという。

2）2段階：有酸素性トレーニングと無酸素性トレーニングの組み合わせ

持久性トレーニングの1段階を終了し，過負荷の原則によって走行速度を漸増していくと，だんだんとレース時の速度に近づいてくる。レース時の速度の70～85％の速度（ハロンタイムで約14～15秒）でトレ

写真 11.1　馬のスイミングトレーニング
（JRA 総研 提供）

ーニングすると，無酸素系のエネルギー供給機構が関与するようになり，筋肉と血液に乳酸が蓄積する。血中乳酸値が 15 ～ 20 mmol/ℓ（レース直後も同様の乳酸値）に達するようなスピードの運動になると，長時間続けることはできなくなり，または毎日負荷することもできなくなる。そのような速いスピードの運動を無理して続けると，跛行が発症するか，または体重減少，食欲不振，レースでの競争心喪失，競走成績低下などのオーバートレーニングの状態になる。

しかし，このレース時のスピードの 70 ～ 85 %のスピードによるトレーニングは，無酸素性エネルギー供給能力の改善を反映する筋肉の適応を刺激するので，サラブレッドのトレーニングにとって重要な要素である。このような適応により，速筋線維の比率の増加，緩衝能の増大および無酸素性代謝に関与する酵素活性の増加が起こる（Sinha et al., 1991; Lovell & Rose, 1991）。この種のトレーニングの運動処方は，国によってもトレーナーによってもかなり異なっている。

この 2 段階のトレーニングでは，オーストラリアのトレーナーは，通常は fast day と slow day に分けて交互にトレーニングしている。fast dayには，1,000 mのウォームアップ後に，720～960 m/分（ハロンタイム16.6～12.5秒）の速度で1,000～2,000 mの距離の運動を負荷しており，slow dayには，240～420 m/分（ハロンタイム50～28.5秒）の速度（速歩と緩やかな駈歩）で平均5,500 mの距離の運動を負荷している（Southwood et al., 1993）。英国では，この段階のトレーニングは，坂路（hill）における運動と，平地におけるハロンタイム14～15秒の速度で800～1,600 mの運動とを組み合わせて実施している。

このような慣習的トレーニング法では，有酸素パワーと無酸素パワー共に十分に向上しない場合があり，それに代わるトレーニング法としてインターバル・トレーニング（interval training）が導入されてきた。サラブレッドの慣習的トレーニングは，途中で休息を含まない連続的な運動であり，持続的トレーニング（continuous training）と呼ばれている（図11.1－A）。これに対してインターバル・トレーニングは，運動の途中で何度か不完全な休息（緩走期）を挿入し，急走期と緩走期とを繰り返すトレーニング形式（図11.1－C）であり，さらにこの途中で挿入する休息を完全休息として疾走を繰り返すトレーニングを反復トレーニング（repetition training，図11.1－B）という。

インターバル・トレーニングは，緩走期を頻回挿入することにより，疲労やオーバートレーニングに陥ることなく，無酸素性エネルギー供給機構を刺激するものである。実際のトレーニングは，5～10％の傾斜を持つ坂路やトレッドミルで行われる。サラブレッドを供試して，6週間の持久性トレーニング（1段階）後に，トレッドミル（傾斜5％）によりインターバル・トレーニング（急走期の速度はハロンタイム17～20秒で最高心拍数に達する強度）を負荷した研究では，筋肉中の解糖系の酵素である乳酸脱水素酵素（LDH）の濃度が増加したが，持続的トレーニングではLDHの増加はみられなかった（Lovell & Rose, 1991）。さらに，別のトレッドミルによるインターバル・トレーニングの研究で

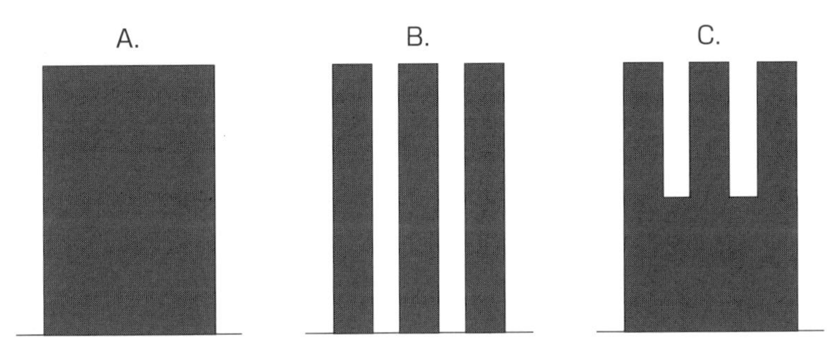

A：持続的トレーニング、B：反復トレーニング、C：インターバル・トレーニング

図 11.1　トレーニングの種類の模式図

は，乳酸産生量の増大ならびに血漿乳酸清掃率（plasma lactate clearance rate）の増大が認められたことから，無酸素パワーの増強に有効であり（Harkins et al., 1990），さらに運動時の心拍反応から，有酸素パワーの増強にも有効であると報告されている（Harkins & Kamerling, 1991）。

最近，実際のサラブレッドのトレーニングにトレッドミルを利用するトレーナーが増えてきている。トレッドミルによるトレーニングの特性として，①走路（ベルト）が常に乾燥し不変なので，馬の固有の走行を観察できる，②騎手の騎乗なし（負担重量なし）で運動できるので，運動器傷害からの回復期のトレーニングに有用である，③傾斜角度を任意に変えられるので，走行速度を上げないで運動負荷量を増大しうる。サラブレッド競走馬の跛行の主要な原因は，四肢に過剰な力がかかるためであり，走行速度を下げれば跛行のリスクは軽減する，④トレッドミルは屋内に設置されるので，トレーニング中の馬の環境を一定に保てる，などが指摘されている（Harkins & Kamerling, 1991）。いずれにしても，トレッドミルの最大の利点は，走行速度を完全に制御できることであり，今後，実際のトレーニングでの活用が望まれる。

水泳中の馬の心拍数は180拍/分以下であるので，水泳により馬の持久力を改善することは適切でないとの報告もある（Murakami et al., 1976)。さらに，水泳は競技運動に特有なものでないので，走行中の筋肉の動員を促進するものでもない。

3） 3段階：無酸素性トレーニング

サラブレッド競走では，最大速度での疾走ならびにレース途中での急激な加速が必要なので，そのためのトレーニングも不可欠である。慣習的トレーニングでは，特別にスピードと加速のためのトレーニングは行われておらず，最大下速度での運動終了前に，最大速度の運動を課しているのが一般的である。例えば，600～1,600 mのハロンタイム14～16秒で疾走した後に，最大速度で200～600 mを襲歩で疾走させたりしている。

特別なスピード・トレーニングおよび加速トレーニングには，1～2ハロンを最大速度で頻回疾走させるので，インターバル・トレーニングも有用である。スピードや加速に必要な無酸素パワーの改善には，40～45秒よりも短い時間の最大速度の運動負荷が必要であるとされている（Wilson et al., 1987)。このようなスピード・トレーニングにおいては，その運動強度（短時間の最大速度運動の負荷頻度）は2～3週間毎に徐々に増加し，しかも週2日に限られるべきである。そして，週のうちの他のトレーニング日には，軽度または中等度の運動を負荷する。

英国ではトレーニングを完了したサラブレッドのコンディション維持のために，週2回，3日周期の運動（1，2，3段階のトレーニングを3日間に順次連続的に負荷）を繰り返して負荷されている馬が多いが，同様の運動処方による研究では，3段階のスピード・トレーニングにより減少した筋肉中のグリコーゲン貯蔵量は，続く1および2段階のトレーニング日には回復しており，グリコーゲンが連続的に枯渇することはなかったと報じている（Snow & Harris, 1991)。

しかし，急走期に600 m以上もの距離の全力疾走を，繰り返し負荷するようなインターバル・トレーニングは勧められない。急走期を最大に近い速度で600 m疾走させ，5分間の緩走期をはさんで4回繰り返すインターバル・トレーニングをサラブレッドを用いて行った研究では，筋肉中のグリコーゲン量が約50％減少した（Hodgson et al., 1987）。そして，筋肉中のグリコーゲン量が完全に回復するには数日が必要である（Snow et al., 1987）。

以上の3段階のトレーニングにより獲得された体力（fitness）を維持するには，強い運動のトレーニングや頻繁なトレーニングは必要ないと考えられている。

11-2　オーバートレーニング

オーバートレーニング（overtraining）とは，トレーニングを続けているにもかかわらず，競走成績が低下して容易に回復しない状態をいう（Evans, 1994）。過激なトレーニング負荷による一種の慢性疲労であり，トレーニング負荷と回復のアンバランスによって生じる適応不全状態ともいえる。オーバートレーニングの馬は，回復するまでの間，トレーニングをやめて休養するか，運動量を軽減しなければならない。

クォーターホースを供試したオーバートレーニングの研究では，オーバートレーニングによって，所定の走行速度における心拍数が有意に増加すると報じている（Erickson et al., 1987）。したがって，規定運動負荷試験による運動時の心拍数の定期的検査が，オーバートレーニングの早期発見など馬の適正な管理に有用であると考えられている。

さらにオーバートレーニングによって，馬の免疫機能が低下することも知られており（Buschmann et al., 1990），種々の感染症に罹患するリスクも高くなる。

11-3 脱トレーニング

脱トレーニング（detraining）は，トレーニングを突然に中止することである。多くの馬が事故や疾病のために脱トレーニングを余儀なくされている。トレーニングによって獲得された体力が，脱トレーニングによってどのように減退するのかは，実際上重要な問題であるが，脱トレーニングに関する研究は少ない。

サラブレッドを供試した研究では，6週間にわたるトレーニングによって増加した$\dot{V}o_2max$は，脱トレーニングによって減少し続けたといわれ（Knight et al., 1991），同じ研究で筋肉の緩衝能も脱トレーニングによりトレーニング前の数値に減退したことが報告されている（Sinha et al., 1991）。

【参考文献】

1）Bayly, W. M. : Training programs. Vet. Clin. North. Am. Equine Prac. 1 : 597 ～ 610 (1985)
2）Bramlage, L. R. et al. : The effect of training on the suspensory apparatus of the horse. Proc. Ann. Conv. Am. Ass. Equine Practnrs. pp. 245 ～ 247 (1989)
3）Buschmann, H. et al. : Alterations of cellular immune response during intensive training of event horses. J. Vet. Med. B. 38 : 90 ～ 94 (1990)
4）Clayton, H. M. : Conditioning Sport Horses. Sport Horse Publications, Saskatchewan (1991)
5）Eaton, M. D. : Energetics and performance. In Hodgson, D. R. & Rose, R. J. (eds) : The Athletic Horse. pp. 49 ～ 61, W. B. Saunders Co., Philadelphia (1994)
6）Erickson, B. K. et al. : Performance evaluation and detection of injury during exercise training in the Quarter Horse using a heart rate computer. In Gillespie, J. R. & Robinson, N. E. (eds) : Equine Exercise

Physiology 2. pp. 92 ~ 101, ICEEP Publications, Davis (1987)
7) Evans, D. L. : Training Thoroughbred racehorses. In Hodgson, D. R. & Rose, R. J. (eds) : The Athletic Horse. pp. 394 ~ 397, W. B. Saunders Co., Philadelphia (1994)
8) Harkins, J. D. et al. : A comparative study of interval and conventional training in Thoroughbred racehorse. Equine Vet. J. Suppl. 9 : 14 ~ 19 (1990)
9) Harkins, J. D. & Kamerling, S. G. : Assessment of treadmill interval training on fitness. J. Equine Vet. Sci. 11 : 237 ~ 242 (1991)
10) Hodgson, D. R. et al. : Responses to repeated high intensity exercise : Influence on muscle metabolism. In Gillespie, J. R. & Robinson, N. E. (eds) : Equine Exercise Physiology 2. pp. 302 ~ 311, ICEEP Publications, Davis (1987)
11) Knight, P. K. et al. : Effects of training intensity on maximum oxygen uptake. In Persson, S. G. B. et al. (eds) : Equine Exercise Physiology 3. pp. 77 ~ 82, ICEEP Publications, Davis (1991)
12) Lovell, D. K. & Rose, R. J. : Changes in skeletal muscle composition in response to interval and high intensity training. In Persson, S. G. B. et al. (eds) : Equine Exercise Physiology 3. pp. 215 ~ 222, ICEEP Publications, Davis (1991)
13) McCarthy, R. N. & Jeffcott, L. B. : Effects of treadmill exercise on cortical bone in the third metacarpus of young horses. Res. Vet. Sci. 52 : 28 ~ 37 (1992)
14) Murakami, M. et al. : Swimming exercises in horses. Exp. Rep. Equine Hlth Lab. No.13 : 27 ~ 48 (1976)
15) Nunamaker, D. M. et al. : Fatigue fractures in Thoroughbred racehorses : Relationships with age, peak bone strain and training. J. Orthop. Res. 8 : 604 ~ 611 (1990)
16) Sinha, A. K. et al. : Effect of training intensity and detraing on adaptation in different skeletal muscles. In Persson, S. G. B. et al. (eds) : Equine Exercise Physiology 3. pp. 223 ~ 230, ICEEP Publications, Davis (1991)
17) Snow, D. H. et al. : Glycogen repletion following different diets. In Gillepsie, J. R. & Robinson, N. E. (eds) : Equine Exercise Physiology 2. pp. 701 ~ 710, ICEEP Publications, Davis (1987)
18) Snow, D. H. & Harris, R. C. : Effects of daily exercise on muscle glycogen in the Thoroughbred racehorse. In Persson, S. G. B. et al. (eds) : Equine Exercise Physiology 3. pp. 299 ~ 304, ICEEP Publications, Davis (1991)
19) Southwood, L. L. et al. : Nutrient intake of horses at thoroughbred

and standardbred stables. Aust. Vet. J. 70 : 164 ~ 168 (1993)
20) 高松勝憲：オーストラリアにおける競走馬の育成と調教（Ⅱ）. J. Equine Sci. 7 : S14 ~ S22 (1996)
21) Thomas, D. P. et al. : Cardiorespiratory adjustments to tethered swimming in the horse. Pflüg. Arch. 385 : 65 ~ 70 (1980)
22) Wilson, R. G. et al. : Skeletal muscle adaptation in racehorses following high intensity interval training. In Gillespie, J. R. & Robinson, N. E. (eds) : Equine Exercise Physiology 2. pp. 367 ~ 375, ICEEP Publications, Davis (1987)

12

トレーニング効果の評価法

馬はトレーニングにより，運動適性を獲得し，より強い運動を遂行するように，その形態と機能を変化させてくる。このトレーニングに伴う種々の生理学的変化についての研究成果から，種々のトレーニング効果の評価法が提唱されてきた。トレーニング効果の評価法は，トレーニングの進展に伴う運動適性の向上状態を生理学的に検査するものであり，検査する時点での運動能力もしくは体力を評価するものでもある。したがってこの評価法は，トレーニング効果を客観的に判定できることのみならず，一流競走馬の運動能力を知ることによりトレーニングの生理的目標を設定できるなどその応用は広く，トレーニングの科学的管理のためには不可欠なものである。

トレーニング効果の評価は多くの運動生理学研究者の関心事であり，今までに種々の評価法が提唱されてきた。以前には，採材の容易さから血液による評価が中心であったが，その後，種々の検査機器の進歩，さらに馬用高速トレッドミルの導入により，運動負荷検査が主流となり，その評価精度も飛躍的に向上してきた。

本章では，サラブレッド競走馬のトレーニング効果の評価法のうち，主として実際のトレーニングにおいて応用可能な方法について紹介する。

12-1　安静時の評価法

競走馬のトレーニング効果または運動能力の評価法に関する初期のほとんどの研究は，酸素運搬能の主役である赤血球についてのものであり，安静時の赤血球数，ヘモグロビン量，ヘマトクリット値などと運動能力との関係について多くの論文が報告されてきた。しかし安静時の血球像は，採血時の馬の生理状態によって著しく影響を受けるので，採血が安定して行われない場合には，判定を誤ることになる。その後，Persson ら（1973）により馬の血液循環における脾臓貯蔵血の役割が明らかにされて以来，安静時の赤血球像による運動能力の評価の意義は失われた。

したがって，安静時の評価法として，ここではハート・スコアと下顎骨間幅測定の二つを紹介する。

1．ハート・スコア

心臓の大きさは，運動時の最大心拍出量（maximal cardiac output）および最大有酸素運動能力（maximal aerobic capacity）の重要な決定因子の一つである。オーストラリアの Steel（1963）は，心臓の大きさを表す指標として，心電図の測定値から求めるハート・スコア（heart score）なるものを考案し，このハート・スコアによる競走馬の能力判定法を報告した。

ハート・スコアは図 12.1 のようにして求める。すなわち，標準肢誘導（Ⅰ，ⅡおよびⅢ誘導）で記録した心電図の QRS 群の持続時間を msec の単位で測定し，三つの誘導の測定値の平均値を求め，これをハ

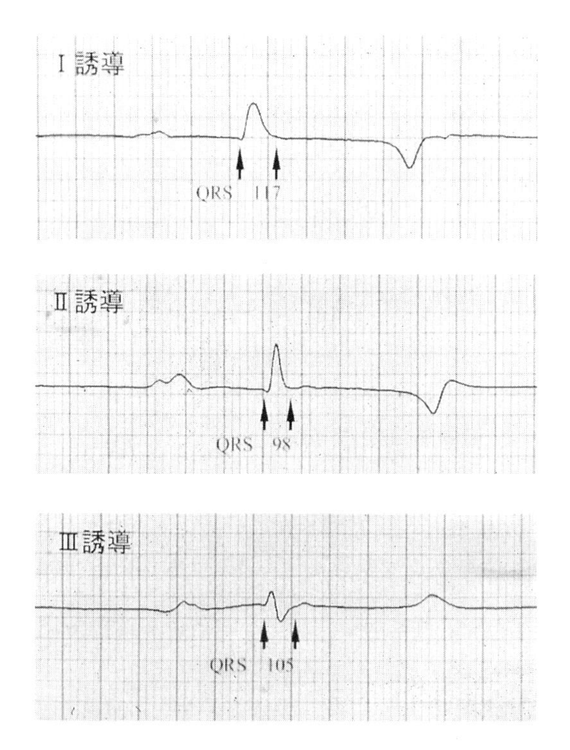

図 12.1　ハート・スコアの求め方
標準肢誘導心電図（Ⅰ,Ⅱ,Ⅲ）の QRS 群持続時間の平均値を求める。

ート・スコアとする。例えば，図 12.1 のように，QRS 群の持続時間の測定値が，Ⅰ誘導で 117 msec，Ⅱ誘導で 98 msec，Ⅲ誘導で 105 msec であったとすると，ハート・スコアは 106〔(117 + 98 + 105) ÷ 3〕となる。心電図の波形の計測はかなりの習熟を要するので，最近市販されている馬用自動解析心電計の導入が有用である。

心電図の QRS 群は，心室筋の興奮によって記録される波であり，QRS 群の持続時間は心室が興奮するのに要する時間を表している。心臓が大きくなり，心室壁が厚くなってくると，当然，心室の興奮時間

（QRS 群の持続時間）が延長してくる。Steel は，馬の心臓の大きさを表す指標として QRS 群持続時間をとりあげ，この数値（ハート・スコア）と心臓重量，さらに競走成績との相関関係を求めた。

まず，34 頭の馬の剖検による心臓重量とハート・スコアとの間にきわめて高い相関（r = + 0.89）を認めたので，次いで 304 頭の競走馬を供試して，ハート・スコアと総獲得賞金額（total stakes won）あるいは 1 レース当たりの平均獲得賞金額（earnings per start）との相関関係を求めた。ハート・スコアと総獲得賞金額との相関係数は + 0.44，平均獲得賞金額との相関係数は + 0.39 であり，いずれもハート・スコアとの間に有意な相関関係があったと報じた。これらの成績をもとに Steel は，ハート・スコアが競走馬の能力評価のみならず，競走成績の予測にも有用であると主張しており，オーストラリアにおけるクラシックレースの勝利馬のほとんどが，ハート・スコア 120 以上であったという（Steel & Stewart, 1974）。

このハート・スコアが発表された当時は，世界中の馬運動生理学者の間に大きな反響が起こり，多くの研究者から追試研究され，スタンダードブレッド種（Nielsen & Vibe-Petersen, 1980）と耐久レース馬（Rose et al., 1979）において，ハート・スコアと運動能力との相関を認める研究が報告された。しかし，運動能力を予測するためのハート・スコアの有用性については，賛否両論があって論争は未だに続いている。125 頭のサラブレッド種（満 1 歳）を供試し，ハート・スコアと競走成績との関係を追跡調査した先見的研究では，ハート・スコアと競走成績との相関は低く有意性は認められなかったと報告されている（Leadon et al., 1991）。さらに，217 頭のスタンダードブレッド種を供試して，ハート・スコアの有用性について検討した研究でも，その有用性を疑問視している（Physick-Sheard & Hendren, 1983）。しかし，オーストラリアの Hodgson と Rose（1994）は，数千頭の競走馬の心電図を分析した研究によれば，一流の競走馬の多くはハート・スコア130以上であり，競走成績が不良の馬はハート・スコアが100以下であった。もちろん例外的な数値を示した馬もいるが，ハート・スコアは，特に高い範囲または低い範囲の数値を示す場合に，それらの馬の潜在的な能力を評価するのに有用であると述べている。

競走能力を決定する因子は，心臓循環機能，呼吸機能，筋機能，馬格とバイオメカニクス，酸素運搬能などがあり，心臓の大きさはこれらの多くの因子の一つにすぎない。したがってハート・スコアをあまり誇大視することに不快感を持つ研究者も多い。

一方，Steelの考え方が支持されているオーストラリア，ニュージーランド，南アフリカ，フランスなどでは，このハート・スコア法が広く利用されている。

トレーニングによって大きくなった心臓は，運動時の大量の酸素運搬に大きな力を発揮することは間違いのないことであり，ハート・スコアの高いことは，優れた潜在的な競走能力の一つの指標になりうることは十分に理解できる。しかし，このハート・スコアを，多くの因子が複雑にからみあっている競走成績と直接的に関連づけていることに対して，異論を唱えている人は多い。いずれにしても，ハート・スコアは競走馬の運動能力の指標になりうるものではあるが，競走成績を予測しうるものではないと考えられる。

2．下顎骨間幅

運動器を中心にした馬格と運動能力との関係は古くから注目されてきており，多くの報告がある。ここに紹介する下顎骨間幅も馬格の一つであり，トレーニング効果の評価というよりは，むしろ優れた競走馬の馬格の審査に加えるべき一つの項目である。

米国のCook（1993）は，下顎骨間幅（intermandibular width）の測定値が競走馬の潜在的運動能力の評価に有用であると提唱した。彼は，

図 12.2　頭蓋骨で示した下顎骨間幅の測定部位

左右の下顎角における顎間腔の内側の幅を
カリパスで測定する。

下顎骨間幅が，鼻咽頭気道や喉頭気道の幅と関係があるとの考えから，多数のサラブレッド競走馬の下顎骨間幅を測定した。その結果，サラブレッド競走馬の下顎骨間幅は大体 7.2 ～ 8.0 ㎝であり，競走成績の良い馬ほど下顎骨間幅が広いと報じた。そして，下顎骨間幅が 7.5 ㎝ 以下は下顎骨狭窄（narrow mandible）と呼び，馬格上の欠陥とした。さらに，この下顎骨間幅と反回神経障害（recurrent laryngeal neuropathy）の程度との間に逆相関を認めたとも報じた。なおこの下顎骨間幅とは，図 12. 2 の頭蓋骨標本で示した，左右の下顎骨の下顎角における顎間腔の幅を測定する。実際には，馬の頚の側部に立って，カリパスを頚の前面に平行にして，顎間腔の内側の幅を測定する。

その後，勝馬と着外馬との下顎骨間幅を比較した報告では，勝馬の測定値は 7.0 ～ 10.0 ㎝（平均 8.48 ㎝）で，着外馬の測定値は 6.5 ～ 9.5 ㎝（平均 7.70 ㎝）であり，勝馬の下顎骨間幅の方が有意に大きかったとしている（Delahunty et al., 1991)。これに対して，Lindsay ら（1990）は，457 頭の下顎骨間幅を測定し，特発性反回神経障害との関連性を調べた。その結果，平均の下顎骨間幅は 8.1 ㎝であり，内視鏡による喉頭機能不全と下顎骨間幅との間に有意な相関は認められなかった。さらに，下顎骨間幅と喉頭の高さ，または喉頭の横断面積との間にも相関は認められなかったと報じた。

12-2　運動負荷による評価法

安静時の検査だけでは，トレーニングによる馬の運動適性のような微妙な生理的変化を評価するのは困難である。したがって，運動負荷試験による評価法が必要になる。ここでは，運動時心拍数による V_{200} 法，運動直後の血中乳酸値，および運動直後の血液像の三つの評価法をとりあげる。

1．運動負荷方法

トレーニング効果の評価法を紹介する前に，運動負荷方法について簡単にふれておく。

運動負荷方法には，走路（track）で運動させる方法と，トレッドミル（treadmill）で運動させる方法があるが，両方のいずれにも利害得失がある。走路運動試験（track exercise test）は，トレッドミル運動試験（treadmill exercise test）に比べてその実施が容易であり，しかも実際のレースに類似した環境で運動負荷ができる利点があるが，野外試験であるために実際に採材できるのは運動前と運動後だけで運動中の採材は困難であり，検査法が制限される欠点がある（Thornton, 1985；Erickson et al., 1991）。さらに，検査成績は当然，走路状態や環境条件，騎手の騎乗技術の影響を受ける。トレッドミルの運動試験の最大の利点は，運動負荷量を完全に制御できることと，実験室内における定位置運動であるために，運動中においても種々の検査が可能であることである。したがって，このトレッドミルは運動生理学の研究には不可欠の装置である。初めてトレッドミル運動をする馬には若干の馴致が必要であるが，ほとんどの馬は4回位の馴致走（acclimatizing run）で十分に馴れる。このトレッドミル運動の馴致走のプロトコールとして，まず，1.5～2.0 m/秒の速度で4分間の常歩から始める。初めてのトレッドミル走では，トレッドミルの前方へ向って歩きださせることが大切なことである。次いでトレッドミルの速度を4 m/秒に上げるが，この速度ではほとんどの馬は速歩で走ることができる。4 m/秒の速度で3分間走ることができればさらに6 m/秒の速度とし，駈歩で走らせる。6 m/秒を速度で2分間駈歩をした後に速度を8 m/秒に上げて1分間走らせる。このようにして多くの馬はトレッドミル走に容易に馴れるが，トレッドミル走を最初にしぶる馬は僅かに1～2％程度である。通常では1日に2回の馴致走を2日続けるだけで馬はトレッドミル走に馴れる。この計4回の馴致走でも馬がトレッドミル上を軽快に走らなかったり，前方への走行をしぶる場合は，さらに2回の馴致走を追加する（Rose & Hodgson, 1994）。

負荷運動量は，検査の目的によって種々の運動負荷法が報告されている。運動に対する生理反応は運動量に大きく影響されるので，通常は運動量と負荷方法は標準化する必要がある。運動負荷方法はほとんどがスピードを徐々に上げていく漸増負荷方式（incremental exercise）を採用している（Persson, 1983；Rose, 1990；Seeherman & Morris, 1990）。この漸増負荷方式では，トレッドミルの速度を低速から高速へと60～120秒ごとに段階的に上げていき，馬がそれ以上走行できなくなるまで漸増的に負荷するが，最大下運動および最大運動の両方の運動時の採材ができることから，最も一般的な負荷方式である。すなわち，有酸素性運動能力を評価するためには最大下運動（submaximal exercise）を負荷し，無酸素性運動能力を評価するためには最大運動（maximal exercise）もしくは最大に近い運動（near-maximal exercise）を負荷しなければならない。

トレッドミル運動試験のプロトコールは研究者により若干の相違があるが，Rose と Hodgson（1994）は競技馬のための運動試験として次のようなプロトコールを推奨している。すなわち，4，6，8 および 10 m/秒の 4 段階のトレッドミルの速度を漸増的に負荷を増加させるものである。まずウォーミングアップとして 4 m/秒の速度で 3 分間運動した後に，6 m/秒の速度で 90 秒運動し，ついで 8，10，11，12 および 13 m/秒の速度を 1 分間ずつ段階的に上げていく。競走馬においてこれらすべての段階の運動を走破するのは僅かの馬であり，ほとんどの馬は 12 m/秒の運動後に疲労を示す。これに対し，耐久レース馬は，10 m/秒以上の速度を走ることは困難である。走行中の馬が疲労状態にあることは，馬に鞭などで走行を鼓舞しても走行のペースを維持することができないことで容易に判断され得る。このトレッドミル走で走破した速度段階の数および全走行時間は運動能力および体力の指標となる。運動時の呼吸循環機能は各速度段階の最後の 5 ～ 10 秒の間に検査し，血中乳酸は 6 m/秒よりも速い速度で測定する。

トレッドミル運動試験において最も多用されている検査は呼吸循環器系と筋骨格系，すなわち心拍数，血中乳酸，動脈血ガス，血液量，完歩幅，酸素摂取量などである。さらに運動時の上気道の内視鏡検査も臨床的には重要な検査である。

2．運動時心拍数による V_{200} 法

運動時の心拍反応から，馬のトレーニング効果または運動能力を評価しようとする試みは，以前から検討されてきた。運動時の心拍数の計測は，かつてはかなり面倒な作業であったが，最近，簡便な心拍数計測器であるハートレイト・メータ（heart-rate meter）が導入されたため，その計測はきわめて容易になった（Evans, & Rose, 1986；Physick-Sheard et al., 1987）。

ハートレイト・メータは，元来人のスポーツ選手用に開発されたもの

だが，若干の改良により馬にも十分に利用できる。次に，著者らが用いているハートレート・メータを紹介する。本器機は，写真12.1に示したように送信器と受信器からなり，電極から誘導された心拍情報が送信器から発信され，受信器で受信して記憶される。馬の運動時心拍数を測定する場合には，鞍の下に装着する鞍下ゼッケンに電極，送信器および受信器一式をあらかじめセットしておくので（写真12.2），その鞍下ゼッケンを馬に装着すれば，直ちに心拍数が記録される。運動終了後，受信器に記憶された心拍情報は，インターフェイスを介してパーソナルコンピュータにより処理される。最近，馬用のハートレート・メータも市販されるようになった。

V_{200}は，心拍数が200拍/分の時の馬のスピード（分速で表す）を示す数値であり，有酸素性運動能力の評価に有用であることがすでに証明されている（Persson, 1983）。V_{200}は，無酸素性運動能力が関与し始めて血中乳酸が急激に蓄積し始める速度を示すV_{LA4}に相当しており，有酸素性エネルギーだけで運動できる上限のスピードを示すものとされている。

V_{200}値を得るためには，通常はトレッドミル走による漸増運動負荷試験を行っている（Persson, 1983 ; Rose et al., 1990）。最近，V_{200}値を得るための運動負荷試験として，トラック馬場を用いることも検討されている（Wilson et al., 1983 ; Dubreucq et al., 1995 ; Casini & Greppi, 1996 ; Valette et al., 1996）。

著者らは，日本におけるサラブレッドのトレーニングを科学的に管理するためにV_{200}値を日常のトレーニングを実施している馬場における騎乗運動から求めることを検討してきた。日常のトレーニング運動に準じた速歩と3～4段階のスピードの駈歩（いずれも最大下運動）を漸増的に負荷し，その間の心拍数とスピードとの間の回帰直線を計算して求め，この回帰直線から心拍数が200拍/分の時のスピード（分速），すなわち，

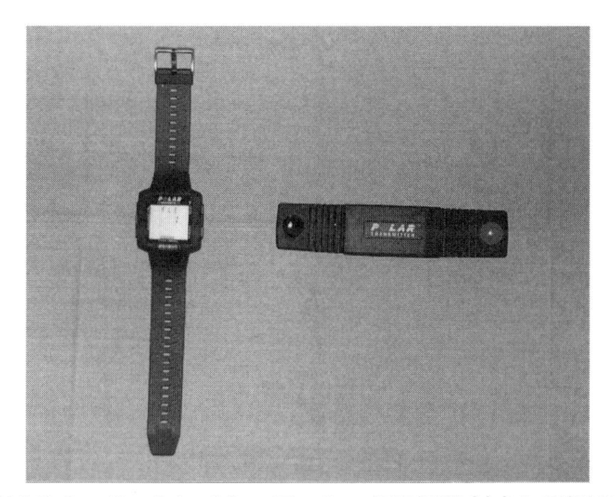

写真 12.1　ハートレイト・モニターの送信器（右）と受信器（左）

受信器は腕時計型になっており，騎手の腕に巻けば運動時の馬の心拍数を受信器の液晶画面上にリアルタイムで知ることができる。

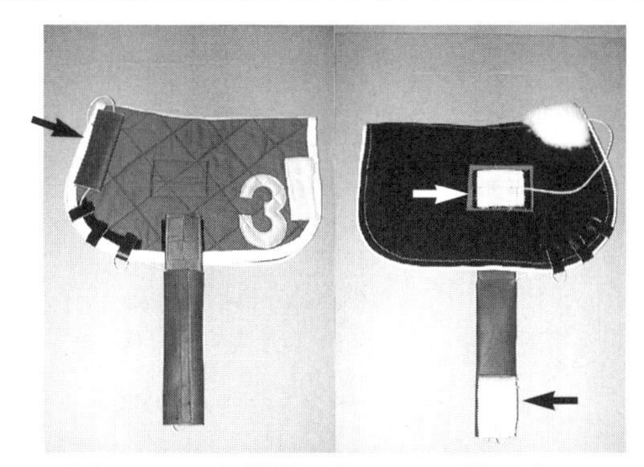

写真 12.2　心拍数測定のための鞍下ゼッケン

ハートレイト・モニターの電極は鞍下ゼッケンの裏側（右写真の矢印）に，送信機は鞍下ゼッケンの表側（左写真の矢印）にセットしてある。

V_{200}を求める（図 12.3）。トレッドミルの運動負荷に比べて速度規制はさほど厳密ではなく，トラック馬場での運動負荷試験においても運動時の心拍数の回帰直線からのばらつきは少なく，きわめて精度の高いV_{200}値が得られている。しかもこの回帰直線はトレーニングの進展により図

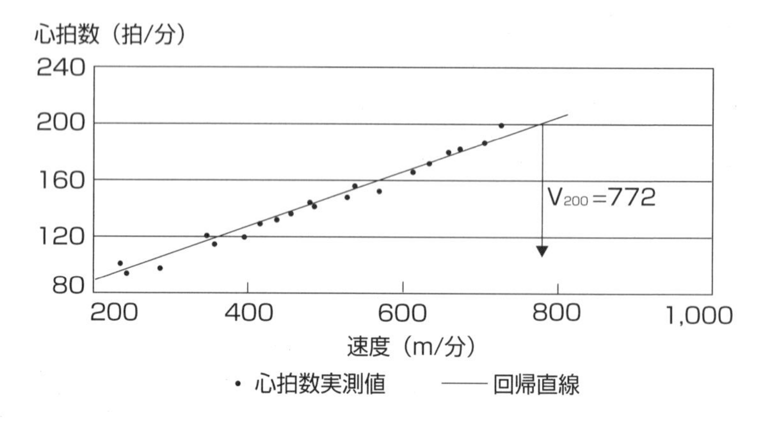

図 12.3　V_{200}の求め方

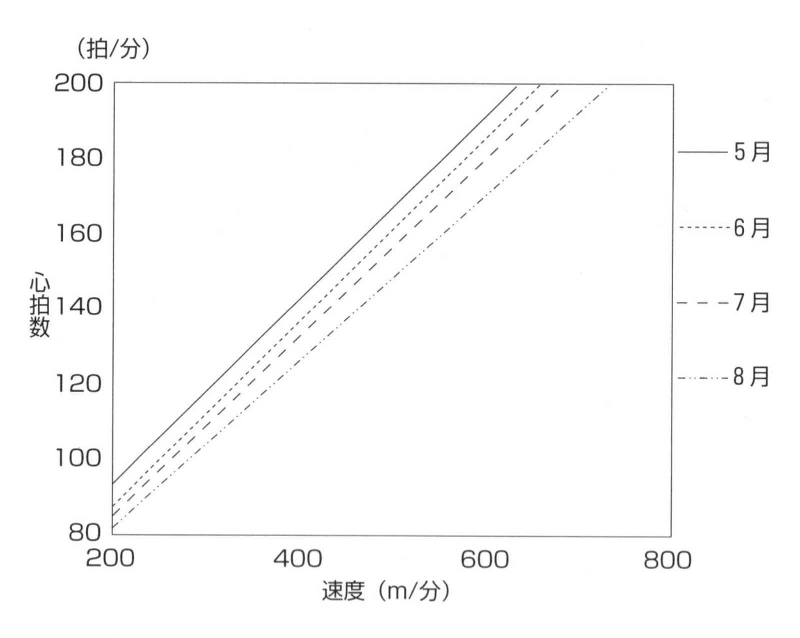

図12.4　トレーニングの進展に伴う回帰直線の推移

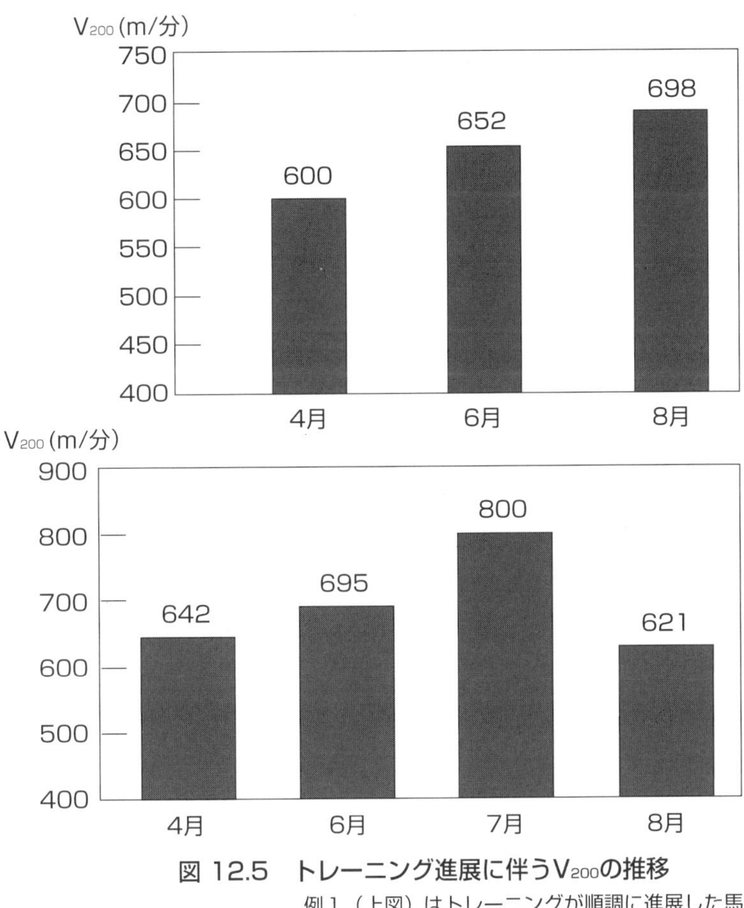

図 12.5　トレーニング進展に伴うV_{200}の推移
例１（上図）はトレーニングが順調に進展した馬
例２（下図）は途中で病気休養した馬

12.4に示したように下方に平行移動しており，トレーニング効果の評価法としてV_{200}値の有用性が認められている。次に実際の測定例を紹介する（図12.5）。

いずれも明け３歳のサラブレッド育成馬について，４～８月にかけて毎月１回検査をし，トレーニングの進展に伴うV_{200}の推移をみたものである。例１は，育成期間中に病気で休養することなく，きわめて順調にトレーニングを進めることができた馬である。V_{200}の推移をみると，４月600 m/分，６月652 m/分，８月698 m/分とトレーニングの進展と共に増加しており，有酸素性運動能力が確実に増強されたことが認められる。例２は，４～７月はトレーニングが順調に進み，V_{200}も４月642 m/分，５月695 m/分，７月800 m/分と増加していたが，７月の検査後に約３週間病気で休養したため，８月のV_{200}は621 m/分と４月の数値よりも低値を示した。休養により有酸素運動能力が減退することが認められる。

運動生理学的に有酸素性運動能力の指標として用いられている最大酸素摂取量（$\dot{V}O_2max$）は，トレッドミル上で最大運動を負荷する必要があり，測定装置も大がかりで，とても容易に測定できるものではない。それに比べて，V_{200}は野外における最大下運動で容易に求めることができるので，実用的価値も大きい。

３．血中乳酸値の測定

運動直後の血中乳酸濃度は，運動時の無酸素性運動の関与を知る上での重要な指標となる。血中乳酸値は，乳酸専用分析器ラクテート・アナライザーにより容易に測定しうる。採血後は冷蔵庫で保存し，なるべく早く測定する。

運動直後の血中乳酸値から無酸素性運動能力を評価するには，馬用高速トレッドミルによる規定運動負荷試験（standardized exercise test）が必要であり，負荷する運動強度によって血中乳酸値の意義が異なる。

最大運動を負荷した場合には，無酸素性エネルギーを十分に消費しているので，血中乳酸値が高い程，無酸素性運動能力が大きいと評価される（Eaton et al., 1992）。しかし，最大下運動を負荷した場合には，かなりの有酸素性エネルギーが供給されているので，血中乳酸値が低い程，総合的な運動能力が大きいと評価される。

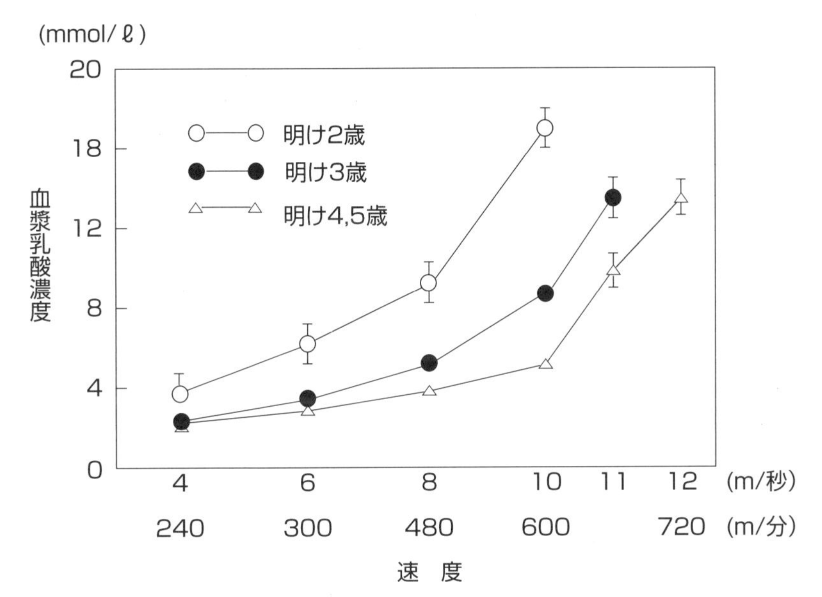

図 12.6　サラブレットにおける運動と血漿乳酸値との関係

明け 2 歳馬（○）はトレーニング前，明け 3 歳以上の馬（●, △）は現役の競走馬，血漿乳酸値は全血乳酸値より約 1 / 3 高値を示す。

Rose et al.（1990）より引用

運動に伴う血中乳酸値が，運動強度やトレーニングの進展状況によって大きく影響を受けるので，運動直後の血中乳酸値だけで無酸素性運動能力を評価するのは危険である。トレッドミル走により漸増運動を負荷し，途中で運動を増強する前に採血して乳酸値を測定すれば，運動強度と血中乳酸との詳細な関係を知ることができる。Roseら（1990）は，サラブレッド競走馬に 4 段階の最大下運動（4，6，8 および 10 m/秒）をトレッドミルを用いて負荷し，各段階の運動の終期に採血し，運動時の血中乳酸の動態を報告した（図 12.6）。トレーニングによって，血中乳酸蓄積開始点（OBLA）が右方に移動するのが明らかに認められる。彼らは，図 12.6 の結果から，10 m/秒のスピード（600 m/分，ハロンタイム20秒）での血中乳酸を測定して，有酸素性運動能力を評価することを提唱している。このような最大下運動では，血中乳酸値の低い馬ほど有酸素性運動能力が優れていることになる。

４．総赤血球量の測定

馬の総赤血球数は，酸素運搬能の主要な決定因子の一つである。馬の総赤血球の約50％が脾臓血として貯えられているので（Persson & Lydin, 1973），運動時の脾臓血の循環血流への放出が酸素運搬能を増強させる。したがって，馬の総赤血球数を知るには，最大に近い運動の負荷後に採血して測定する必要がある。

さらに，Persson（1967）は，総ヘモグロビン量（total hemoglobin）または総赤血球量（total red cell volume，CV，単位ℓ）がスタンダードブレッド速歩馬の運動能力の評価に有用であると報告した。

総ヘモグロビン量または総赤血球量の測定は割合に容易であり，最大に近い運動負荷後に１～２分以内にヘマトクリット値ならびに色素希釈法により血漿量を測定する。次いで次式により総血液量を求める。

$$総血液量(\ell) = \frac{血漿量}{100 - 運動後PCV} \times 100$$

総赤血球量（ℓ）＝総血液量－血漿量
総赤血球量は体重で補正し，体重１kg当たりのℓで表示する。

スタンダードブレッド速歩馬の総赤血球量は加齢と共に増加し，明け２歳で平均44 mℓ/kg，明け４歳で平均63 mℓ/kg，そして明け５歳で平均74 mℓ/kgであった。サラブレッド競走馬は，89 ± 9 mℓ/kgであり（Persson，1986），トレーニングをしているサラブレッドでは78～102mℓ/kgであった（Rose，1990）。

【参考文献】

1） Casini, L. & Greppi, G. F. : Correlation on racing performance with fitness parametars after exercise tests on treadmill and on track in Standardbred racehorses. Pferdeheilkunde 12 : 466 ～ 469 (1996)
2） Cook, W. R. ; Specifications for Speed in the Racehorse : The Airflow Factors. Equine Research Inc., Grand Prairie (1993)
3） Dubreucq, C. et al. : Reproducibility of a standardized exercise test for Standardbred trotters under field conditions. Equine Vet. J. Suppl 18 : 108 ～ 112 (1995)
4） Delahunty, D. et al. ; Intermandibular width and cannon bone length in "winners" versus "others". J. Equine Vet. Sci. 11 : 258 ～ 259 (1991)
5） Eaton, M. D. et al. : The assessment of anaerobic capacity of Thoroughbred horses using maximal accumulated oxygen deficit. Aust. Equine J. 10 : 86 (1992)
6） Erickson, H. H. et al. : Indices of performance in the racing Quarter Horse. In Persson, S. G. B. et al. (eds) : Equine Exercise Physiology 3. pp.41 ～ 46, ICEEP Publications, Davis (1991)
7） Evans, D. L. & Rose, R. J. : Method of investigation of the accuracy of four digitally-displayed heart rate meters suitable for use in the exercising horse. Equine Vet. J. 18 : 129 ～ 132 (1986)
8） Hodgson, D. R. & Rose, R. J. ; Evaluation of performance potential. In Hodgson, D. R. & Rose, R. J. (eds) : The Athletic Horse. pp. 231 ～ 243, W. B. Saunders Co., Philadelphia (1994)
9） Leadon, D. et al : Electrocardiographic and echocardiographic measurements and their relationship in Thoroughbred yearlings to subsequent performance. In Persson, S. G. B. et al. (eds) : Equine Exercise Physiology 3. pp.22 ～ 29, ICEEP Publications, Davis (1991)
10) Lindsay, W. A. et al. : Is the width of the intermandibular space in Thoroughbreds related to equine recurrent laryngeal neuropathy ? Proc. Ann. Conv. Am. Ass. Equine Practnrs. pp.429 (1990)
11） Nielsen, K. & Vibe Petersen, G. : Relationship between QRS-duration (heart score) and racing performance in trotters. Equine Vet. J. 12 : 81 ～ 84 (1980)
12) Persson, S. G. B. ; On blood volume and working capacity in horses. Acta Vet. Scand. Suppl. 19 ： 1 ～ 189 (1967)
13) Persson, S. G. B. & Lydin, G. ; Circulatory effects of splenectomy in the horse. Effect on pulse-work relationship. Zbl. Vet. Med. A 20 : 521 ～ 530 (1973)

14) Persson, S. G. B. ; Evaluation of exercise tolerance and fitness in the performance horse. In Snow, D. H. et al. (eds) : Equine Exercise Physiology. pp. 441 ～ 457, Granta Editions, Cambridge (1983)
15) Physick-Sheard, P. W. & Hendren, C. M. : Heart score : physiological basis and confounding variables. In Snow, D. H. et al. (eds) : Equine Exercise Physiology. pp.121 ～ 134, Granta Editions, Cambridge (1983)
16) Physick-Sheard, P. W. et al. : Evaluation of factors influencing the performance of four equine heart rate meters. In Gillepsie, J. R. & Robinson, N. E. (eds) : Equine Exercise Physiology 2. pp.102 ～ 116, ICEEP Publications, Davis (1987)
17) Rose, R. J. : Exercise and performance testing in the racehorse : Problems, limitations and potential. Proc. Ann. Conv, Am. Ass. Equine Practnrs. pp.491 ～ 503 (1990)
18) Rose, R. J. et al. : Electrocardiography, heart score and hemotology of horses competing in an endurance ride. Aust. Vet. J. 55 : 247 ～ 250 (1979)
19) Rose, R. J. et al. ; Clinical exercise testing in the normal Thoroughbred racehorse. Aust. Vet. J. 67 : 345 ～ 348 (1990)
20) Rose, R. J. & Hodgson, D. R. ; Clinical exercise testing. In Hodgson, D. R. & Rose, R. J. (eds) : The Athletic Horse. pp. 245 ～ 257, W. B. Saunders Co., Philadelphia (1994)
21) Seeherman, H. M. & Morris, E. A. : Methodology and repeatability of a standardised treadmill exercise test for clinical evaluation of fitness in horses. Equine Vet. J. Suppl. 9 : 20 ～ 25 (1990)
22) Steel, J. D. ; Studies on the Electrocardiogram of the Racehorse. Australasian Medical Publishing Co. Limited, Sydney (1963)
23) Steel, J. D. & Stewart, G. A. : Electrocardiography of the horse and potential performance ability. J. S. Afr. Vet. Ass. 45 : 263 ～ 268 (1974)
24) Thornton, J. R. : Exercise testing. Vet. Clin. North. Am. Equine Pract. 1 : 573 ～ 595 (1985)
25) Valette, J. P. et al. : Multivariate analysis of exercise parameters measured during the training of Thoroughbred racehorses. Pferdeheilkunde 12 : 470 ～ 473 (1996)
26) Wilson, R. G. et al. : Heart rate, lactic acid production and speed during a standardized exercise test in Standardbred horses. In Snow, D. H. et al. (eds) : Equine Exercise Physiology. pp.487 ～ 486, Granta Editions, Cambridge (1983)

13

プア・パフォーマンスの診断

プア・パフォーマンス（poor performance）は，競走馬における競走成績または競走能力の不良を示す用語である。運動生理学的には，運動能力の減退を意味する運動不耐性（exercise intolerance）なる用語を用いるべきであるが，最近は，馬運動生理学者の間でも，プア・パフォーマンスなる用語が広く使われている。

プア・パフォーマンスは，馬主，調教師，そして獣医師にとって，長年にわたる難問題であり，その診断は容易ではない。そして，プア・パフォーマンスについては，何らかの原因で運動能力が減退したのか，もしくは元々運動能力が低いのかを見極めることが最も重要なことである。

人における運動不耐性の症状として，疲労（fatigue），失神（faintness），筋骨格痛（musculoskeletal pain）および息ぎれ（breathlessness）が知られており，運動能力を制限している器官系を検出するために運動負荷試験が行われている。しかし，運動不耐性を示すスポーツ選手に対する運動負荷試験においても，通常は微妙な変化しか認められず，種々の測定値はトレーニングされたスポーツ選手を母集団とする正常値の範囲内に包含される。

競走馬の運動不耐性においても同様であり，明らかに運動能力が低下しているほとんどの馬は，通常の検査で異常所見を示さない。そして，異常所見を示す馬が若干いるが，その異常所見が運動不耐性に関与していることを証明することは難しい。

このように，競走馬の運動不耐性またはプア・パフォーマンスの原因を確定診断することは容易ではないが，問題の重要性から多くの馬運動生理学者や馬臨床獣医師の関心を集めている。本章では，競走馬のプア・パフォーマンスの多くの症例を系統的に研究しているオーストラリア・シドニー大学の馬運動生理学教室における検査の実態を中心に解説する。

13-1　経歴調査

プア・パフォーマンスの馬の経歴（history）は，運動能力減退の期間と程度を知る上で重要である。慢性的に徐々に能力を減退してきたか，もしくは急性的に思いがけない能力の減退をみたのかを知ることが大切である。プア・パフォーマンスの原因として，慢性経過の能力減退よりも急性的に能力を減退する場合の方が多いようである。シドニー大学で用いられているプア・パフォーマンスの馬のための経歴調査用紙を表13.1に示した。この経歴用紙には，次に示す重要な質問が含まれている。

- 運動能力の減退は急激に起こったのか，または緩徐に起こったのか？
- 運動後に呼吸困難がみられるか？
- 運動時に異常な呼吸音が聞かれるか，どの位のスピードの時に聞かれ

表 13.1　シドニー大学馬運動生理学教室のプア・パフォーマンスの経歴調査票

馬名：　　品種：　年齢：　性別：
日付：
馬主：
調教師：

病訴
1．跛行しているか，もしくは歩様が不規則であるか？
2．呼吸困難の症状を示しているか？
3．次のような症状を示しているか？
　a．レース後の過剰な“鼻ぶるい”，またはレース後の回復が遅れる。
　b．真っ直ぐに走れない，斜行する，または左右いずれかの方向へよれる。
　c．スターティング・ゲイトからうまくとび出せないか，または発走がうまくなく、最初のダッシュが出ない。
　d．レースにおいて発走直後に疲れて後退する。
　e．レース後の食欲不振

レースおよびトレーニングの所見
1．レースにおける得意の距離は？
2．その距離のレースを何度出走したか？
3．レースにおける順位は？
4．トレーニング期間はどれ位か？
5．レースへの出走間隔はどれ位か？
6．トレーニング・プログラムについて
　a．週に何日トレーニングしているか？
　b．トレーニングにおける距離と歩法は？
　c．トレーニング以外に運動をしているか？
7．初期のレース距離，出走回数，順位の詳細：
8．この初期のレース距離で良好なレースをしたか？
9．最後に休養したのはいつか，どの位の期間で，そしてどういう理由で？
10．レースの出走日には過度に興奮するか，または管理が困難か？

病歴
1．最近または過去の病気または損傷の詳細：
2．運動中に異常な呼吸音を発するか？
3．安静時または運動時のいずれかに咳をするか？
4．鼻孔から出血したことがあるか，または内視鏡検査で出血を認めたことがあるか？
5．スピード運動後に筋肉痛の症状を示すか？
6．最近，獣医師からどのような手当てを受けたか？
7．現在，投薬を受けているか？　受けているならば，どのような薬か？

その他
1．主治獣医師：
2．トレッドミル走の経験はあるか？
3．特殊な輓具で運動しているか？
4．特殊な飼料または添加物を与えているか？
5．調教師の意見では，馬の仕上がり具合は？
6．この馬の能力についての調教師の評価は？

コメント：

Rose & Hodgson（1994）より引用

たか？

- このような症状は連続的に起きているか，もしくは間欠的に起きているのか？
- トレーニングは十分であるのに，レースでは十分に走れないのか？
- 跛行や歩様変化の徴候がみられるか？
- 病気の症状（体重減少，態度の変化，発咳など）があるか？
- 食欲に変化があるか？
- 最近，薬物治療を受けたか？

以上のような経歴調査により，プア・パフォーマンスの原因をある程度しぼることができる。そこで，次にどのような検査を実施すべきかを決定する。

13-2 臨床検査

詳細な臨床検査は，プア・パフォーマンスの原因解明にとって不可欠な検査である。各器官別に検査の概要を次に述べる。

1．呼吸器系

一般的な視診，触診による呼吸器の臨床検査も実施されるべきであるが，競走馬では喉頭の触診が重要である。サラブレッドでは，特発性喉頭片麻痺（idiopathic laryngeal hemiplegia, ILH）の発病率が高いので，背側輪状披裂筋（dorsal cricoarytenoid muscle）を触診すべきである。ILHの症例では，左背側輪状披裂筋が萎縮して小さくなっており，その結果，左披裂軟骨（left arytenoid cartilage）の筋突起（muscular process）の突出が顕著になる。

喉頭の触診に際しては，馬の左側に立ち馬の前方に向って，胸骨頭筋（sternocephalicus muscle）の腱の下に人差指を挿入して左右から喉頭を触診し，さらに背側に指を進めて披裂軟骨の筋突起を触診する。喉頭の左側で著しい筋突起が触知されたら，左背側輪状披裂筋の萎縮とILHの可能性がある。

また呼吸数，呼吸時間（吸息相と呼息相），気管の聴診，肺の聴診と打診などの検査も実施する。

2．心臓血管系

心臓血管系の異常は，プア・パフォーマンスの多くの症例の原因になっている。特に若齢馬では，心室中隔欠損（ventricular septal defects）のような先天性異常の存在に注意すべきである。古馬では，伝導障害（conduction disturbances）から弁機能異常にいたる多くの後天性の心臓血管病がみられる。これらの異常は，可視粘膜の色調，毛細血管再充満時間，末梢動静脈拍動検査および心臓聴診によって検出される。安静時に認められる不整脈には，運動時に消失してほとんど影響を及ぼさないものもあるが（2度房室ブロック，洞房ブロックなど），運動時にも消失することなく運動能力に重大な影響を及ぼすもの（心房細動，心室頻拍など）もある。したがって，不整脈の取り扱いには慎重を要する。

心臓の聴診は，左右の両方の胸壁から聴取することが大切である。多くの臨床獣医師は，右側からは聴診せず，左側からだけ聴診しており，多くの心雑音を聴き逃している。さらに，馬の心音の第Ⅰ音～第Ⅳ音までを確実に聴き分けるには，かなりの習熟を要する。

心雑音のうち，幾つかの病的心雑音はきわめて限局された部位で聴取される。左胸壁の前方で限局して聴取される低いグレードの収縮期雑音は，競技馬では通常にみられるもので，病的なものではなく，駆出性雑音（ejection murmurs）として無害性雑音（innocent murmurs）とされている。心雑音の運動能力への影響を知るには，トレッドミルによる運動負荷試験で，心拍反応ならびに最大酸素脈（maximal oxygen pulse, $\dot{V}O_2$/HR, 1回拍出量の間接的測定法）を検査するのが有用である。

不整脈の一種である心房細動（atrial fibrillation）は，劇的に運動能力を減退させることより特に重要なので，これについては改めて述べる。

3．筋骨格系

プア・パフォーマンスの原因として最も多いのが筋骨格系の異常であるので，跛行についての慎重な診断が重要である。

筋骨格系の臨床検査は，安静時の注意深い観察から始める。四肢の非対称性（筋萎縮による），関節の周りや腱の腫脹などの異常を探索する。次いで，歩様検査に移る。引き締まった堅い路面上で，速歩による歩様検査を行う。プア・パフォーマンスの馬が示す跛行は，軽度なものが多い。歩様検査に続いて，前後肢の一連の屈曲試験を実施する。第1の屈曲試験は，腕節を伸ばし，そして蹄尖部に力を加えて繋と球節を屈曲させる。1分間の屈曲の後に速歩運動を課して，跛行が悪化するかどうかを検査する。次いで繋や球節を屈曲しないで，腕節の屈曲試験を行う。1分間の屈曲の後，速歩運動を課して跛行の悪化を検査する。このような屈曲試験を四肢について行う。後肢の屈曲試験では，飛節の屈曲はできるだけ小さくして実施し，次いで伝統的な飛節内腫試験（spavin test, 飛節と膝関節を2分間屈曲させた後に速歩運動を課す）を行う。これらすべての屈曲試験において，屈曲後の1～2歩の異常運歩は異常な跛行とは認めない。屈曲後に跛行が明白になったり悪化した場合は，重要な所見と考える。

次に背部の検査である。背部障害はプア・パフォーマンスの一般的な原因である。背部障害を示す多くの馬では，気性の変化，頭を振る，騎乗時に疼痛を示すことが多いが，プア・パフォーマンスが唯一の症状であることもある。背部の検査では，まず背部の形を調べるが，枠場の上に立って馬の背後から背部の非対称性を検査する。次いで，背最長筋（longissimus dorsi muscles）に沿って強く触診し，筋肉痛の局在部を検査する。背部に疼痛のある多くの馬は，胸腰椎部や尾仙椎部の上を圧迫すると，いやいや背を腹側や背側に屈曲する。これは，背部の一部が過敏になっており，背部障害を示す所見である。

さらに，四肢の各部位について疼痛の有無を詳細に検査する。疼痛部位を確実に知るには，神経ブロックや関節内麻酔が有用である。

競走馬のプア・パフォーマンスに関与する筋骨格系の異常には，次のようなものがある。

a）蹄骨骨炎（pedal osteitis）：装蹄していて，蹄底に過度の負重がかかっている競走馬に通常みられる。前肢に両側性に発症することが多く，熱いレンガの上を歩いているように，いやいや肢を伸展するような症状を示す。蹄鉗子で検査すると疼痛を示す。蹄底への圧力を緩和するための矯正装蹄と非ステロイド系抗炎症剤の投与との併用により，多くの馬は治癒する。

b）背側中手骨疾患（dorsal metacarpal disease）または管骨骨膜炎（bucked shins）：管骨骨膜炎は，明け3歳競走馬の跛行やプア・パフォーマンスの最も重要な原因となるものである。骨が未成熟である上に不適切なトレーニングのため，中手骨の背側中央部に炎症反応が起こる。通常は両方の前肢に発症し，トレーニング運動時に肢を伸展するのを嫌がる。そのままトレーニングを続けると，運動能力の減退が顕著になる。急性に症状が明らかになった場合には，短期間の休養と抗炎症剤による治療が有効であり，その後はトレーニングにおける運動の持続時間と強度の増加を慎重に徐々に行う。

c）底側球節剥離骨片（planter fetlock chips）：底側球節剥離骨片は後肢の球節にみられ，かなり一般的に発症している。これらの馬の多くは跛行を示さないが，球節の屈曲試験後に軽度の跛行を示すものがある。関節鏡外科により骨片を除去すれば，多くの馬が発症前の競走能力を回復する。

d）飛節内腫（bone spavin）：背部障害を持つ馬の多くは，一時的に飛節障害，特に飛節内腫を発症している。ほとんどの馬は飛節内腫試験に陽性に反応し，跛行が顕著になる。馬主や調教師が後肢の跛行を見つけるのは容易ではないので，後肢の異常に気づかないことが多い。治療には関節内にステロイド剤を注入するが，これはモノヨードアセテートの注射または外科的関節固定によって行う。

e）横紋筋隔解症（rhabdomyolysis）またはタイイング・アップ（tying-up）：横紋筋隔解症は，雄馬や騸馬よりも雌馬に多発する。プア・パフォーマンス以外に臨床症状を示さない馬もいるが，血液の生化学的検査により筋肉由来酵素が増加していることで本症が明らかになる。競走馬では，軽度の横紋筋隔解症が頻発する傾向にあり，電解質の欠乏がその原因とされているので（Harris & Snow, 1991），電解質の分別排泄の測定が有用であり，それによって飼料に電解質を添加する。重症例には，フェニトイン（phenytoin）が有効である。

13-3　診断の補助

1．血液学的検査と生化学的検査

プア・パフォーマンスの検査には，血液検査が重要である。健常なサラブレッド成馬の安静時血液像を表 13. 2 に，そして血漿生化学測定値の正常値を表 13. 3 に示した。臨床検査において，正常な馬でも血液検査や生化学検査で異常値を示す場合があり，プア・パフォーマンスの検査に有用である。

横紋筋融解症の診断は臨床検査だけでは十分でなく，血漿中のクレアチンキナーゼ（CK）やアスパラギン酸アミノトランスフェラーゼ（AST）を測定すべきである。トレッドミル運動負荷試験の前と 1 ～ 2 時間後の CK 濃度の測定は有用であり，運動により CK 値が 2 倍以上に増加した場合には本症であると診断する。

表 13.2　健常サラブレッド成馬の安静時血液像

項目	正常範囲	平均値
赤血球数（$\times 10^{12}$/ℓ）	7.0～11.0	9
ヘモグロビン（g/ℓ）	110～170	140
PCV（%）	32～46	40
MCV（μm^2）	42～47	44
MCHC（g/ℓ）	330～380	350
MCH（pg）	14.0～17.0	15.5
白血球数（$\times 10^{9}$/ℓ）	6.0～11.0	8.5
好中球数（$\times 10^{9}$/ℓ）	2.5～6.5	4.5
リンパ球数（$\times 10^{9}$/ℓ）	2.0～5.5	3.5
単球数（$\times 10^{9}$/ℓ）	0.2～0.8	0.5
好酸球数（$\times 10^{9}$/ℓ）	0.1～0.4	0.2
好塩基球数（$\times 10^{9}$/ℓ）	0～0.3	0.1

Rose & Hodgson（1994）より引用

表 13.3　競技成馬の血漿生化学的測定値の正常値

	正常範囲（SI単位）	正常範囲（旧単位）
ナトリウム	134～144 mmol/ℓ	133～144 mEq/ℓ
カリウム	3.2～4.2 mmol/ℓ	3.2～4.2 mEq/ℓ
塩化物	94～104 mmol/ℓ	94～104 mEq/ℓ
総二酸化炭素	26～34 mmol/ℓ	26～34 mEq/ℓ
総蛋白質	55～75 g/ℓ	5.5～7.5 g/dℓ
アルブミン	26～38 g/ℓ	2.6～3.8 g/dℓ
グロブリン	20～35 g/ℓ	2.0～3.5 g/dℓ
フィブリノーゲン	＜4 g/ℓ	＜400mg/dℓ
AST（μ/ℓ）	150～400	150～400
CK（μ/ℓ）	100～300	100～300
LDH（μ/ℓ）	＜250	＜250
グルコース	4～8 mmol/ℓ	70～140mg/dℓ
GGT（U/ℓ）	10～40	10～40
AP（U/ℓ）	70～210	70～210
尿素	4～8 mmol/ℓ	24～48mg/dℓ
クレアチニン	100～160 μmol/ℓ	1.1～1.8mg/dℓ
カルシウム	2.7～3.3mmol/ℓ	10.8～13.2mg/dℓ
リン酸塩	0.75～1.25mmol/ℓ	2.3～3.9mg/dℓ

Rose & Hodgson（1994）より引用

2．上気道の内視鏡検査

上気道の内視鏡検査（upper respiratory tract endoscopy）は，プア・パフォーマンスの診断には不可欠な検査の一つである。多くの上気道障害の馬は，運動時の異常な呼吸音，または咳の病歴を持つが，異常呼吸音を示さない症例もある。軟口蓋の変位（soft palate displacement）の症例では，安静時の検査では異常が検出されないにもかかわらず，運動能力が突然かつ顕著に減退するものがある。

プア・パフォーマンスの馬に多くみられる上気道の異常は，特発性喉頭片麻痺，喉頭蓋エントラップメント（epiglottic entrapment）および軟口蓋の変位である。軟口蓋変位および喉頭片麻痺の症例の中には，安静時に異常を示さず，スピードの速い運動時にのみ異常が顕著にみられるものがある。このような症例には，トレッドミル走中の上気道内視鏡検査が有用である。

この上気道内視鏡検査は，わが国の競走馬の臨床検査にすでに導入されており，競走馬の上気道疾患の実態が詳細に報告されている（Hobo et al., 1995）。著者らも，将来的にプア・パフォーマンスの原因になり得ると考えられる上気道疾患を，できるだけ早期に見つけだす目的で，サラブレッド育成馬の内視鏡検査を実施している。その結果，競走馬と同様の上気道異常が育成馬においても見出されている。そのうちから，喉頭片麻痺，軟口蓋背方変位および喉頭蓋の挙上の内視鏡像を写真13.1に示した。

3．気管支肺胞洗浄検査

気管支肺胞洗浄検査（bronchoalveolar lavage, BAL）は，気管支肺胞洗浄液を採取して洗浄液に含まれる微生物，白血球，赤血球などを検査し，感染症，運動性肺出血などの診断に用いるものであり，プア・パフォーマンスの診断には有用である。立位の馬に，特殊なBALカテーテルを気管を経て気管支まで挿入し，カテーテルの遠位端にあるカフを

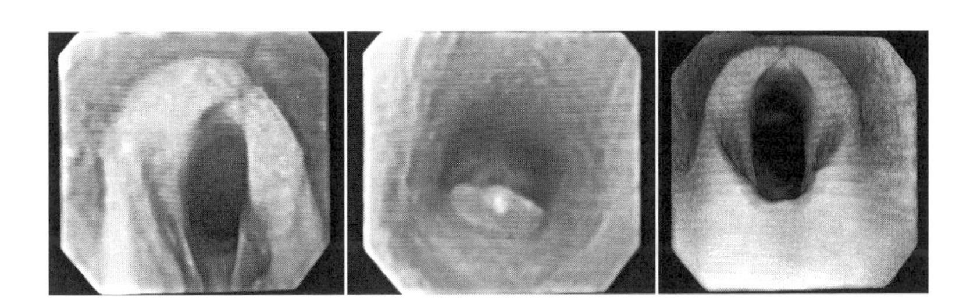

写真 13.1　サラブレッド育成馬の上気道内視鏡像
左：喉頭片麻痺，中：喉頭蓋の挙上，右：軟口蓋背方変位

表 13.4　トレーニング中のサラブレッド62頭の気管支肺胞洗浄検査所見

	満1歳	満2歳	満3歳	満4歳以上
回収洗浄液（mℓ）	38±5	41±4	40±7	40±5
有核細胞（/μℓ）	547±221	721±536	835±609	1,187±639
マクロファージ（%）	54±5	59±9	64±9	57±11
ヘモジデリン食細胞（マクロファージの%）	2±2	13±18	19±19	43±28
好中球（%）	12±8	9±7	7±5	10±6
リンパ球（%）	34±7	32±10	29±9	31±11
好酸球（%）	0.5±3.1	0.2±0.8	0.1±0.1	1.9±6.5
上皮細胞（%）	0.1±0.1	0.4±0.8	0.6±1.2	0.3±0.5
赤血球（全細胞の%）	0.1±0.2	11±20	10±12	16±24
頭数	10	20	18	14

Mckane et al.（1993）より引用

膨らませることにより肺の特定領域を密閉し，65～100 mℓ の滅菌した生理食塩液で洗浄後，洗浄液を回収する。

62 頭の健常なトレーニング中のサラブレッドの気管支肺胞洗浄検査成績を表 13.4 に示した（Mckane et al., 1993）。検査した馬の全例にヘモジデリン食細胞が検出されており，運動性肺出血の発症が認められている。

このBALについては，さらに肺の防御機構に重要な役割を演じている肺表面活性物質（肺サーファクタント）について帆保ら（JRA 総研）により検討されており，今後の幅広い活用が期待される。

4．心電図法

心電図法により確定診断される不整脈のうち，プア・パフォーマンスの原因として明らかにされているのは心房細動（atrial fibrillation）である。競走馬の心房細動については，章を改めて詳細に解説する。

心房細動以外の種々の不整脈についても，プア・パフォーマンスとの関連性に関心を持たれてきているが，これらについてはさらにホルター心電図，運動負荷心電図など総括的な研究が必要である。さらに心電図のT波の異常波形と競走成績との関連性についても，多くの論文が報告されてきたが，最近の研究では，T波の異常はプア・パフォーマンスとの関連性はなく，トレーニングの進展による生理的反応であるといわれている（Evans, 1991）。

5．トレッドミルによる運動負荷試験

競走馬の各種検査において，安静時には異常がみられないが，運動時に異常を示すことが多い。トレッドミルによる運動負荷試験（treadmill exercise testing）は，広く活用されるべきである。

6．核シンチグラフィ

オーストラリアでは，核シンチグラフィ（nuclear scintigraphy）が運動器障害の早期診断に重用されており，プア・パフォーマンスの診断にも活用されている。しかし，わが国の放射線に関する法律では，動物の検査に使用することは禁じられている。

13-4　プア・パフォーマンスの診断例

米国タフツ大学で実施されたプァ・パフォーマンス275頭の検査成績

表 13.5　275頭のプア・パフォーマンスの検査成績

1．呼吸異常を疑った症例（64頭）

スタ	サラ	呼吸器異常 DDSP	ILN	EIPH	EE	その他	筋骨格系異常 1カ所	2カ所以上	その他の異常
45頭（平均3.5歳）	19頭（平均4.7歳）	12	9	6	3	6	14	11	3

2．筋骨格系異常を疑った症例（111頭）

スタ	サラ	呼吸器異常	筋骨格系異常 1カ所	2カ所	2カ所以上	その他の異常
99頭（3.5歳）	12頭（3.8歳）	0	26	30	52	3

3．異常部位の特定できなかった症例（100頭）

スタ	サラ	呼吸器異常 DDSP	ILN	EIPH	その他	筋骨格系異常 1カ所	2カ所以上	その他の異常
82頭（3.7歳）	18頭（3.7歳）	11	2	2	7	26	43	9

計　275頭

スタ	サラ	呼吸器異常 DDSP	ILN	EIPH	EE	その他	筋骨格系異常 1カ所	2カ所以上	その他の異常
226頭（3.5歳）	49頭（4.1歳）	23	11	8	8	16	66	136	15

スタ：スタンダードブレッド，サラ：サラブレッド，DDSP：軟口蓋背方変位，ILN：特発性喉頭神経症，EIPH：運動性肺出血，EE：喉頭蓋エントラップメント

Morris & Seeherman（1991）より引用

が報告されているので，その成績を表13.5に示した（Morris & Seeherman, 1991）。これらの症例に対して，①一般理学検査と実験室検査，②呼吸器検査（聴診，胸部X線，肺シンチグラフ，安静時およびトレッドミル運動時の上気道内視鏡検査），③筋肉骨格系検査（跛行検査，高速歩行ビデオ解析，運動後の血液化学検査，X線検査，核シンチグラフ検査），④心臓検査（聴診，運動負荷，心電図検査，心エコー検査），⑤規定運動負荷試験（酸素摂取量，二酸化炭素産出量，血中乳酸値，心拍数）など運動生理学的な多項目の検査が実施された。

【参考文献】

1）Evans, D. L.：T-waves in the equine electrocardiogram：Effects of training and implications for race performance. In Persson, S. G. B. et al. (eds)：Equine Exercise Physiology 3. pp.475～481, ICEEP Publications, Davis (1991)

2）Harris, P. A. & Snow, D. H.：Role of electrolyte imbalances in the pathophysiology of the equine rhabdomyolysis symdrome. In Persson, S. G. B. et al. (eds)：Equine Exercise Physiology 3. pp.435～442, ICEEP Publications, Davis (1991)

3）Hobo, S. et al.：Prevalence of upper respiratory tract disorders detected with a flexible videoendoscope in Thoroughbred racehorses. J. Vet. Med. Sci. 57：409～413 (1995)

4）Lillich, J. D. & Gaughan, E. M.：Diagnostic approach to exercise intolerance in racehorses. Vet. Clin. North Am：Equine Pract. 12：555～564 (1996)

5）Mckane, S. A. et al.：Equine bronchoalveolar lavage cytology：survey of Thoroughbed racehorses in training. Aust. Vet. J. 70：401～404 (1993)

6）Morris, E. A. & Seeherman, H. M.：Clinical evaluation of poor performance in the racehorse：the results of 275 evaluations. Equine Vet. J. 23：169～174 (1991)

7）Pascoe, J. R. & Sweeney, C. R.：Evaluating exercise intolerance. In Jones, W. E. (ed.)：Equine Sports Medicine. pp.259～262, Lea & Febiger, Philadelphia (1989)

8）Rose, R. J. & Hodgson, D. R.：Hematology and biochemistry. In Hodgson, D. R & Rose, R. J. (eds)：The Athletic Horse. pp.63～78, W. B. Saunders Co., Philadelphia (1994)

9）Rose, R. J. & Hodgson, D. R.：Investigation of poor performance. In Hodgson, D. R & Rose, R. J. (eds)：The Athletic Horse. pp.259～266, W. B. Saunders Co., Philadelphia（1994）

14 筋疲労

如何に優れた運動能力を持つ馬といえども，運動を持続していくと，やがて疲労に陥り，運動能力が低下するようになり，さらに疲労が進むと運動を継続できなくなる。この疲労なる用語は，人間生活にも密着しており古くから広く知られているが，科学的にはきわめて曖昧であり，未だ明確な定義がなされていない。

さらに競走馬のように，その生理的限界に近い激しい運動を課せられている動物には，疲労はきわめて重要な問題である。本章では，馬の筋疲労についての現在の考え方について解説する。

14-1 疲労の概念

1．疲労の定義

疲労（fatigue）は，要求された強度の運動を継続することができなくなる状態であり，その誘因として中枢性（心理的または神経的）の関与と末梢性（筋肉性）の関与がある（Hodgson & Rose, 1994）。自覚症状を訴えることのできない動物では，中枢性疲労を評価することはかなり困難であり，末梢性疲労である筋疲労（muscle fatigue）に的を絞って疲労の問題が考えられてきた。

一方，人のスポーツ医学では，疲労の実態が十分に解明されていないために，その定義についても研究者によって種々の表現がなされてきており，未だに合意を見出した見解はない。わが国のスポーツ医学の泰斗として知られた猪飼（1973）は，疲労の定義として，「作業あるいは運動によって身体各部の器官や組織のエネルギーの消耗，あるいは調整力の低下による機能の減退が起こり，これが全体として作業や運動のパフォーマンスを低下させるようになった時の状態をいい，この時多くの場合，疲労感を伴う」としている。難しい定義はともかくとして，疲労とは概略としては「肉体的・精神的活動能力が低下した状態で，一般的にいうところの疲労感を伴う現象」と考えられている（伊藤，1990）。

人におけるこの疲労感は，必ずしも肉体的・精神的活動能力の低下や生理的変化と一致しない。例えば，嫌な仕事をすれば疲れやすいし，好きな仕事をすればあまり疲労を感じないといったように，かなり複雑なものである。すなわち，仕事や運動に対する動機づけ（motivation）や興味が欠如するような心理的要因が疲労の原因になりうる（Åstrand & Rodahl, 1986）。

激しいトレーニングを課せられている馬が，病気でもないのに競走心を失う（“不気嫌”または“鍛えすぎ”になる）ことが時々あるが，これは中枢性または心理的要因が疲労の誘因になっているものと考えられる。一流のスポーツ選手にとって，運動に対する新鮮かつ積極的な気持が不可欠であるが，競走馬がその能力を発揮するためにも，この心理的要因は同様に重要であると考えられている。

2．疲労の原因

疲労の定義が明確でないので，人のスポーツ医学における疲労の原因についても種々な説が提唱されている。代表的なものとして，①疲労物質の蓄積説，②エネルギー源の枯渇説，③中枢神経機能失調説，④内分泌機能失調説，⑤物理化学的変調説，などがある。

1）疲労物質の蓄積説

疲労物質の蓄積が，疲労の誘因になるという考え方である。疲労物質としては，以前から乳酸が主体に考えられてきた。特に無酸素的運動では，筋疲労の程度と乳酸の蓄積に相関があることが認められている。一方，有酸素的運動では乳酸が蓄積しなくても疲労が現れるので，乳酸の測定が疲労の程度を知るための最も良い指標というわけにはいかない。しかも有酸素状態では，乳酸はグリコーゲンに再合成され，再びエネルギー源として利用される。したがって乳酸は，疲労関連物質であると共に中間代謝産物でもある。

疲労関連物質には，乳酸，ケトン体，血糖，CPK（クレアチンホスフォキナーゼ），尿蛋白，17-OH-コルチコステロイドなどが知られている。

2）エネルギー源の枯渇説

エネルギー源物質であるグリコーゲンやグルコースなどの枯渇が，疲労の誘因になるという考え方である。このエネルギー源の枯渇説は，さきの疲労物質の蓄積説と共に，筋疲労の誘因として説明されてきた。糖分が不足すると疲労を早めることも事実であるが，これだけで疲労を説明するには無理がある。無酸素的運動で疲労困憊になっても，エネルギー源の糖分や脂肪は体に残っているし，いくらエネルギー源を供給しても長時間運動を続けていると疲労してくるからである。

3）中枢神経機能失調説

中枢神経機能の失調が，疲労の誘因になるという考え方である。疲労すると，大脳皮質の機能である思考力，集中力などが低下し，また条件反射や無条件反射の反応時間や感受性の閾値などが低下するところから，この説が提唱されるようになった。

4）内分泌機能失調説

内分泌機能によって生体の内部環境の恒常性が保たれているが，生体に対するストレスが一定限界以上に強く作用すると，この恒常性に失調が起きて疲労が出現するという考え方である。Selyeの適応症候群(adaptation syndrome)によると，ストレッサーとしての運動が生体に負荷されると，副腎皮質刺激ホルモンや副腎皮質ホルモンの分泌に影響を与え，脳下垂体と副腎皮質に反応してストレスに対して適応しようとする。しかし運動が過激すぎたりすると，この適応が乱れて機能低下が起こり，それが疲労の原因となる。

5）物理化学的変調説

酸－塩基平衡，浸透圧，イオン分布，水分・蛋白質濃度などの物理化学的変調が，疲労の誘因になるという考え方である。例えば，運動時に産生されたCO_2の排泄が十分でないと，CO_2が血液中のH_2Oに溶けて＜$CO_2 + H_2O \rightarrow H_2CO_3$＞炭酸になり血液は酸性に傾く。この呼吸性アシドーシスによって疲労を感じる。

3．疲労の分類

人のスポーツ医学においては，前述したように疲労の原因が複雑多岐にわたるので，疲労の分類も次のように色々な角度からなされている。

1）肉体的疲労と精神的疲労

肉体的疲労とは，主として骨格筋の生理的疲労をいう。精神的疲労とは，精神的因子や自律神経の不安定さなどが関係する疲労をいう。

2）急性疲労と慢性疲労

急性疲労とは，症状が早く発現するが回復が早く，翌日まで持ち越すことのない疲労をいう。慢性疲労とは，回復が遅く，翌日または数日後まで持ち越す疲労をいう。

3）全身性疲労と局所性疲労

全身性疲労とは，動作の乱れや運動速度の遅れなど，全身的に症状が現れる疲労をいう。局所性疲労とは，筋肉，眼など身体の局所に症状が現れる疲労をいう。

これらの他にも，中枢性疲労と末梢性疲労，生理的疲労と病的疲労，などの分類もある。

14-2　筋疲労

運動時における筋疲労はきわめて一般的な現象であるが，その生理学的メカニズムはかなり複雑である。人においては，筋疲労の発現部位として，大脳皮質の運動野，脊髄の運動ニューロンなどの中枢神経系統の影響（中枢性筋疲労）が重要視されている。ここでは，末梢性の筋疲労について述べることにする。末梢性筋疲労の原因として，興奮収縮連関（excitation-contraction coupling）の不全，エネルギー供給率の低下，エネルギー源物質供給の限界などがある。

これら末梢性の筋疲労を起こす過程は，負荷される運動の強度と持続時間の影響を受ける。末梢性筋疲労には，次のような多くの因子（原因）が関連する（Hodgson & Rose, 1994）。

- エネルギー産生に必要な物質の枯渇
- 筋線維の内環境の変化によるエネルギー（ATP）産生の障害
- 電解質勾配の変化による神経筋の被刺激性（neuromuscular irritability）の変化
- 筋小胞体（sarcoplasmic reticulum）による Ca^{++} の取り込みまたは放出の変化による筋収縮力の低下
- 血流の低下，または筋温の過剰な上昇

多くの筋疲労では，これらの因子が絡み合って関与しているようである。馬の筋疲労についての最近の知見は，運動の強度と持続時間の異なる運動負荷後の筋バイオプシーの分析によって得られている。

1．最大運動時の筋疲労

最大運動（high-intensity exercise）では，数秒～数分以内に筋疲労が起こる。この際の筋疲労に関与する因子として，ホスファーゲン・プール（ATPとクレアチンリン酸）の枯渇，細胞内pHの低下，乳酸の蓄積などが重要であると考えられている。

安静時の筋細胞内には，一定量のATPとクレアチンリン酸（CP）およびグリコーゲンが蓄えられている。最大運動時には，最初にCPが消費されて枯渇し，続いてATPが消費されてその濃度が低下する。このATP濃度の最大の低下は，速筋線維で起こる（Valberg & Essén-Gustavsson, 1987）。さらに筋細胞には代謝産物として乳酸，水素イオン（H^+）などの蓄積も起こることになる。ATPの枯渇を起こすような最大運動時には，筋肉内のpHは安静時の7.0～7.1が疲労時には6.4以下に低下する。これら代謝産物の蓄積が，直接的または間接的に解糖系の酵素活性を低下させ，必要なATP量の産生・供給ができなくなり，筋疲労が発現する可能性がある。

筋疲労における代謝産物蓄積，エネルギー供給機構，筋膜興奮，興奮収縮連関の相互関係を図14.1に示した。激運動時には，無酸素的解糖反応が進むと，細胞内のpHと重炭酸イオン濃度が乳酸蓄積のために著しく低下して，筋細胞内の酸性化が起こる。この筋の代謝性アシドーシスは，解糖反応の律速酵素であるフォスフォフラクトキナーゼ（PFK）の活性を大きく抑制するために，筋の興奮収縮連関に必要なATP産生率が低下する。その結果，筋収縮が低下して筋疲労が生じることになる。さらにH^+の蓄積によるpHの低下は，筋小胞体からのCa^{++}の放出低下やトロポニンに対する結合定数の低下を招き，筋収縮力が低下する。また代謝産物の中で，無機リン酸（Pi）の蓄積も注目されている。すなわ

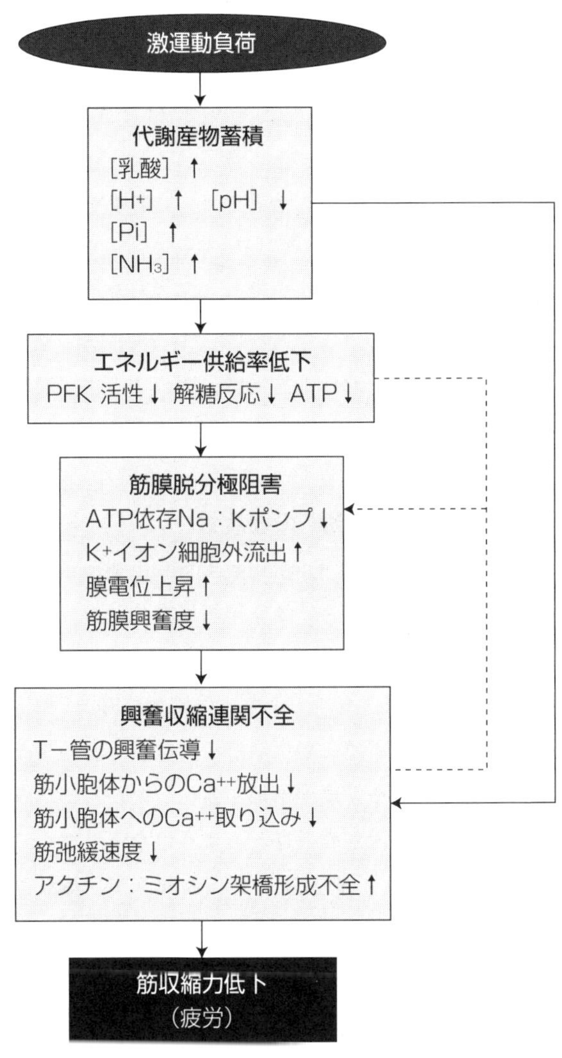

森谷（1992）より引用

図 14.1 筋疲労因子の相互関係

ち，Piがミオシンに作用し，前方向へのアクチン：ミオシン架橋形成の遅延が起こり，さらに激運動時のH^+蓄積により酸状態のPi（H_2PO_2）が形成され，筋張力の低下を引き起こすことが報告されている（Wilkie, 1986）。

激運動時に活動筋から流出されるカリウムは，血漿濃度にして10 mmol/ℓ以上にも増加するが（Harris & Snow, 1988），このカリウム恒常性の破綻が筋小胞体の機能を低下させて，筋細胞内のカルシウムの移動に影響を与えることになる（Harris & Snow, 1992）。

以上，激運動時における筋疲労に関与する主要な因子について述べてきたが，各要因が相互に絡み合っており，その関与の実態はきわめて複雑である。

2．最大下の持久運動時の筋疲労

最大下の持久性運動（prolonged submaximal exercise）による筋疲労の原因として，体液とイオン平衡の変化，超高熱，筋肉内の貯蔵グリコーゲンの枯渇などが考えられている。

運動時に産生されるエネルギーの約80％は熱として放出される。馬には，種々の環境下でこの代謝熱を放散しうる巧妙な体温調節系を有するが，環境の温度や湿度が増加するにしたがって，熱放散のための活動筋から皮膚への血流が転換されるようになる。さらに運動中の発汗により大量の体液（10 ℓ/時以上）が失われるが，補液されなければ全水分量（total body water）が減少することになる。馬の汗は高張性（hypertonic）であり，水分喪失に伴って多量の電解質の喪失が起こる。この体液と電解質の平衡の変化により，体温調節効率と運動能力が直接的に低下することになる。

筋肉内の貯蔵グリコーゲンの枯渇は，持久性運動における疲労の原因として数多く報告されている（Snow et al., 1981）。グリコーゲンの枯渇は，負荷される運動の強度や持続時間によって，特定の筋線維タイプに選択的に起こる。筋線維内のグリコーゲンの枯渇により，筋線維における筋力の発生能力が低下する。最大下運動時には筋線維が選択的に動員されるが，多くの筋線維が疲労困憊すると，残りの筋線維が動員されることになる。そして最終的には，十分な数の筋線維のグリコーゲンが枯渇することになり，運動強度を維持するために必要なすべての筋力の発生能力が低下することになる（Hodgson et al., 1983)。

【参考文献】

1）Åstrand, P. & Rodahl, K. : Textbook of Work Physiology. pp.512～515, McGraw-Hill, New York (1986)
2）Fitts, R. H. : Cellular mechanisms of muscle fatigue. Physiol. Rev. 74 : 49～94 (1994)
3）Harris, P. & Snow, D. H. : The effects of high intensity exercise on the plasma concentration of lactate, potassium and other electrolytes. Equine Vet. J. 20 : 109～113 (1988)
4）Hodgson, D. R. et al. : Muscle glycogen depletion and repletion patterns in horses performing various distances of endurance exercise. In Snow, D. H. et al. (eds) : Equine Exercise physiology. pp.229～236, Granta Editions, Cambridge (1983)
5）Hodgson, D. R. & Rose, R. J. : Concepts of fatigue. In Hodgson, D. R. & R. J. Rose (eds) : The Athletic Horse. pp.235～236, W. B. Saunders Co., Philadelphia (1994)
6）猪飼道夫：運動生理学入門．体育の科学社，東京（1973）
7）伊藤　朗：図説・運動生理学入門．医歯薬出版，東京（1990）
8）McCutcheon, L. J. et al. : Ultrastructural alterations in equine skeletal muscle associated with fatiguing exercise. In Persson, S. G. B. et al. (eds) : Equine Exercise Physiology 3. pp.269～275, ICEEP Publications, Davis (1991)
9）森谷敏夫：筋肉と疲労．体育の科学　42 ： 335～341（1992）
10）Snow, D. H. et al. : Muscle fiber composition and glycogen depletion in horses competing in an endurance ride. Vet. Rec. 108 : 374～378 (1981)
11）Snow, D. H. & Valberg, S. J. : Muscle anatomy, physiology, and

adaptation to exercise and training. In Hodgson, D. R. & Rose, R. J. (eds) : The Athletic Horse. pp.145 ~ 179, W. B. Saunders Co., Philadelphia (1994)

12) Valberg, S. & Essén-Gustavsson, B. : Metabolic response to racing determined in pool of type Ⅰ, Ⅱ A and Ⅱ B fibers. In Gillespie, J. R. & Robinson, N. E. (eds) : Equine Exercise Physiology 2. pp.290 ~ 301, ICEEP Publications, Davis (1987)

13) Valberg, S. J. : Muscular causes of exercise intolerance in horses. Vet. Clin. North Am. Equine Pract. 12 : 495 ~ 515 (1996)

14) Wilkie, D. R. : Muscular fatigue : effects of hydrogenions and inorganic phosphate. Fed. Proc. 45 : 2921 ~ 2923 (1986)

15

運動性筋障害

競技馬の中でも，競走馬や耐久レース馬のように，その生理的限界に近い激しい運動負荷を宿命づけられている動物では，運動により誘発される種々の障害が頻繁に発症している。今までは主として運動に伴う馬体の生理機能について解説してきたが，本章からは運動により誘発される種々の障害や疾病などの病態生理学ならびに臨床学的事項について述べ，本章では運動により誘発される筋障害に関する最近の知見について触れる。

運動性筋障害（exertional myopathies）は，運動により誘発される筋障害の総称であり，競技馬のプア・パフォーマンスの原因として最も一般的なものである。馬の筋障害は，種々の原因により発症するが，そのほとんどが運動に起因するものである。米国カリフォルニア大学獣医学教育病院で，9 年間（1974 ~ 1983 年）に筋原性筋障害（myogenic myopathy）と診断された 67 頭の馬の原因別内訳を表 15.1 に示した

表 15.1　カリフォルニア大学で 9 年間に診断された筋障害67例の原因別内訳

病名	症例数	百分率（%）
運動性筋障害	46	68.6
消耗後症候群	6	8.9
感染性筋障害		
細菌性筋炎	3	4.5
ウイルス性筋炎	3	4.5
寄生虫性筋障害	1	1.5
免疫性筋障害	4	6.0
栄養性筋障害	3	4.5
高カリウム血性周期性麻痺	1	1.5

Freestone & Carlson（1991）より引用

(Freestone & Carlson, 1991)。馬の筋障害の多くの症例が，運動に起因するものであることがわかる。

馬に発症する運動性筋障害は種々の病名で呼ばれてきており若干の混乱があるが，ここでは最新の文献に記載されている病名を用いることにする。馬の運動性筋障害として現在までに知られているのは，局所性筋損傷，横紋筋融解症候群およびミトコンドリア筋障害である。

15-1　局所性筋損傷

局所性筋損傷（local muscle strain または tear）は，運動中の筋肉に予期せぬ力が加わったり，引き伸ばされた時に起こるもので，人のスポーツ医学でいういわゆる肉離れに相当し，競技馬に頻繁に発症する筋肉の損傷である。筋損傷は表 15. 2 に示したように，その重篤の程度によりⅠ度～Ⅲ度に分類される（Turner, 1992)。Ⅰ度の筋損傷は，筋の弾性の限界に達するまでに筋が伸展された時に発症し，pulled muscle と

表 15.2　筋損傷の分類

Ⅰ度：pulled muscle
Ⅱ度：partial muscle tear
Ⅲ度：complete muscle tear

Turner（1992）より引用

呼ばれる。Ⅱ度の筋損傷は，筋の弾性の限界を越えて筋が伸展された時に発症し，partial muscle tear（筋の部分断裂）と呼ばれる。このⅡ度の筋損傷では，結合組織と筋線維に部分的に断裂が起こるが，筋の連続性は維持されている。Ⅲ度の筋損傷は筋の完全断裂であり，筋の連続性は完全に失われる重症なもので，complete muscle tear（筋の完全断裂）と呼ばれる。

1）病因

筋損傷の素因として，寒冷，疲労，不十分なトレーニング，不十分なウォーミングアップなどの多くの因子が指摘されている。寒冷時には筋の緊張が増大するが，循環機能は減退する。そのために早期に筋疲労が発現して，共調不能な運動がもたらされることになり筋損傷が発現する。全身疲労と筋疲労は，共に筋損傷の素因となる。筋が疲労すると，運動能力が低下するばかりでなく，筋の弾性も低下するために，筋損傷の危険性が増大する。全身疲労では，運動の中枢神経系の共調不能が起こり，それが筋損傷を起こしやすくする。適正なトレーニングは，運動量を漸進的に増加するように作成されており，その結果，筋肉が発達しそして持久力と回復力が増大する。トレーニングが不十分であると，馬は疲労しやすくなる。ウォーミングアップは，循環機能および筋肉内の老廃物の除去機能を増加させるのに必要である。ウォーミングアップをしないと，筋肉は最大能力を持続することができなくなる。

2）診断

馬の筋損傷は，ほとんど後肢に発症している。背最長筋と殿筋の筋損傷は尻部筋損傷（croup myopathy）と呼ばれ，一方，大腿二頭筋，半腱様筋および半膜様筋の筋損傷は尾側股部筋損傷（caudal thigh myopathy）と呼ばれる。

このような局所筋損傷に伴う跛行の程度は様々である。尻部筋損傷による跛行は比較的軽度であるが，尾側股部筋損傷による跛行は重度である場合が多い。尻部筋損傷を発症した馬は，強拘歩様（stiffness），摺曳（しゅうえい）歩様（toe dragging），または短節歩様（short striding）を示す。このような跛行は，後膝の障害による跛行と混同しやすい。尾側股部筋損傷の馬では，hip hike gait（尻を引き上げる歩様）またはhoof slap gait（蹄を叩きつける歩様）を示す。

I度のpulled muscleの慢性化症例の確定診断は，特に困難である。損傷部の大きさによって腫脹や疼痛が必ずしも発現するわけではない。

屈曲試験によって跛行が増悪することはまれである。筋の損傷部の上を強く圧迫すると疼痛を示し，しかもこの疼痛には再現性がある。尻部筋損傷における疼痛は，腰部，仙結節と寛結節との間，および大転子の上の三つの部位で確認されることが多い。尾側股部筋損傷における疼痛は，尾側仙骨部，大腿骨の第三転子の尾側部，および半腱様筋の筋腱移行部の上で確認される。

筋障害の診断には，血清逸脱酵素活性の測定が有用である。表15.3に，健常例と筋損傷例（筋バイオプシーにより組織学的に損傷を確認された症例）における，運動の4～6時間後の血清クレアチンキナーゼ（CK）活性値を示した。筋線維鞘の透過性は運動時に増大するので，健常例においてもミオグロビン，CK，アスパラギン酸トランスアミナーゼ（AST）などが筋細胞から血清中に漏出するために，運動後の逸脱酵素の活性値は若干増加する。しかし運動時に筋細胞が損傷すると，こ

表15.3　健常例と筋損傷例との運動後の血清CK活性値の比較

運動量	運動後４～６時間のCK活性値（U/ℓ）	
	健常例	筋損傷例
緩徐な速歩（50分）*	60～750	12,390～47,850
最大運動（10分）*	0～180	5,268
最大運動（12分）**	889～1,416	2,788～32,636

＊スタンダードブレッド種，＊＊サラブレッド種
CK：クレアチンキナーゼ，CKの安静時正常値は10～350U/ℓ
Valberg（1996）より引用

れら逸脱酵素量（活性値）は健常例に比べて著しく増加することになる。

さらに，筋バイオプシーの組織学的検査，サーモグラフィ，超音波検査，シンチグラフィなども本症の診断に有用である。

３）治療

本症には，有効な特別な治療法はない。屈腱炎と同様に，pulled muscleでは治癒に時間がかかる。抗炎症剤の投与と運動量の軽減が重要である。非ステロイド系抗炎症剤を投与し，さらに日量１オンス（28.35g）のメチルスルフメトキシン（methylsulfmethoxine）の飼料添加が筋肉の炎症の治療に有効である。運動量については，強度は軽減すべきであるが，運動時間はむしろ長くして，ウォーミングアップとクーリングダウンの時間を長くする。そして運動時には，軽いコンディショニングに集中する。さらに，多くの症例でマッサージ，超音波治療，または鍼療法が有効である。半腱様筋の筋腱移行部の損傷に対しては，脛骨腱を半腱様筋の挿入部で腱切除するのが良い。また鉄臍蹄鉄による装蹄療法が有効な症例もある。

４）予後

尻部筋損傷は60～90日以内に完全に治癒するが，尾側股部筋損傷の

治癒経過は長く1年にも及ぶ。半腱様筋の損傷の治癒過程において，筋腱移行部の線維性短縮を起こした症例（線維性筋障害）では，患肢の歩様が永久的に短縮する。このような症例の歩様を正常に戻すには，半腱様筋の腱切除術が必要である。

15-2　横紋筋融解症候群

馬の横紋筋融解症候群（equine rhabdomyolysis syndrome, ERS）は，以前からタイイング・アップ（tying up），窒素過剰尿症（azoturia），月曜朝病（Monday morning disease），運動性横紋筋融解症（exertional rhabdomyolysis）などの種々な病名で呼ばれてきたものの新しい呼称である。このERSは，以前にはタイイング・アップ症候群（tying-up syndrome）と呼ばれていたが，その後，運動性横紋筋融解症と呼び改められた。さらに最近では，ある種の運動が通常は本症の誘発因子ではあるが，運動自体がいつも発症に関与しているわけでないところから，運動性なる用語を省いて，馬の横紋筋融解症候群と呼ばれるようになった。わが国の競馬界では，ERSに類似の症状を古くから"こずみ"なる厩舎用語で呼んできているが，獣医学的にERSとこずみが一致するか否かは明らかにされていない。

ERSは，文字どおり運動後に横紋筋線維が融解するものであり，競技馬では一般的にみられる筋障害である。従来から，運動後に筋肉痛と筋痙攣を示すすべての馬を同じ病気として扱ってきた。その結果，その原因や療法に関して，臨床上かなりの混乱がみられてきた。

1）病態生理

ERSは，筋線維のうちで主としてTypeⅡ線維（速筋線維）を侵す病気である。これは種々の間隔で再発しやすく，同じ馬でも再発した場合の臨床症状の程度は様々である。一般的には運動が誘発因子であるが，発症前の運動のタイプや種類は，個体間でも同一個体でも異なっている。ERSに罹患する馬には，すでに本症に罹りやすい異常が存在していると考えられている（Harris, 1997）。本症の誘因と素因も，症例によって相違するものと思われる。

ERSの誘因および素因として，炭水化物の過剰給与，局所低酸素症，ビタミンEとセレンの欠乏，代謝経路の異常，生殖ホルモンと甲状腺ホルモンの平衡失調，悪性高熱症様状態，ウイルス性疾病の発症，電解質平衡異常など多くの因子が提唱されてきた。馬の栄養と管理を適正に実施することによって，ERSを予防したり発症を抑えることが可能であると考えられており，栄養と管理は重要な因子である。

2）疫学

ERSはほとんどの品種の馬に，1年のうちのいつの時期でも，そして年齢を問わず発症している。特にトレーニング中の若い雌馬に，より多く発症している。昔は，飼料給与を減らすことなく，ある期間休養した後に運動を課した馬に発症していたが，現在ではそのような症例の報告はほとんどなく，規則的に運動している馬に発症している場合が多い。

最近，スウェーデンのスタンダードブレッド速歩馬についてERS発症例の多形性遺伝標識（polymorphic genetic marker）を検索した研究が報告され，本症の遺伝性を示唆する成績が発表された（Collinder et al., 1997）。

3）予後

ERSの既往歴がない馬は，適正な飼養管理をしている限り，潜在的な誘因（十分に給餌された休養期間の後の運動負荷のような）があっても発症しないことがある。一方，ERSの既往歴のある馬は再発しやすいようである。ERSの再発は，休養から運動に復帰した時期にみられることが多いので，この時期が発症しやすい時期の一つであると考えられている。

4）臨床

ERSは臨床上,急性横紋筋融解症と反復性横紋筋融解症に分けられる。

1．急性横紋筋融解症

良好な競技成績の経歴の馬が，運動後に急性に発症するものである。

1）臨床症状

ERSはその臨床症状から，軽症～重症まで5段階に分類されており，それを表15.4に示した。

運動後に，軽度の硬直（stiffness）を示すものから，横臥してしまうものまで症状の幅は広い。運動時には，完歩幅が短くなり，発汗が顕著となり，呼吸数が増加する。運動を停止すると，運動するのをしぶり，排尿姿勢をとり，重症例ではミオグロビン尿を排尿する。特に殿部で，疼痛性の筋痙攣が認められる。筋肉痛は数時間持続する。耐久レース馬では，頻脈，脱水，超高熱，同期性横隔膜粗動，虚脱などの疲労困憊の症状を示すことが多い。

2）診断

運動後の筋痙攣と筋硬直，および血清中のミオグロビン，CK，乳酸脱水素酵素（LDH）とアスパラギン酸アミノトランスフェラーゼ（AST）の中等度から顕著な増加の病歴をもとに診断する。これらの項目の運動後のピーク値は，ミオグロビンで約5分後，CKで5時間後，LDHで12時間後，そしてASTで24時間後に現れる。

3）治療

治療の目標は，苦悶と筋肉痛を軽減し，体液と酸－塩基の不均衡を矯正し，腎不全を予防することである。脱水している馬には，非ステロイド系抗炎症剤を投与する前に，まず補液療法を行う。ミオグロビンは，特に脱水や抗炎症剤による治療の前には腎毒性である。ミオグロビン尿症の馬では,血液尿素窒素と血漿クレアチンの濃度を監視すべきである。急性横紋筋融解症の馬はアルカローシスを示すので，重炭酸ナトリウム

表 15.4　臨床症状によるERSの分類

臨床症状	1度	2度	3度	4度	5度
運動	硬直，完歩短縮	運動をしぶる	歩行不能	歩行不能，一時的横臥	直に横臥
筋肉	異常なし	しばしば異常なし	±堅固と腫脹，触診をきらう	堅固と腫脹，触診をきらわない	堅固±腫脹
過剰発汗	−	±	+	++	++
脈拍数と呼吸数の異常増加	−	±	++	++	+++
胃腸障害に起因する症状	−	±	+	++	+++
変色尿	−	±	+	++	+++
コメント	他の疾病と混同されやすい				腸内容うっ滞が起こり，ショックとなり，死亡することがある。

−：なし，±：時々発現する，+：通常発現する，++：著しく発現する，+++：過激に発現する

Harris（1997）より引用

の投与ではなく，ブドウ糖添加の等張食塩液または平衡多イオン液の投与が勧められる。疲労困憊した馬が著しく超高熱を示している時には，補液剤を冷して投与したり，また外部冷却をすべきである。横紋筋融解症の重症例では，筋壊死により著しい電解質不均衡を起こすことがあるので，血漿中の電解質を監視する必要がある。

アドレナリン作動性 α 遮断薬であるアセプロマジン（acepromazine）は，苦悶の軽減に有用であり，しかも筋の血流を増加させる。しかし，脱水の症例に対する投与は禁忌である。疼痛の激しい症例には，デトミジン（detomidine）を投与する。非ステロイド系抗炎症剤の高用量投与でも疼痛は軽減する。ジメチルスルフォキシド（dimethyl sulfoxide）の静注（20％以下の溶液として）およびコルチコステロイド投与も急性期には勧められる。

初期の硬直が軽減した後には，常歩の曳き運動をしたり，休養させたりすることが重要である。同時に，飼料を良質の乾草に変える。反復性に発症する馬は，早期に通常の運動に戻す方が良い。

4）病態生理

横紋筋融解症の最も一般的な原因は，激しい運動である。著しい乳酸性アシドーシス（高速運動）または筋細胞内のグリコーゲン枯渇（低速持久性運動）のいずれかの後に，筋細胞内の高エネルギーリン酸塩の欠乏がもたらされる。超高温，筋 pH の低下および ATP の欠乏が，ナトリウム・カリウム，カルシウム・マグネシウム，およびカルシウム・ATPase ポンプのような膜のポンプ機能を阻害する。その結果起こる筋小胞体のカルシウム濃度の増大が，ミトコンドリア呼吸を阻害し，ホスフォリパーゼの活性化により細胞膜を障害し，中性蛋白酵素の活性化により筋原線維を分断し，細胞骨格（cytoskelton）を混乱させるように働く。

2．反復性横紋筋融解症

プア・パフォーマンスの経歴を持つ馬が，軽運動後に横紋筋融解症を反復して発症するものである。アラブ種，スタンダードブレッド種，サラブレッド種などの競技馬が本症に罹患しやすい。本症の臨床症状は，運動後に間欠的にしか現れないが，血漿中の CK が 100 倍にも増加する無症状発症が一般的である。本症は，トレーニングの開始後まもなく初めて確認され，若馬，特に神経質な雌馬にその発症が多い。

以前には乳酸性アシドーシスが本症の原因と考えられていたために，現在でもその治療は乳酸性アシドーシスの改善に向けられており，重炭酸ナトリウムなどが用いられている。しかし，実際には本症は有酸素的運動によって最も多く発症しており，発症時には筋肉内の乳酸濃度は低く，しかも代謝性アルカローシスを示すことが知られている。

本症の誘因として，従来から飼料と運動が重要視されてきた。高炭水化物飼料，ビタミンAとセレン，電解質不均衡，甲状腺機能低下，解糖系酵素の異常など，種々の因子と本症との因果関係について多くの報告がなされているが，現在のところ明らかにされていない。

本症に罹りやすい馬の予防法として，運動と飼料の改善が重要である。運動については，厳格に規則正しい運動を毎日課するようにし，全く運動しない日をなくすことが必要である。飼料については，穀類を最少限にして，良質の乾草ならびにバランスのとれたビタミンとミネラルの添加剤を給与し，カロリーの不足はトウモロコシ油か粉末の脂肪添加剤の形で補う。極度に興奮しやすい馬には，運動前に低用量のトランキライザーを投与する。発情時に発症した雌馬には，プロジェステロンの添加給与が有効である。

15-3　ミトコンドリア筋障害

数分の軽運動後に重篤な運動不耐性を示した1頭のアラブ種の雌馬に対して，ミトコンドリアの呼吸酵素（NADH CoQ 還元酵素）の欠如によるミトコンドリア筋障害のあることが報告されている（Valberg et al., 1994）。現在までこの1例以外に報告はない。本症例では，運動後の血清CK活性値ならびに筋バイオプシー検査によって，横紋筋融解症は否定されている。さらに，運動後の血漿乳酸値は，軽運動にもかかわらず正常値の20倍にも増加していた。

【参考文献】

1）Collinder, E. et al. : Genetic markers in Standardbred trotters susceptible to the rhabdomyolysis syndrome. Equine Vet. J. 29 : 117～120 (1997)

2）Freestone, J. F. & Carlson, G, P. : Muscle disorders in the horse : a retrospective study. Equine Vet. J. 23 : 86 ～ 90（1991)
3）Harris, P. : Equine rhabdomyolysis syndrome. In Robinson, N. E. (ed.) : Current Therapy in Equine Medicine 4. pp. 115 ～ 121, W. B. Saunders Co., Philadelphia (1997)
4）Harris, P. & Dyson, S. J. : Muscle disorders. In Robinson, N. E. (ed.) : Current Therapy in Equine Medicine 4. pp. 121 ～ 124, W. B. Saunders Co., Philadelphia (1997)
5）Snow, D. H. & Valberg, S. J. : Exertional myopathies. In Hodgson, D. R. & Rose, R. J. (eds) : The Athletic Horse. pp. 168 ～ 174, W. B. Saunders Co., Philadelphia (1994)
6）Turner, T. A. : Muscle disorders. In Robinson, N. E. (ed.) : Current Therapy in Equine Medicine 3. pp. 113 ～ 116, W. B. Saunders Co., Philadelphia（1992)
7）Valberg, S. J. : Muscular causes of exercise intolerance in horses. Vet. Clin. North Am. Equine Pract. 12 : 495 ～ 515（1996)
8）Valberg, S. et al., : Skeletal muscle mitochondrial myopathy as a cause of exercise intolerance in a horse. Muscle Nerve 17 : 305 ～ 312 (1994)

16

運動と不整脈

馬は家畜の中でも不整脈の多い動物であることが知られており，古くから不整脈の症例が数多く報告されている（天田，1984）。これらの馬の不整脈のうちのほとんどは，運動により容易に消失する生理的（機能的）不整脈であるが，一部の不整脈は運動によっても消失することなく，運動能力に重大な影響を及ぼす。このような運動能力を減退させる不整脈の代表格が心房細動である。

人のスポーツ医学においても，運動と不整脈との関連は生理学的にも臨床的にも重要な研究課題であり，運動により誘発される不整脈の発生機序，ならびにその臨床的意義や治療などについて研究が進められている（村山ら，1985）。

本章では，馬における不整脈発生の状況，運動との関連，そして運動能力を著しく減退させる代表的不整脈として心房細動の実態について述べる。

16-1　不整脈

1．不整脈の定義

不整脈（arrhythmia）は，字義的には脈拍調律の不整を意味しており，本来は末梢動脈拍動の不整を示す用語である。しかし，この脈拍の不整のほとんどは心臓拍動の異常に起因しているところから，不整脈は心臓拍動の不整と同義的に使われている。したがって不整脈は，「正常な心拍調律から逸脱した状態」として定義付けられている。

心臓が正常に活動している時には，心臓内の洞房結節（sinoatrial node）から一定の範囲の頻度の刺激が発生し，これが心臓内の一定の経路（心臓内刺激伝播経路）を通って心臓全体に伝播してすべての心筋を興奮させて，心房と心室の収縮を起こし血液を拍出する。このような正常な心拍調律を正常洞調律（normal sinus rhythm）という。この正常洞調律から逸脱するすべての異常心拍調律が不整脈に包含される。

したがって，不整脈には数多くの種類が知られており，その発生機序によって，洞結節における刺激生成の異常（洞性頻脈，洞性徐脈，洞性不整脈など），洞結節以外の場所からの刺激の発生（心房性早期収縮，心房頻拍，心室性早期収縮，心室頻拍，心房細動，心室細動など），心臓内における興奮伝導の異常（洞房ブロック，房室ブロック，WPW 症候群など）などに大別されている。人で見出されているほとんどの種類の不整脈が，馬においても発症することが知られている。

不整脈は，日常の臨床において頻繁に遭遇する所見であるにもかかわらず，以前には単に脈拍の不整が発現していると認識される程度で，あまり臨床的には重要視されていなかった。しかし心電図法の導入によって，不整脈の成因と共にその血行動態に及ぼす影響が明らかにされるに従って，不整脈そのものの臨床的意義について臨床家の関心が高くなってきた。

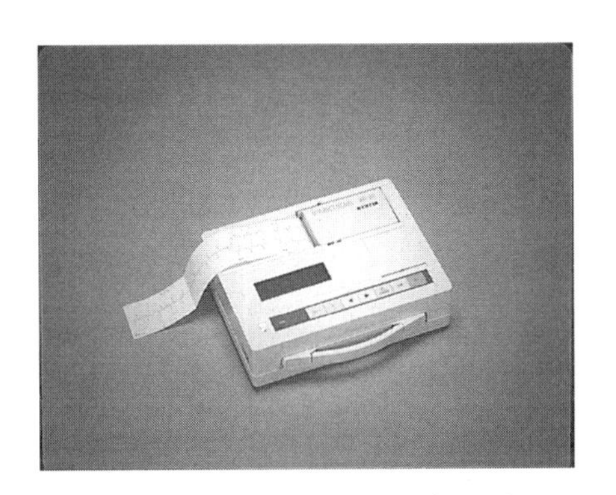

写真 16.1　馬用自動解析心電計
（フクダエム・イー工業㈱，ZH-501）

前述したように，不整脈は心臓における刺激生成および興奮伝導の異常によって発生するものである。したがって，心電図により不整脈を診断するには，心臓についての電気生理学的知識が必要であり，かなりの習熟を必要とする。そこで最近，著者らは不整脈を自動的に解析し診断する馬用自動心電計（写真 16.1）を開発したが，本器機は誘導された心電図棘波を自動的に計測すると共に，不整脈をも自動的に診断するもので，臨床上きわめて有用な器機であると考える。

さらに，安静時に発現する不整脈が運動能力に及ぼす影響を判断するためには，運動負荷時のその不整脈の発現動向を知る必要があり，心電図テレメーターまたはホルター心電計による運動負荷心電図検査が必須となる。

2．馬にみられる不整脈

馬に発症する不整脈については，今までに数多くの報告がある。そのうちから比較的若齢であり，しかも心臓に基礎疾患がないと考えられる現役の競走馬 306 頭の心電図検査によって見出された不整脈 87 例の内

表 16.1　サラブレッド競走馬306頭にみられた不整脈

不整脈	例数	調査306頭に対する頻度
洞房ブロック	6	1.9（%）
第1度房室ブロック	27	8.8
第2度房室ブロック	25	8.2
心房性期外収縮	11	3.6
心室性期外収縮	8	2.6
心房細動	4	1.3
発作性心室頻拍	1	0.3
心房内ブロック	1	0.3
心室内ブロック	4	1.3
計	87	28.4

Steel（1963）より引用

訳を表16.1に示した。この報告における不整脈の発生頻度は28.4％であり，不整脈の種類では房室ブロックの多発が注目される（Steel, 1963）。

このような，馬に発症する種々の不整脈のほとんどのものは，運動負荷またはアトロピン投与により消失するところから，これらは生理的不整脈（physiologic arrhythmias）であると考えられている。この生理的不整脈に属するものは，第1度および第2度房室ブロック，ペースメーカー移動，洞性徐脈などである。特に房室ブロックは結滞脈として聴取され，馬で最も頻度の高い不整脈であり，そのほとんどがWenckebach周期を伴う第Ⅰ型であり，Mobitz型の第Ⅱ型の出現はまれである。これらの馬の房室ブロックは，安静時の迷走神経緊張に起因する生理的現象と考えられている。

一方，運動負荷時にも消失することなく血行動態への影響が大きく，馬のプア・パフォーマンスの原因となる不整脈としては，頻発性上室性期外収縮，上室性頻拍，心房細動，進行性第 2 度房室ブロック，第 3 度房室ブロック，心室性期外収縮，心室頻拍などが知られている。これらプア・パフォーマンスの原因となりうる不整脈のうちで，運動能力の低下が明らかであり，最も重要視されているのが心房細動である。

ほとんどの不整脈は，安静時の心電図検査で検出される。これらの不整脈も運動負荷時に消失するか，存続するか，あるいはさらに増悪するかのいずれかであり，運動時に増悪する不整脈が運動不耐性の原因になりうる。さらに，安静時に全く不整脈がみられない馬でも，運動負荷時に心室性期外収縮や心室頻拍などの不整脈が誘発されることもある。この運動誘発不整脈が頻発する場合には運動不耐性の原因になりうる。

16-2　心房細動

心房細動（atrial fibrillation）は，心房筋の微小部分がきわめて高い頻度で，かつ不規則に興奮する現象であり，そのために心房がポンプ機能として全体的に効果的な収縮を行うことのできない心房機能の異常である。心房細動においては，心室機能それ自体には異常はないが，心房機能の異常により心室拍動のリズムがきわめて不規則になる。その結果，心臓全体としてのポンプ機能は著しく阻害される。

馬の不整脈の中でも心房細動が最も重要視されているのは，心臓病とは全く無縁であると考えられているサラブレッド競走馬やスタンダードブレッド速歩馬がレース中に心房細動を発症して，その競走能力を劇的に減退させるからである。人のスポーツ選手では，この運動誘発心房細動の発生頻度は少なく，特発性運動誘発心房細動（idiopathic exercise-induced atrial fibrillation）は馬に特有な現象であると考えられている。

馬の心房細動は，心電図による心臓病診断の開祖として知られる英国の著名な心臓専門医 Sir Thomas Lewis（1881～1945）によって，1911年にすでに報告されている。それ以来現在にいたるまで，400例にも及ぶ馬の心房細動の症例が報告されており，その中には心臓の基礎疾患に二次的に発症した心房細動も多く含まれている。ここでは，これらのうち主として特発性の運動誘発心房細動の臨床像および病態生理について述べる。

1．発症の状況

著者らは，かつてレース中に発症した心房細動の5症例を報告した（Amada & Kurita, 1975）。いずれの馬も出走前の心臓機能は全く正常であり，レースの途中までは順調に疾走していたが，ゴール前の第4コーナー付近で突然スピードが落ちて馬群から後退し，1着馬から大差で遅れてゴールインした。そしてレース後の心電図検査で，心房細動の発症が確認された。そのうちの1例の心電図を図16.1に示した。本症例は2,000 mレースに出走し，約1,200 m経過した地点で突然スピードが落ち，1着馬から13.8秒も遅れてゴールインした。レース終了後20分の心電図（図16.1－A）では，心拍数126拍/分（2,000 mレース終了後の心拍数の正常値は83±3拍/分である）で異常に高い心拍数を示し，しかも心室性期外収縮の頻発が認められた。100分後の心電図（図16.1－B）では，心拍数は50拍/分以下にまで回復し，f波が明瞭に認められ，心房細動の発症が確認された。これらの5症例は，いずれも発症後2日以内に自然に洞調律に復帰した。このように，発症後間もなく自然に洞調律に復帰するものは，発作性心房細動（paroxysmal atrial fibrillation）と呼ばれる。運動誘発心房細動のほとんどは発作性心房細動である。

しかし，この運動誘発心房細動の一部のものが自然に洞調律に復帰することはなく，治療しない限り心房細動が持続する固定性心房細動

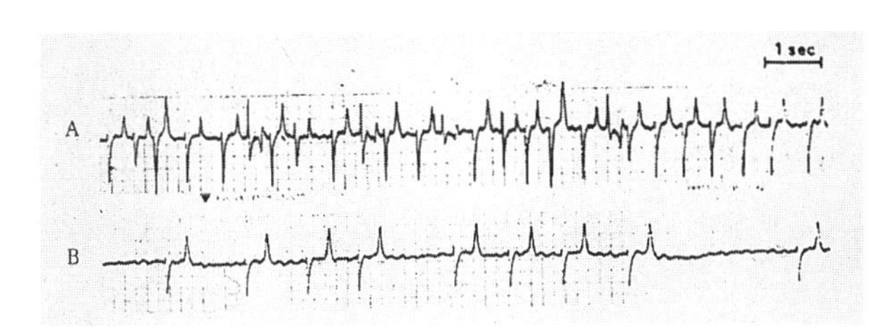

図 16.1　心房細動発症直後の心電図（A-B 誘導）
A：レース終了 20 分後に記録した心電図
B：レース終了 100 分後に記録した心電図

（established atrial fibrillation）に移行する。心房細動が存続している限り，著しい運動不耐性のためにレースに出走することはできない。

運動誘発心房細動の発症は，運動中もしくは運動直後の心電図検査を実施しないと確認できないので，その頻度は明らかではない。レース直後の検査を厳密に実施しているJRAの統計によれば，約4,000頭の在厩馬のうち，1年間に30～40頭の発症が確認されている。運動誘発心房細動における細動の持続時間が数十秒という，きわめて短い発作も記録されており（平賀ら，未発表），レース中に発症してもゴールインするまでに洞調律に復帰する例も数多くあるものと考えられ，実際にはその発症頻度はかなり高いと推察される。

馬の固定性心房細動の頻度についての報告は多数あり，調査対象の相違によって0.2～15％と頻度のばらつきも大きい。そのうち，前述したサラブレッド競走馬306頭を検査した報告では，4頭の心房細動が検出され，頻度は1.3％であった（表16.1）。また，米国ペンシルバニア大学における1970～1979年の10年間の入院馬についての調査では，心房細動の頻度は，18,963頭のうち65頭0.34％であり，品種別ではサラブレッド種0.23％，スタンダードブレッド種0.66％で，後者の方が有意に頻度が高かった（Deem & Fregin, 1982）。

2．臨床症状

心臓の基礎疾患に二次的に発症する心房細動においては，その臨床症状は基礎疾患の重篤度ならびに細動の持続期間に依存する。一方，特発性運動誘発心房細動の臨床症状は比較的軽度であり，聴診で規則性の全くない不整脈として聴取される絶対不整脈（arrhythmia absoluta）が最も重要な臨床所見である。この絶対不整脈は心房細動に特有な不整脈であり，一度聴取すれば決して忘れることのない心拍リズムの不整である。この絶対不整脈に伴って，心音の強さの変動，Ⅳ音（心房音）の欠如，Ⅱ音の時々の欠如，脈圧の強さの変動，脈拍欠損（心拍数よりも脈拍数が少ない現象）などがみられる。

発作性ならびに固定性の心房細動における最も重要な所見は，運動負荷時にみられる運動不耐性である。心房細動の馬では，安静時の臨床症状は絶対不整脈以外は健常馬とほとんど変わりはなく，重大な心臓の異常のあることが信じがたい位であるが，いったん運動を負荷すると顕著な運動不耐性の症状を示す。これは，運動時に増加すべき心拍出量があまり増加しないことが直接的な原因である。さらに，運動時の馬は軽度の運動にもかかわらず時々苦悶の様相を示して立ち止まる場合があり，健常馬のような軽快な走りはみられない。図 16.2 に固定性心房細動症例の運動負荷心電図の一部を示したが，軽い駈歩にもかかわらず心拍数は異常に高く，しかも心室頻拍の short run 型発作の散発が認められる。この心室頻拍の発作時には心拍出量はほとんどなくなり，心室頻拍の発作に同期して，馬が苦悶の様相を表して立ち止まろうとするのがみられた（Amada & Kurita, 1978）。

この心房細動は，運動負荷時にも消失することなく持続し，しかも運動時の心拍数が異常に増加して，260 拍/分にも達する症例のあること（健常なサラブレッド競走馬の最高心拍数は 204 ～ 241 拍/分で平均 223 拍/分である）が知られている（Holmes et al., 1969）。図 16.3 に，除細

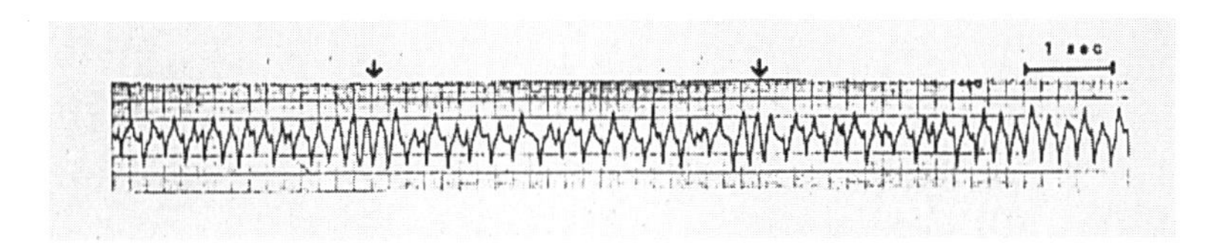

図 16.2　固定性心房細動症例の運動負荷心電図

矢印は心室頻拍の short run 型発作を示す

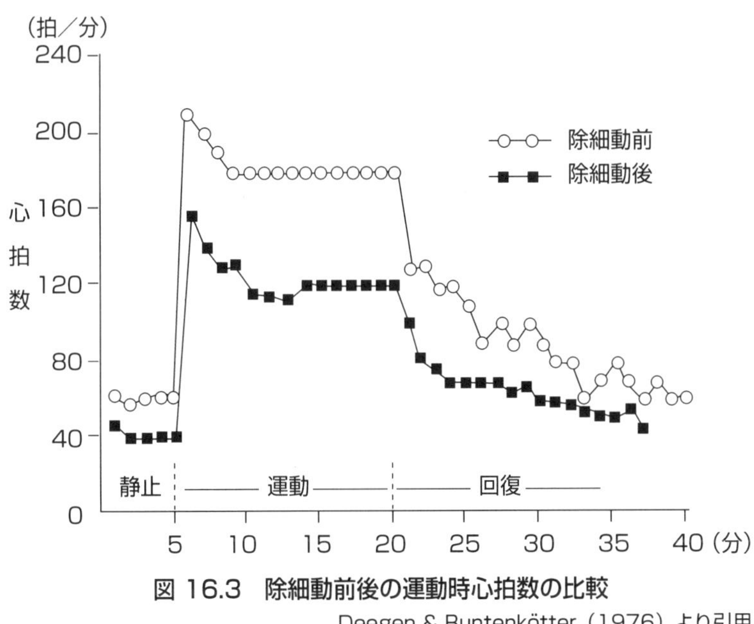

図 16.3　除細動前後の運動時心拍数の比較

Deegen & Buntenkötter（1976）より引用

動前後の運動時の心拍数の推移を比較したダイアグラムを示したが，速歩運動（分速 3.8 ～ 3.9 m）にもかかわらず，洞調律時には 120 拍/分前後の心拍数が，心房細動時には 180 拍/分前後にまで異常に増加している（Deegen & Buntenkötter, 1976）。

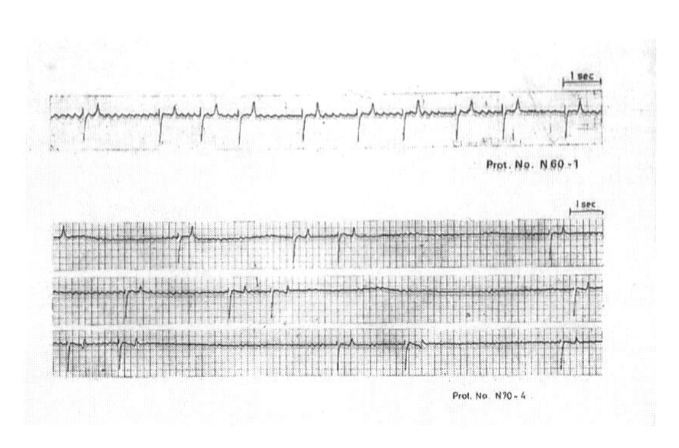

図 16.4　馬の心房細動の心電図

一方，安静時心拍数は，心臓基礎疾患のない特発性心房細動の症例では，健常例の正常範囲（30～50拍/分）にあるが，60拍/分以上の症例では，心臓基礎疾患やうっ血性心不全の存在が疑われる（Reef et al., 1988）。

さらに，心房細動の症例の臨床症状として，運動直後の鼻出血（運動性肺出血）が高率（26％）に発症することが報告されている（Deem & Fregin, 1982）。この心房細動と運動性肺出血との関連性については，心房細動における肺高血圧症が，肺出血を起こしやすくしているものと考えられている。

3．診断

前記の聴診所見（絶対不整脈，脈拍欠損，Ⅳ音の欠如，心音の強さの変動など）によっても，心房細動を十分に疑うことができるが，確定診断は心電図検査によらざるを得ない。心電図による心房細動の診断基準は，①P波の欠如，②f波の出現，③心室拍動リズムの著明な不整であり，この三つの条件がすべてそろった場合に心房細動と診断される。

図16.4に，馬の心房細動の心電図を示した。絶対不整脈に相応するR－R間隔（心室拍動間隔）の不整がまず目につき，さらにP波が欠如

しており，その代わりに心電図の基線が連続的に振動している（f 波）のがわかる。この f 波は，心房が細動することにより出現している波であり，その波の形状，振幅共に変化しており，f 波の数は分当たり 300 ～500 である。この心電図所見から，心房が効率的に収縮することなく，分当たり 300 ～ 500 回の割合で細動を起こしており，そして心室がきわめて不規則に収縮している状態が読み取れる。

4．治療

固定性心房細動の競走馬は，除細動しない限りレースに復帰することはできない。

馬の心房細動の治療には，古くから抗不整脈薬（antiarrhythmic agent）として知られているキニジン（quinidine）が用いられている。人の抗不整脈薬としては種々の薬物が用いられており，心筋の電気生理学作用に基づいて 4 群に分類されている（表 16.2）。キニジンが属するⅠ群は，心筋細胞の Na チャネル抑制を主作用とする薬物であり，Na チャネル依存性の心筋組織（心房筋，心室筋，プルキンエ線維）に対して，活動電位の最大立ち上がり速度（$\dot{V}max$）を減少させ，伝導速度を低下させる。活動電位持続時間（APD）に関しては，Ⅰ群はさらに a，b，c のサブタイプに分類されている。すなわち，Ⅰ-a 群はキニジンに代表される薬物で，APD を延長する。Ⅰ-b 群はリドカインに代表され，APD を短縮する。Ⅰ-c 群は APD の延長は少ない薬物である。

馬の除細動に用いられるキニジンは，マラリアの特効薬キニーネの右旋性異性体で，硫酸キニジンとして投与される。この薬物は水にはかなり溶けにくく，苦味があるので，通常は経鼻食道カテーテルによって投与される。硫酸キニジンの経口投与後（40 ㎎/kg）の薬物動態をみると，投与後の血中濃度は約 2 時間後に最高濃度（平均 2 ㎎/ℓ）に達し，その後漸減し，生物学的半減期（$T_{1/2}$）は 8.1 ± 0.91 時間であった（Kurakane & Amada, 1982）。

表 16.2　抗不整脈薬の分類

分類・主作用		一般名	商品名
class I Naチャネル抑制	I a	quinidine	キニジン
		procainamide	アミサリン
		disopyramide	リスモダン
	I b	lidocaine	キシロカイン
		mexiletine	メキシチール
		phenytoin	アレビアチン
		tocainide*	
		aprindine	アスペノン
	I c	propafenon	プロノン
		flecainide	タンボコール
class II 交感神経遮断 （β受容体遮断）		propranolol	インデラル
		pindolol	カルビスケン
		penbutolol	ベータプレシン
		atenolol	テノーミン
		acebutolol	アセタノール
		metoprolol	セロケン
class III 再分極遅延 （Kチャネル抑制）		amiodarone*	
		sotalol*	
		N−acetylprocainamide（NAPA)*	
		melperone*	
classIV （Ca チャネル抑制）		verapamil	ワソラン
		diltiazem	ヘルベッサー

*わが国では発売されていない　　　Vaughan Williams（1989）より引用

馬の心房細動の治療に必要な硫酸キニジンの投与量は細動の持続期間に依存しており，発症後できるだけ早期に治療すれば，10～30 g の少ない投与量でほとんどの症例が除細動に成功する。一方，発症後長期にわたって細動が持続した慢性化症例では，除細動までに大量のキニジン投与が必要であり，しかも除細動の成功率は必ずしも高くはない。

キニジンは強力な除細動作用を有するが，一方種々の副作用のあることも知られている。特にキニジンの持つ迷走神経抑制作用（vagolytic effect）は重大であり，房室結節伝導およびα－アドレナリン受容体が遮断されて，房室ブロック，血管拡張，低血圧（血管性虚脱）が発現する。その他，じん麻疹，胃腸障害（食欲不振，疝痛，下痢），鼻粘膜の紅斑と浮腫（呼吸困難を伴う），蹄葉炎，うっ血性心不全，急死などの副作用が知られている。

キニジン中毒は，心電図のQRS群の持続時間の延長として現れるので，投薬後の心電図の監視が重要であり，QRS群持続時間が投薬前の25％以上に延長するようになったらキニジン投与を中止すべきである。心電図棘波の測定はかなりの習熟が必要であり，この除細動治療における心電図の監視には，前述の馬自動解析心電計の導入が勧められる。

馬の除細動のための硫酸キニジンの投与方法としては，Detweiler と Patterson（1972）の方法が一般的である。すなわち，

第１日目：５ｇ（test dose）

第２日目：10 ｇ×３，３時間間隔

第３日目：10 ｇ×４，２時間間隔

第４日目：第３日目に同じ

４日間投与でも除細動されない場合には，さらに投与量を慎重に増やしていく。第１日目の test dose は，キニジンに対する過敏症の有無を検査するために投与するものである。

図16.5に，硫酸キニジンの10 ｇの１回投与の28分後で除細動された症例の，除細動時の心電図を示した。投薬後，ｆ波の波形が大きくなりかつその数が減少し，粗動波（Ｆ波）の様相を呈するようになる。同時に心室拍数が増加しその間隔が規則正しく出現するようになり，Ｆ波が分当たり200以下に減少すると，突然，心房波と心室波が連結して洞調律に復帰している。

除細動に成功して正常の洞調律に復帰しても，心臓機能が完全に正常

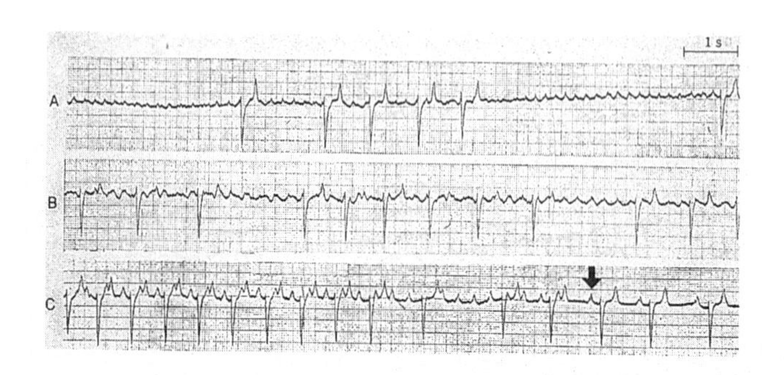

図 16.5　硫酸キニジン 10 g 投与後 28 分で除細動された症例の心電図
A：投与前の心電図，B：投与後 20 分の心電図，C：除細動時（矢印）の心電図

に戻るには若干の時間が必要であるが，その期間は基礎疾患の状態および細動の持続期間に依存する。運動負荷心電図ならびに心エコー図の検査で異常所見がなければ，トレーニングへの復帰も可能である。

5．病因

心房細動は，心房内を刺激が絶えず旋回しているというきわめて特異な現象で，その発生機序は古くからの医学界における重大なテーマであり，膨大な研究が積み重ねられてきた。そして現在では，心房細動は心房における異所性刺激（心房性期外収縮）によって発生し，リエントリー（reentry）によって維持されるものと考えられている（Abildskov et al., 1971）。リエントリーとは，心房筋の不応期の長さが心房の微小部分毎にそれぞれ異なるような状態において，心房筋の興奮が心房内を絶えず旋回する現象である。したがって，心房細動が維持されるためには，心房筋の不応期が不均一になること，ならびに心房組織がある程度大きいことの二つの条件が必要である。

心房細動の発端機序としての心房性期外収縮の原因は，必ずしも明らかではないが，心房筋の器質的損傷や虚血が異所性中枢になるものと考えられる。さらに心房細動の維持機序としての心房の大きさについては，軽種馬の心房が十分に大きいことが広く認められており，また心房筋の不応期が不均一になる条件として，運動時の心房筋各所の虚血が関連するものと考えられる。

【参考文献】

1）Abildskov, J. A. et al. : Atrial fibrillation. Am. J. Cardiol. 28 : 263 ～ 267 (1971)

2）天田明男：ウマの心房細動について．家畜の心電図 No.11 ：1 ～ 16 (1978)

3）天田明男：競走馬の心臓．Jpn. J. Sports Sci. 3 ： 56 ～ 63（1984）

4）天田明男：不整脈．澤崎坦（監修）：家畜の心疾患．275 ～ 332 頁，文永堂，東京（1984）

5）Amada, A. & Kurita, H. : Five cases of paroxysmal atrial fibrillation in the racehorse. Exp. Rep. Equine Hlth Lab. No. 12 : 89 ～ 100 (1975)

6）Amada, A. & Kurita, H. : Treatment of atrial fibrillation with quinidine sulfate in the racehorse. Exp. Rep. Equine Hlth Lab. No. 15 : 47 ～ 62 (1978)

7）Deegen, E. & Buntenkötter, S. : Behaviour of the heart rate of horses with auricular fibrillation during exercise and after treatment. Equine Vet. J. 8 : 26 ～ 29 (1976)

8）Deem, D. A. & Fregin, G. F. : Atrial fibrillation in horses : A review of 106 clinical cases, with consideration of prevalence, clinical signs, and prognosis. J. Am. Vet. Med. Ass. 180 : 261 ～ 265 (1982)

9）Detweiler, D. K. & Patterson, D. F. : Atrial fibrillation. In Catcott, E. J. & Smithcors, J. F. (eds) : Equine Medicine and Surgery. 2nd ed. pp. 316 ～ 319, American Veterinary Publications Inc., Wheaton (1972)

10）Holmes, J. R. et al. : Atrial fibrillation in the horse. Equine Vet. J. 1 : 212 ～ 222 (1969)

11）Kurakane, E. & Amada, A. : Pharmacokinetic studies on quinidine sulfate orally administered in horses. Bull. Equine Res. Inst. No. 19 : 59 ～ 68 (1982)

12）Lewis, T. : Irregularity of the heart's action in horse and its relationship to fibrillation of the auricles in experiment and to complete

irregularity of the human heart. Heart 3 : 161 ～ 171 (1911/12)
13) Marr, C. M. & Reef, V. B. : Cardiac arrhythmias. In Robinson, N. E. (ed.) : Current Therapy in Equine Medicine 4. pp.137 ～ 156, W. B. Saunders Co., Philadelphia (1997)
14) Mitten, L. A. : Cardiovascular causes of exercise intolerance. Vet. Clin. North Am. Equine Pract. 12 : 473 ～ 494 (1996)
15) 村山正博ら：運動と不整脈．内科 56 ： 289 ～ 294（1985)
16) Reef, V. B. et al. : Factors affecting prognosis and conversion in equine atrial fibrillation. J. Vet. Intern. Med. 2 : 1 ～ 6 (1988)
17) Steel, J. D. : Studies on the Electrocardiogram of the Racehorse. Australasian Medical Publ. Co., Ltd, Sydney (1963)
18) Vaughan Williams, E. M. : Classification of antiarrhythmic actions. In Vaughan Williams, E. M. (ed.) : Antiarrhythmic Drugs. pp.45 ～ 67, Springer-Verlag, Berlin (1989)

17

運動性肺出血

競走馬のレース終了後や，輓馬の重労役後に鼻血がみられることはかなり古くから知られていた。1681年に英国で出版された獣医学書に，馬の鼻出血について記載されている。そして，1883年に出版された英国のW. Robertson教授による“A Text-Book of the Practice of Equine Medicine”には，この激運動後の鼻出血が肺毛細血管のうっ血に起因すると述べられている。このように，欧米の馬の研究者たちは早くから運動性鼻出血が肺に由来するものであり，しかもプア・パフォーマンスに関連するものとして重大な関心を持って研究を進めてきた。そして，その病名も鼻出血（epistaxis）から運動性肺出血（exercise-induced pulmonary hemorrhage）という用語が用いられるようになった(Pascoe et al., 1981)。

一方，わが国の競馬界では，最近まで本症を鼻出血と呼び，鼻腔または副鼻腔からの出血と考えられていた。人のスポーツにおいても鼻出血が日常的にみられるが，これらはいずれもキーゼルバッハ部位（Kiesselbach area）と呼ばれる鼻中隔の前下部から出血するものであって，肺からの出血ではない。したがって，この運動性肺出血は馬に特有な現象であり，多くの馬の研究者から多大な関心を持たれている課題である。本章では，馬の運動性肺出血の臨床像について概説すると共に，その病因について現在の考え方を紹介する。

17-1　臨床像

1．定義と臨床症

運動性肺出血は，激運動後に気管気管支樹（tracheobronchial tree）内にみられる出血と定義されており，病名または症候群名というよりは臨床症状名である。競走馬の下気道の内視鏡検査により，多くの馬が運動性肺出血を発症していることが確認されているが，これら運動性肺出血の症例のうち鼻出血を認める症例は1～10％と比較的少数である。馬の頚部や胸部を血液で汚したり，騎手が血を浴びたりする場合もある。運動性肺出血における鼻血は，馬が頭を低く下げた時だけにみられるのが普通であり，気道分泌物に僅かに血が混じる程度のものから，鼻孔から点々としたたり落ちるものまで様々である。

ここで参考までに，馬の鼻出血の症例を出血部位別に分類した成績を表17.1に示した（Cook, 1974）。1963～1973年の10年間に診察した鼻出血の馬174例を，出血部位別に分類して表示したものである。鼻出血を示した馬の多くは，運動との関連性がなく安静時に出血する特発出血（spontaneous hemorrhage）であり，それらの出血部位は，肺膿瘍による出血1例を除いてすべて鼻腔，副鼻腔と篩骨迷路，および耳管憩室（喉嚢）からの出血であった。そして，運動性肺出血による鼻出血の症例はほとんどが競走馬であり，耐久レース馬，障害飛越馬，ポロ競技馬な

表 17.1　10年間に検査した鼻出血174症例の出血部位

出血部位	例数（%）	運動との関連
鼻腔	17（10.0）	運動と特に関連なく，主として安静時に出血する特発出血
副鼻腔と篩骨迷路	47（27.0）	
耳管憩室	59（34.0）	
肺（多発性肺膿瘍）	1（0.6）	
肺	50（28.4）	競技またはレース後にのみ出血
	174（100.0）	

Cook（1974）より引用

ども含まれており，いずれも過激な運動後に鼻出血が認められたという。

このように運動性肺出血は激運動の結果として発症するものであり，肺出血もしくは鼻出血以外の臨床症状は運動不耐性に関連するものである。レースやトレーニングの途中で馬のスピードが遅れたり，停まったりするプア・パフォーマンスの徴候がみられたり，また運動時の異常な呼吸音が騎手から報告されることがある。喉頭部まで移動してきた血液は，頻繁な嚥下によって除去されるが，このような嚥下運動にも厩務員や調教師が気付く場合もある。本症に関連して咳が発現することもあるが，一般に咳は気道内の異物や分泌物を除去するための防御反応であり，非特異的反応である。運動性肺出血で咳をしている馬の内視鏡検査では，呼吸器粘膜の炎症，または吸入された微粒子の存在，特に咽頭粘膜や気管気管支気道内に付着している，馬場表面からの土または芝のいずれかが見出されることが多い。咳によって，気管内の血液はさらに頭側の管腔の周辺に噴霧される。

さらに，運動性肺出血の馬の中には，運動直後に呼吸困難または努力呼吸（labored breathing）を示すものがいる。このような異常呼吸を示す場合は，肺実質，胸膜下腔，あるいは胸膜腔内のいずれかに広範囲な出血が起こっていることを示唆するものである。呼吸器感染症，特に肺炎や胸膜肺炎の馬では，運動直後に努力呼吸が増悪することが時折あるが，このような場合には，馬は種々な窮迫症状を示すことが多く，直ちに獣医師の診察を必要とする。

運動性肺出血により馬の運動能力が明らかに低下する場合もあるが，ほとんど影響を受けない場合もある。運動性肺出血による運動能力の制限効果の，信頼性のある指標は知られていない。内視鏡検査による気道内の血液量と運動能力の指標との関連性は認められていない。

2．診断

運動性肺出血の確定診断には，運動後の気管気管支気道内の血液の直接的検出，または呼吸器分泌物内のヘモジデリン食細胞（hemosiderophage）の確認のいずれかが必要である。ヘモジデリン食細胞は，運動性肺出血以外に気道や肺胞に出血する疾病においても出現するので，運動性肺出血に特異的な診断法ではない。

1）内視鏡検査

鼻出血，プア・パフォーマンスなど運動性肺出血を疑う競走馬に対しては，レースの60～90分後に下気道の内視鏡検査によって，気管内の血液を確認する。この血液は，4～6時間後まで検出可能である。運動性肺出血の疑いが強いにもかかわらず，運動の60分後の内視鏡検査で気管内に血液を検出できない場合には，さらに1時間後に再検査することが勧められている。

北米では，運動性肺出血の予防のためにフロセミド（furosemide）のレース前投与が試みられており，その効果を調査するためにレース後の内視鏡検査が励行されている。

2）細胞学的検査

内視鏡検査ができない場合には，気管気管支分泌物内の組織学的検査が勧められている。ヘモジデリン食細胞は，ペルルスのプルシアンブルー染色（Perls' Prussian blue stain）のような鉄色素を選択的に染色する特殊染色を用いることによって検出されやすくなる。レース終了後にサラブレッド競走馬の気管支肺胞洗浄検査（bronchoalveolar lavage）を実施した報告では，レースにおいてプア・パフォーマンスの徴候がなかったにもかかわらず，90％の被検馬からヘモジデリン食細胞が検出され，運動性肺出血の発症が示唆されたと報じている（McKane et al., 1993）。

運動性肺出血を発症した馬の気管気管支洗浄液には，好中球や好酸球もごく一般的に検出されることが報告されている（Whitwell & Greet, 1984）。運動性肺出血におけるヘモジデリン食細胞，好中球，好酸球の3種の細胞の相互関係については明らかにはされていないが，好中球と好酸球が出現することは，肺に炎症が共存するものと考えられる。

3）X線検査

胸部X線検査は，肺膿瘍，胸膜滲出液，肺炎などの肺疾患の診断には有用であるが，運動性肺出血の診断にはさほど有用ではない。運動性肺出血を発症した馬のX線検査で，肺の後背葉において間質の密度がかろうじて識別できる程度に増していたとの報告がある（O'Callaghan et al., 1987）。

3．剖検所見

運動性肺出血の症例の中には，まれに致命的な症例があり，その剖検所見が報告されている。肺の横隔膜葉（後葉）の後背部が出血の原発部位であり，後葉の背側半分の範囲内の背方かつ側方の部位に，青褐色に変色した領域が認められる。さらに，気管支動脈の増生，すなわち血管新生（neovascularization）が認められており，肺の出血領域はもっぱらこの気管支動脈から血管の供給を受けている（O'Callaghan et al., 1987）。

これら肺の出血領域の組織学的検査では，主として細気管支炎ならびに線維性結合組織の増生が認められたと報告されている（O'Callaghan et al., 1987）。

4．治療

運動性肺出血に対する処置は，もっぱら本症の予防に向けられてきたが，予防法の有効性はほとんど示されていない。本症の発症原因を理解することなく，予防薬の使用を正当化することは困難である。今まで提案されてきた薬物の中では，利尿薬，β_2－アドレナリン作動性受容体作用薬，ホルモン，凝固剤，造血剤，および加熱水蒸気が最も頻繁に用いられている。

運動性肺出血の予防のために，最も一般的に投与されている薬物は，利尿薬であるフロセミドである。フロセミドが用いられている根拠は，運動性肺出血が肺水腫の結果として発症するとの考え方があるからである。しかし，激運動している馬に肺水腫が起こるという証拠は知られていない。現在は北米とカナダの競馬において，競馬統轄機関の規制管理のもとに，レース前のフロセミドの投与が認められており，レースの3～4時間前に，0.3～0.6㎎/kgを静注されている。しかし，フロセミドを投与された馬のうち少なくとも半数の馬に運動性肺出血の発症が確認され（Pascoe et al., 1981），本症に対するフロセミドの予防効果は疑問視されている。しかし，フロセミドの前処置により，肺からの出血量が減少したとの報告もある（Pascoe et al., 1992）。

フロセミドの血行動態に対する効果について，運動により誘発される肺動脈圧，肺動脈楔入圧，そしておそらく肺毛細管圧の上昇を有意に抑制するといわれており（Manohar, 1992），このような効果が肺出血量の減少をもたらしているものと考えられる。

フロセミド以外にも運動性肺出血の予防処置として，馬房内の空気中浮遊刺激物の除去，レース前の馬の曳き運動の実施，副交感神経遮断性またはβ_2－アドレナリン作動性の気管支拡張剤の投与，結合型卵胞ホルモン投与，血液凝固剤，アスピリン，ヘスペリジン－生体フラボン類の添加給与，飽和水蒸気療法などが知られているが，これらの効果は明らかにされていない。さらに，運動性肺出血の発症に際して，機械的因子も重要な役割を果たしていると考えられているので，気道内圧の変化を減少させたり（気管支拡張剤），血管内圧の変化を減少させたり（利尿剤），肺組織の過伸展を減少させたりするすべての処置は，肺出血の発症率や出血の程度を抑制するはずである。

17-2　疫学像

1．発症率

レース後の内視鏡検査により，各種の競走馬の運動性肺出血の発症率を調べた研究は数多くあり，主なものを表17.2に示した。発症率はスタンダードブレッド速歩馬が約30％，クォーターホースが60％，そしてサラブレッド競走馬が75％とされている。トレーニング運動後に2回続けた内視鏡検査により，95％の高い発症が認められたとの報告もある（Burrell, 1985）。サラブレッド競走馬において，予想以上の高率で本症が発症していることは注目すべきことである。運動性肺出血のうち鼻出血が発現するのは発症例の13～15％程度であり，運動性肺出血の症例のうち一部のものに鼻出血がみられるにすぎない。

2．年齢および性別との関係

一般的には，運動性肺出血の発症率に性差はないとされている。クォーターホースでは，騸馬よりも雄馬の方が発症率が高く（Hillidge et al., 1986）。さらに加齢と共に発症率が高くなることが報告されている（Raphel & Soma, 1982）。

3．競走能力との関係

運動性肺出血が競走能力に及ぼす影響は症例によって様々であり，明

表 17.2　各種競走馬の運動性肺出血の発症率

品　種	検査頭数	肺出血検出頭数（発症率）	鼻出血発現頭数（発現率）	報 告 者
サラブレッド	1,180	497 (42.1%)	15 (3.0%)	Pascoe & Wheat (1980)
サラブレッド	191	147 (76.9%)	13 (9.0%)	Raphel & Soma (1982)
サラブレッド	19	18 (95.0%)		Burrell (1985)
クォーターホース	231	144 (62.0%)	12 (8.0%)	Hilledge et al. (1984)
スタンダードブレッド	249	66 (26.5%)	9 (13.6%)	Pascoe & Wheat (1980)
耐久レース（100マイル）	10	0 (　0%)		Sweeney & Soma (1983)

らかに影響を受けるものもあるが，全く影響を受けないものもある。また，レースにおける着順と本症との関係を調べた報告でも，明らかな関連性は認められていない（Pascoe et al., 1981）。レース距離や馬場の相違を調整した，競走タイムに及ぼす運動性肺出血の影響を統計学的に詳細に調べた研究では，運動性肺出血を発症した時のレースタイムは明らかに肺出血の影響を受けていると報告されている（Soma et al., 1985）。

17-3　病因論

運動性肺出血の原因および病因論については，未だ明らかにされていない。出血部位が肺であることが確認されてからこの20年間に，病因論について多くの説が提唱されてきた。そのうち主な仮説について説明する。

1．慢性肺疾患説

1974年，英国のCookは，慢性気管支炎や肺気腫のような慢性肺疾患に罹患している馬に運動性肺出血が発症するとし，これら慢性肺疾患に発現する気管支痙攣をその原因であると提唱した。しかしその後，慢性肺疾患において認められる気管内の粘液または膿性粘液物質の存在と運動性肺出血との関連性を調べた幾つかの研究によって，この慢性肺疾患と本症との関連性は否定されている。

2．肺過伸展説

1980年，米国のRobinsonとDerksenは，運動性肺出血は不顕性気道閉塞のために同時に換気しない肺領域に対する過度な伸展によって発症する，との説を発表した。馬は側副換気（collateral ventilation）が十分ではないので，不同時性の領域での肺胞圧の変動が著しく大きく，そのために肺実質の引き裂きや毛細血管の破裂が起こりやすいという。

3．凝固障害説

1983年，米国のBaylyらは運動により誘発される凝固障害（coagulopathies）が，運動性肺出血の原因であるとの考えを発表した。さらに，健常馬に比べて肺出血陽性馬の運動後の血小板粘着性が，明らかに低下していたことを報告した。

4．上気道閉塞説

サラブレッドの90％以上の馬が，ある程度の反回神経障害（recurrent laryngeal neuropathy）を有するとの報告（Duncan et al., 1977）をもとに，Cookら（1988）は，この反回神経障害による環椎後頭骨関節の伸展不全が鼻咽頭の開通性を減少させることになり，上気道閉塞によって運動性肺出血が発症するとの仮説を発表した。上気道閉塞により，吸気時の気道内の陰圧がさらに増強されることになり，激運動時に発現する肺高血圧と相まって，肺胞毛細血管膜を横切る圧勾配が増大して，肺胞壁の出血を引き起こすことになるという。

5．肺毛細血管機械的破損

米国カリフォルニア大学医学部のWestら（1993）は，運動性肺出血の肺組織の電顕像の詳細な検索により，肺毛細血管の機械的破損（微小破裂）の所見と肺胞間腔内への赤血球流出を見出し，この肺毛細血管の機械的破損（stress failure of plumonary capillaries）が運動性肺出血の原因であるとの説を提唱した。

肺胞毛細血管膜は毛細血管内皮，間質および肺胞上皮からなり，その機械的強度は間質内のⅣ型コラーゲンに依存している。この肺胞毛細血管膜が著しく薄いのがウサギであり（0.535 μm），肺血圧が高くなると毛細血管は肺胞腔内に膨らみ，壁内外圧差（毛細血管圧－肺胞圧）が40㎜Hgを越えると，肺毛細血管壁が破裂する。一方，犬の肺胞毛細血管膜は厚く（0.759 μm），68㎜Hg以上の壁内外圧差がかかると膜が破裂する。馬の肺胞毛細血管膜の厚さは約0.930 μmであるが，厚さは一定でなく，薄い部分と厚い部分がある。薄い部分に機械的な力がかかると，破損を起こす確率が高くなる。馬の肺毛細血管が機械的破損を起こす圧は知られていないが，激運動時に肺血圧が最大（約95㎜Hg）になった場合には，機械的破損が起こりうるものと考えられる。

この説はかなり説得力があるものと考えられているが，運動性肺出血が肺の後背部に限定して発症することを説明することができない。静水圧により，最大の血管内圧は肺の腹側部でみられるはずである。しかし，肺における血流量は，その後背区域で高いという報告もあり，ここで重要な測定値は毛細血管内圧よりも壁内外圧差である。激運動時には，横隔膜と腰部の筋肉との間に肺胞が圧搾されるので，肺の後背部の壁内外圧差が実際にはかなり高くなっているものと考えられる。

競技動物の中で，馬は激運動時に低酸素血症になりやすい唯一の動物である。すなわち，馬の肺胞毛細血管膜は十分なガス交換をするには厚すぎるし，肺毛細血管圧の上昇に対し保護するには薄すぎるという矛盾を抱えている。このことは，競走馬の心肺の血管系が，哺乳動物としての生理的限界に近づいてきている証拠とも考えられている。

【参考文献】

1) Bayly, W. M. et al. : Effects of furosemide on exercise-induced alterations in haemostasis in Thoroughbred horses exhibiting post-exercise epistaxis. In Snow, D. H. et al. (eds) : Equine Exercise Physiology. pp.64 ~ 70, Granta Editions, Cambridge (1983)
2) Bayly, W. M. et al. : Exercise-induced alterations in haemostasis in Thoroughbred horses. In Snow, D. H. et al. (eds) : Equine Exercise Physiology. pp.336 ~ 343, Granta Editions, Cambridge (1983)
3) Burrell, M. H. : Endoscopic and virological observations on respiratory disease in a group of young Thoroughbred horses in training. Equine Vet. J. 17 : 99 ~ 103 (1985)
4) Cook, W. R. : Epistaxis in the racehorse. Equine Vet. J. 6 : 45 ~ 58 (1974)
5) Cook, W. R. et al. : Upper airway obstruction (partial asphyxia) as the possible cause of exercise–induced pulmonary hemorrhage in the horse : An hypothesis. J. Equine Vet. Sci. 8 : 11 ~ 26 (1988)
6) Duncan, I. et al. : A correlation of the endoscopic and pathologic changes in sub-clinical pathology of the horse's larynx. Equine Vet. J. 9 : 220 ~ 225 (1977)
7) Harkins, J. D. et al. : Exercise-induced pulmonary hemorrhage : A review of the etiology and pathogenesis. Equine Pract. 19 : 22 ~ 28 (1997)
8) Hillidge, C. J. et al. : Sex variation in the prevalence of exercise – induced pulmonary hemorrhage in horses. Res. Vet. Sci. 40 : 406 ~ 407 (1986)
9) Lekeux, P. & Art, T. : Exercise-induced pulmonary hemorrhage. In Hodgson, D. R. & Rose, R. J. (eds) : The Athletic Horse. pp.113 ~ 116, W. B. Saunders Co., Philadelphia (1994)
10) McKane, S. A. et al. : Equine bronchoalveolar lavage cytology : survey of Thoroughbred racehorses in training. Austral. Vet. J. 70 : 401 ~ 404 (1993)
11) O'Callaghan, M. W. et al. : Exercise-induced pulmonary haemorrhage in the horse : results of a detailed clinical, post mortem and imaging study. Ⅱ. Gross lung pathology. Equine Vet. J. 19 : 389 ~ 393 (1987)
12) O'Callaghan, M. W. et al. : Exercise-induced pulmonary haemorrhage in the horse : results of a detailed clinical, post mortem and imaging study. Ⅲ. Subgross findings in lungs subjected to latex perfusions of the bronchial and pulmonary arteries. Equine Vet. J. 19 : 394 ~ 401 (1987)

13) O'Callaghan, M. W. et al. : Exercise-induced pulmonary haemorrhage in the horse : results of a detailed clinical, post mortem and imaging study. V. Microscopic observations. Equine Vet. J. 19 : 411 ~ 418 (1987)
14) O'Callaghan, M. W. et al. : Exercise-induced pulmonary haemorrhage in the horses : results of a detailed clinical, post mortem and imaging study. VI. Radiological/pathological correlations. Equine Vet. J. 19 : 419 ~ 422 (1987)
15) Pascoe, J. R. & Wheat, J. D. : Historical background, prevalence, clinical findings and diagnosis of exercise-induced pulmonary hemorrhage (EIPH) in the racing horse. Proc. Ann. Conv. Am. Ass. Equine Practnrs. pp. 417 ~ 420 (1980)
16) Pascoe, J. R. et al. : Exercise-induced pulmonary hemorrhage in racing Thoroughbreds : A preliminary study. Am. J. Vet. Res. 42 : 703 ~ 707 (1981)
17) Pascoe, J. R. et al. : Efficacy of furosemide in the treatment of exercise-induced pulmonary hemorrhage in Thoroughbred racehorses. Am. J. Vet. Res. 46 : 2000 ~ 2003 (1985)
18) Pascoe, J. R. : Exercise-induced pulmonary hemorrhage. In Beech, J.(ed.) : Equine Respiratory Disorders. pp.237 ~ 252, Lea & Febiger, Philadelphia (1991)
19) Pascoe, J. R. : Exercise-induced pulmonary hemorrhage. In Robinson, N. E. (ed.) : Current Therapy in Equine Medicine 4. pp.441 ~ 443, W. B. Saunders Co., Philadelphia (1997)
20) Raphel, C. F. & Soma, L. R. : Exercise-induced pulmonary hemorrhage in Thoroughbreds after racing and breezing. Am. J. Vet. Res. 43 : 1123 ~ 1127 (1982)
21) Robinson, N. E. & Derksen, F. J. : Small airway obstruction as a cause of exercise-associated pulmonary hemorrhage : An hypothesis. Proc. Ann. Conv. Am. Ass. Equine Practnrs. pp. 421 ~ 430 (1980)
22) Soma, L. R. et al. : Effects of furosemide on the racing times of horses with exercise-induced pulmonary hemorrhage. Am. J. Vet. Res. 46 : 763 ~ 768 (1985)
23) Sweeney, C. R. & Soma, L. R. : Exercise-induced pulmonary haemorrhage in horses after different competitive exercises. In Snow, D. H. et al. (eds) : Equine Exercise Physiology. pp.51 ~ 56, Granta Editions, Cambridge (1983)
24) Sweeney, C. R. : Exercise-induced pulmonary hemorrhage. Vet. Clin. North Am. Equine Pract. 7 : 93 ~ 104 (1991)
25) West, J. B. et al. : Stress failure of pulmonary capillaries in

racehorses with exercise-induced pulmonary hemorrhage. J. Appl. Physiol. 75 : 1097 ～ 1109 (1993)

26) Whitwell, K. E. & Greet, T. R. C. : Collection and evaluation of tracheobronchial washes in the horse. Equine Vet. J. 16 : 499 ～ 508 (1984)

18

運動中の突然死

競走馬が晴れの舞台であるレース中に，突然くずれるように倒れてそのまま死亡することが時たまみられることがある。このような運動中（レース中もしくはトレーニング中）の競走馬の突然死は頻繁に発生するものではないが，いったん発生すると突然死を目撃した大観衆ならびに関係者にきわめて重大な衝撃をもたらすことになる。

人のスポーツにおいては，ジョギングやランニングをはじめ各種スポーツが隆盛になるに従って，新聞紙上などで運動中の突然死や，学童の体育授業中の死亡などが報道されるケースが増えてきており，社会的関心の的となっている。

競走馬の運動中の突然死の症例については，臨床的に基礎疾患の存在が明らかでない場合が多く，実際にはそのほとんどは急性心不全として処理されてきている。本章では，この競走馬の運動中の突然死について，文献に報告されてきた知見を中心に，その実態について述べると共に，原因を究明するための方策について解説する。ここでは，競走馬に多発している運動器の事故による安楽死については除外することにする。

18-1　定義とその原因

1．定義

人の突然死（または急死，sudden death）は，WHOの定義によれば予期せぬ急性発症後24時間以内の死とされている。しかしその定義は，報告者により6時間以内あるいは1時間以内に死亡したものといったように一定ではない。

一方，馬の突然死については，いわゆる“突然死”と“発見死(unexpected deathまたはfound dead)”とを区別して定義されている。“突然死”は明らかに健康であった馬が人々の目前で急死する場合に用いられ，目撃者もいるので死亡の状況は明らかである。一方，“発見死”は死亡する前に明らかな臨床症状もしくは外傷が認められていた馬が，注意深く毎日診察されていないために，誰も知らないうちに急死して，死後に発見された場合に用いられ，死亡時に目撃者がいないために死亡時の状況は不明である（Lucke, 1987)。

2．原因

1）突然死の原因

特に運動中と限定されない一般的な馬の突然死については，種々の原因が知られており，表18.1に器官別に原因を列挙した。これら一般的な馬の突然死では，死因を検索された症例のうちの少なくとも30％の馬については，その原因を説明することはできないという。

本章の主題である運動中（含運動直後）の突然死は，臨床的にはきわめて健康であり，しかも運動に関してもきわめて優れた能力を有していると考えられるサラブレッド競走馬が突然死するだけに，死因を説明し

表 18.1　突然死の原因

心血管系	
致死的不整脈	肉眼的剖検所見から立証不能。顕微鏡的心筋病変は健常馬にも存在するので，決定的な証拠とはならない。
重度の急性心筋壊死	イオノホア抗生物質（特にモネンシン）の経口摂取に関連があり，診断は剖検所見と飼料分析による。
僧帽弁腱索断裂	ルーチンの剖検では，腱索の急性病変は見逃されることがあり，実際の発症率は不明。
大血管破裂	繁殖シーズンの初めに，交尾または交尾後の老齢の種雄馬に発生。最多発部位は上行大動脈。
末梢血管病変	骨盤骨折後に後肢の主要な血管破裂が発症。また，原因不明の腹腔内または胸腔内の大量出血が競走馬で報告。
呼吸器系	
肺出血	運動性肺出血による突然死。
気胸	きわめてまれに発症し，通常は胸部外傷または穿通創に続発的に発症するが，剖検で見逃されやすい。
急性肺水腫または気管支痙攣	種々の薬剤の血管内注射後の過敏症様反応と考えられる。病変は最小であり，病歴は危篤である。
胃腸系	
最急性疝痛	下痢が進行することなく急死することが時折ある。病変は液状の腸内容物が入った大腸壁の水腫と点状出血である。
神経系	
外傷	頭骨または脊椎の骨折。すべての中枢神経系の外傷は骨折の続発症ではない。出血と神経組織の挫傷が呼吸停止と死をもたらす。
その他	
落雷電撃，電気殺 銃創	証拠が間接的な場合が多く，病変がない。事件を目撃されていれば診断は容易であるが，目撃者がないと困難。
毒物と有毒植物	目撃者がいれば原因解明は容易である。

Brown & Mullaney（1991）より引用

得るような剖検所見が明らかにされない場合が多い。したがって，その原因解明も容易ではなく，事後処理にも特殊な面倒な問題が伴いやすい。競走馬の突然死は，大観衆が見守るレースにおいて発生するために，その衝撃の大きさはもとより，原因究明を求められる担当獣医師に対する圧力は多大なものである。この競走馬の運動中の突然死については，後程詳細に述べる。

表 18.2　発見死の原因

心血管系	
血管破裂	外傷または骨折に伴う中等大の血管の破裂。数時間にわたり失血が続く。 喉嚢の真菌感染に続発する内頚動脈の動脈瘤の破裂。 老齢の経産雌馬における分娩後の中子宮動脈の破裂。まれに外傷後に続発する脾破裂。
胃腸系	
内臓破裂	胃破裂。著しく発酵した飼料の過剰摂取後，または飲水後に著しく乾燥した飼料を摂取した後に起こる。また，胃の運動が著しく減退する場合（例，急性牧草病），または胃内容を排出する際に閉塞がある場合に胃破裂が起こる。胃潰瘍も破裂の素因となる。 盲腸破裂，非ステロイド系消炎剤の使用は素因となる。 繁殖雌馬の分娩後に起こりやすい。
急性腸炎	最急性または急性の炎症性胃腸疾患では，急激に致死的エンドトキシンショックが起こる（例，急性サルモネラ症）。剖検所見と培養所見が重要である。
解剖学的異常	転位または腸閉塞が重篤な病態生理学的変化をもたらし，数時間以内に死亡。
呼吸器系	
最急性肺炎	まれに発症後24時間以内に死亡するが，初期症状は気付かれることなく，ストレスまたは運動により急性増悪と死を早める。
喉頭水腫	明らかにまれに発症
神経系	
急性髄膜炎	まれに発症
筋骨格系	
運動性横紋筋融解症	未治療の極端な症例で，重篤な病態生理学的変化が進行して，死に至る。
クロストリジウム属筋炎	通常は筋肉内注射または刺創から続発。ほとんどの馬は 2 ～ 3 日以内に死亡するが，死後発見されることも時折ある。
その他	
銃創	故意による発砲では，頭か心臓に銃創があり，診断は容易である。事故または故意による胸部または腹部への発砲は診断が困難である。銃弾の侵入部位は被毛で隠れており，内部の弾道を追跡するのは困難で，弾丸は筋腹または内臓内にとどまっている。
熱射病	温暖な気候ではまれであるが，暑い日に換気の悪い部屋に閉じ込められると，死亡する。剖検所見は非特異的。
毒物と有毒植物	潜在的には多くの毒物や有毒植物があるが，実際に遭遇するのは僅かなものである。

Brown & Mullaney（1991）より引用

2）発見死の原因

表 18.1 に示した突然死の原因の中には，当然発見死の原因も含まれる。しかし，発見死の症例は生前に何らかの臨床症状を示しているので，

その原因も多岐にわたっている。参考のために，今までに知られている発見死の原因を表 18.2 に示した。発見死の症例についても，少なくとも 30％の症例の原因は説明できないという。

18-2　運動中の突然死

ここで取り扱う突然死は，運動中もしくは運動直後に発生する急死に限定するものである。

競走馬が運動中に突然死すると，担当獣医師はその原因についての説明を求められるが，ルーチンの剖検では病変が検出されない場合が多い。外傷が認められない場合には，ドーピングとの関連が疑われることが多い。しかし，今までの報告例からみると，人の場合と同様にそのほとんどは心血管系の異常によるものと考えられている。

人のスポーツ医学においても，運動中の突然死は重大な問題であり多くの報告があるが，参考までに，米国で突然死したトップレベルの運動選手 29 例についての報告（Maron et al., 1980）を紹介する。29 例中 22 例が激しい運動中またはその直後に突然死を来たしており，表 18.3 に示すようにその剖検所見では，29 例中 1 例を除くすべてに心血管系異常が認められている。

1．原因

運動中の馬の突然死についての報告症例はあまり多くないので，報告者別にその内容を紹介する。英国の Platt（1982）は，ニューマーケットの馬事研究所（Equine Research Station）において，1966 ～ 1981 年の間に剖検された突然死および発見死の 69 例の剖検所見を報告した。この 69 例のうち運動中の突然死は 24 例で，年齢は満 1 ～ 8 歳でほとんどが 3 ～ 4 歳の若齢であった。それらの剖検所見を表 18.4 に示した。これら 24 例のほとんどの馬は，レースまたはトレーニングによる激運

表 18.3　人の運動選手の突然死29例の剖検所見

心血管系疾患が確実なもの	22例
肥大性心筋症	14
冠動脈硬化	3
左冠動脈開口部奇形	3
大動脈破裂	2
心血管系疾患が多分あると思われるもの	6例
特発性求心性左室肥大	5
冠動脈低形成	1
心血管系疾患がないもの	1例

Maron et al.（1980）より引用

表 18.4　英国馬事研究所で剖検された
馬の運動中の突然死24例の所見

心血管系の病変	5例（37.5%）
弁膜の病変	2
寄生虫性冠動脈栓塞	2
末梢血管の破裂	5
骨折に続発する末梢血管の破裂	6例（25.0%）
特発性突然死	9例（37.5%）

Platt（1982）より引用

動中もしくは運動後に瞬間死もしくは転倒後数分以内に死亡しており，軽運動中に急死したものはわずかに2例であった。

剖検所見では，死因と考えられる病変が認められたのは15例（62.5%）であり，残りの9例（37.5%）は重要な病変のない特発性突然死であった。病変が認められた15例はいずれも心血管系の病変であり，そのうちの6例は外傷（骨折）により二次的に引き起こされた末梢血管の破裂による失血死であった。したがって，心臓の病変に起因する

表 18.5 米国シカゴの競馬場で運動中に突然死したサラブレッド競走馬21例の剖検所見

死因が判明した症例	8例（38%）
胸部または腹部の大量出血	6
重度の肺疾患（胸膜炎）	1
脳炎・心臓乳頭筋の線維化	1
死因が不明の症例	13例（62%）

Gelberg et al.（1985）より引用

突然死は24例中4例（16.6％）であり，弁膜病変と冠動脈の栓塞であった。さらに末梢血管の破裂は，中子宮動脈，内回腸動脈，門脈などからの出血であった。残りの9例の特発性突然死の原因については，肉眼的病変は認められなかったが，報告者は急性心不全によるものであろうと推察している。

米国のシカゴにある3つの競馬場において，4年間に発生したサラブレッド競走馬の突然死25例の剖検所見についてのGelbergら（1985）の報告では，突然死した25例のうちレース中またはトレーニング中に突然死したのは21例であり，年齢は満2～5歳であった。これら運動中の突然死21例の剖検所見を表18.5に示した。21例のうちで死因を説明し得るに十分な病変が認められたのは，わずかに8例（38％）であった。そのうちの6例に，胸部（4例）または腹部（2例）に大量出血が認められた。胸腔内に出血がみられた1例では出血量が4 ℓ，腹腔内に出血した1例では20 ℓであったという。しかし，いずれの例も出血した血管を特定することはできなかった。胸膜炎の症例からは，*Streptococcus zooepidemicus*が分離された。脳炎の1例には，側脳室の脈絡叢に大きなコレステリン腫（cholesteatomas）がみられた。剖検によっても死因を説明し得る病変が認められなかった馬が13例（62％）

あったが，これらの症例の病因について報告者は，心臓内に分布しているプルキンエ線維が虚血状態になると異所性刺激中枢に変わり，それが致死性不整脈を引き起こす原因となり，急性心不全（不整脈死）により死亡したものと推察した。そして，致死的不整脈を引き起こすような心筋病変は，通常の剖検では検出することはできないと述べている。

日本におけるサラブレッド競走馬の心臓性突然死10例の詳細な心臓病理学的検索所見は，Kiryuら（1987）により報告されている。これら10例のうちレース中（またはトレーニング中）もしくはその直後に急死したのは8例であった。いずれの馬も運動中に突然に転倒し，全身に発汗し，呼吸が速迫して数分以内に死亡した。

剖検時の肉眼所見では，右心房の分界溝に近接する心房筋の病変，重度の内臓水腫，胸膜下斑状出血などが認められた。心臓の病理組織学的検査では，心房内の洞房結節，房室結節ならびに類プルキンエ細胞（Purkinje-like fiber）の近辺に限局性の心筋線維化病変が認められた。この心筋線維化巣に存在する小動脈や細動脈の血管壁は水腫性粗鬆化，水腫性空胞化，内皮細胞の腫脹，管腔の狭小化などの血管変化（microvascular alterations）を示しており，これら血管変化によって起こる心筋の虚血性変化が心筋線維化を起こすこと，そして，この心筋線維化病変が致死的不整脈の発現に関与しているものと推論した。

Brownら（1988）は米国ミシガン州立大学で1968～1984年に検索された馬とポニーの突然死49例と発見死151例の計200例の記録を報告した。突然死49例のうち，レース中もしくはその直後に急死したのは24例であった。この24例の剖検所見を表18.6に示した。心臓に明らかな病変（心室中隔欠損）がみられたのは1例だけであり，運動性肺出血による突然死が7例，そして剖検により病変が認められなかったものが9例（37.5％）もあった。

さらに，米国ペンシルベニア州の2つの競馬場において，1981～

表 18.6　米国ミシガン州立大学で記録されている
馬の運動中の突然死24例の所見

死因が判明した症例	15例（62.5%）
運動性肺出血	7
中枢神経系の出血	2
頚部の出血	2
頭骨骨折	1
薬物の副作用	1
心室中隔欠損	1
び漫性出血	1
死因が不明の症例	9例（37.5%）

Brown et al.（1988）より引用

1983年の間にレース中またはトレーニング中に突然死した11例の競走馬の剖検所見についての遡及調査（retrospective study）の成績を，Gunsonら（1988）が報告した。11例のうち9例が運動性肺出血による急死，残りの2例はいずれも競走中の事故によるもので，1例は恥骨骨折による内腸骨動脈の破裂による失血死であり，もう1例は頚椎骨折による脊髄圧迫が死因であった。心臓病変は全く検出されなかった。運動性肺出血により突然死した9例には，肺血管の重度のうっ滞，および肺胞，気道，間質，胸膜下織への出血が認められたと報じた。

以上，運動中の馬の突然死について，今までに報告された論文のうちの主要なものについて紹介した。剖検により死因が明らかにされたもののほとんどは心血管系の病変によるものであり，大動脈，肺動脈，または腹部血管（中子宮動脈，腸間膜動脈など）などの血管壁の破裂による出血，腱索の断裂，心膜炎，心室中隔欠損，心筋炎などが報告されている。さらに競走馬に特有な現象として，運動性肺出血による突然死も注目されている。

いずれの報告においても，剖検により死因を説明し得る病変が検出されない症例が約30～60％もある。これらの症例の死因については，いずれの報告者も発作性心室頻拍，心室細動，心停止などの致死的不整脈(fatal arrhythmia) 発現の可能性を指摘している。

この運動中の致死的不整脈の発生による不整脈死は，人のスポーツ医学においても重要な課題となっている。人の運動中の突然死は，現場に医師がいることは少なく，死亡時の状況は不明な点が多いが，ほとんどが瞬間死であり，このことから心臓，特に不整脈が原因であろうと考えられている。運動中に馬が突然死する瞬間の心電図が記録されることは滅多にないので，不整脈死を関係者に説得することは容易ではない。しかし，最近の不整脈学の進歩により，人において運動時に不整脈死を起こしやすい心臓の基礎疾患がかなり明らかになってきた。すなわち，肥大型心筋症，心筋炎，QT延長症候群，WPW症候群などの基礎疾患を持った症例において，運動中に致死的不整脈が発生しやすいことが認められている。しかし，このような心臓の基礎疾患のない健常なスポーツ選手の運動中の突然死についても報告されてきており，これらの不整脈死との関連性についても最近話題になってきている。

2．突然死の対策

レース中またはトレーニング中の競走馬の突然死は全く予期しない急死であるので，現場ではかなりの混乱が起こる。ここでは，突然死が発生した場合にとるべき対策について述べる。

1）病歴調査

突然死の症例の死因究明のために，病歴調査はきわめて重要である。長年，主治獣医師の管理下にあった症例では，詳細な病歴や飼養管理状況を知ることは容易である。しかし，最近になって入手した馬が突然死した場合や，突然死に伴う現場の混乱から，関係者からの病歴や飼養管理の調査が十分にできない場合もある。このような困難があっても，忍耐強く十分に調査すべきである。飼養管理の調査では，特に飼料や運動についての最近の状況を詳細に調べる必要がある。

競走馬のレース中の突然死では，ドーピングとの関連性が疑われる場合があるが，その場合には厩舎内の人間関係についての慎重な調査も必要になる。

2）死亡状況の調査

馬が運動中に突然死した場合には，騎手をはじめ必ず目撃者がいるので，死亡の状況を詳細に調査することができる。特に転倒から死亡に至るまでの時間や，その間の馬の状態の変化を詳細に聴き出すべきである。

3）剖検

病歴や死亡状況の調査だけでは，突然死の原因を説明することはできないので，通常は剖検が必要である。しかし，急死した馬への感傷から，馬主が剖検の承諾をしぶる場合がある。獣医師は，死因を究明するために，剖検が必要なことを強く要請すべきである。

剖検は設備のある剖検室で行い，効率的にしかも迅速に剖検するには，剖検に熟達したスタッフ達により検査されることが望ましい。剖検はそれぞれの臓器別に実施し，肉眼所見の要旨を直ちにまとめる。肉眼検査によっても死因が不明な場合には，病理組織学的検査や病原微生物学的検査のための試料を採取する。突然死の原因として心臓病変が疑われる場合が多いので，心筋や刺激伝導系の病変を検索するための多数の組織片を採取すべきである。

3．突然死の予防対策

競走馬の運動中の突然死は，生前に臨床的に異常所見が検出されていないので，その予防も容易ではない。普段より問診，聴診，心電図検査などを励行し，異常所見を見つけた時には，直ちに詳細な検査を実施する。ここでは，不整脈死の予防対策について述べる。

競走馬は，安静時の心電図検査で種々の不整脈が認められる。これら安静時の不整脈が，運動中に致死的不整脈に移行するかどうかが重要である。さらに安静時に異常な心電図を示さないが，運動中もしくは運動直後に致死的不整脈を発現することもある。したがって，運動負荷心電図検査（テレメーター心電計もしくはホルター心電計による）が不可欠な検査となる。現在のところ，馬の不整脈の予知対策はこの程度であるが，人で実用化されている房室ブロックにおけるブロック部位の診断，洞機能不全におけるoverdrive suppression test，プログラムされた電気刺激による心室頻拍誘発試験，心室遅延電位の検出などの電気生理学的検査が導入されるようになれば，馬の不整脈死の予知の可能性が高くなるものと考えられる。

【参考文献】

1）Brown, C. M. & Taylor, R. F. : Sudden and unexpected death in adult horses. Comp. Cont. Educ. Pract. Vet. 9 : 78～85 (1987)

2）Brown, C. M. et al. : Sudden and unexpected death in horses and ponies : an analysis of 200 cases. Equine Vet. J. 20 : 99～103 (1988)

3）Brown, C. M. & Mullaney, T. P. : Sudden and unexpected death in adult horses and ponies. In Practice 13 : 121～125 (1991)

4）Buergelt, C. D. : Sudden death. In Colahan, P. T. et al. (eds) : Equine Medicine and Surgery. 4th ed. pp.40～41, American Veterinary Publ., Inc., Goleta (1991)

5）Gelberg, H. B. et al. : Sudden death in training and racing Thoroughbred horses. J. Am. Vet. Med. Ass. 187 : 1354～1356 (1985)

6）Cuncon, D. E. et al. : Sudden death attributable to exercise－induced pulmonary hemorrhage in racehorses : Nine cases (1981～1983). J. Am. Vet. Med. Ass. 193 : 102～106 (1988)

7）飯田　要，杉下靖郎：運動選手の突然死．総合臨床　40 : 1016～1020 (1991)

8 ） Kiryu, K. et al. : Cardiopathology of sudden cardiac death in the race horse. Heart & Vessels Suppl. 2 : 40 ～ 46 (1987)
9 ） Lucke, V. M. : Sudden death. Equine Vet. J. 19 : 85 ～ 86 (1987)
10） Maron, B. J. et al. : Sudden death in young athletes. Circulation 62 : 218 ～ 229 (1980)
11） 村山正博：スポーツと心臓事故．循環科学 2 ： 1008 ～ 1013（1982)
12） 小沢友紀雄：突然死と不整脈．治療 70 ： 2395 ～ 2403（1988)
13） Platt, H. : Sudden and unexpected deaths in horses : A review of 69 cases. Br. Vet. J. 138 : 417 ～ 429 (1982)

19

過度の暑熱ストレスによる熱障害

一般に，馬のように体容積の割に体表面積が大きく，しかも発汗機能の発達した動物は，熱の放散能が大きいために，暑熱ストレスに対する耐性が強いものと考えられている（Bianca, 1968）。しかし，高温多湿の環境下で長時間，運動を課せられると，馬の体温調節機能は破綻して超高熱（hyperthermia）の状態となり，熱中症（heat attack）と呼ばれる一連の熱障害を引き起こす。馬の熱中症には，消耗性疾病症候群，同期性横隔膜粗動，熱射病，無汗症などの熱障害が知られている。これらの障害では症状がしばしば重なり合うため，はっきりした境界はない。本章では，暑熱下の運動によって発症する馬の種々の熱障害の発症機序や臨床像について述べる。

19-1　消耗性疾病症候群

暑熱下に長時間にわたり最大下運動を負荷すると，馬は大量の発汗によって水分と電解質を喪失して，体温調節機能が著しく阻害されるようになる。特に，暑熱下に長時間にわたり運動を課せられる耐久レース馬では，重篤な脱水が発症して，これが血液量減少性ショック（hypovolemic shock）の発現に進行することがある（Rose et al., 1979；Carlson, 1987)。このような重篤な脱水症に，エネルギー枯渇と著しい疲労が組み合わされた状態は，一般的には熱疲労または熱ばて（heat exhaustion）といわれているもので，消耗性疾病症候群（exhaustive disease syndrome）と呼ばれる（McConaghy, 1994)。

1．体液組成に対する発汗の影響

体重450～500 kgの健常馬の体内全水分量は約300 ℓであり，約200 ℓの細胞内液と約100 ℓの細胞外液から構成されている（Rose, 1981)。体内水分は細胞内液と細胞外液との間を自由に移動しており，その分布は交換性陽イオンの含量に依存している。細胞内液の主要な陽イオンはナトリウムであり，そして細胞外液はカリウムである。電解質の組成が明らかに異なっているにもかかわらず，細胞内液と外液の容積モル浸透圧濃度（osmolarity）は同様に維持されている。

細胞外液の主要な構成成分は，血漿，間質液，リンパ液および細胞通過液（大部分は胃腸液）である。汗は間質液から供給されており，発汗時には間質液の容量を維持するために，血漿および細胞液が間質腔へ移動する。したがって，運動時の発汗によって，細胞外液と内液の両方が激減することになる。耐久レースで起こるような40 ℓもの水分損失は，細胞内液と細胞外液の両方からもたらされており，体内全水分量の15％以上の水分が損失することになる。

馬では，胃腸液から20 ℓもの水分を吸収することによって，血漿量を維持している（Carlson, 1987）。このことは，耐久レースにより体重が30～40 kg減少した馬のヘマトクリットおよび全血漿蛋白量が若干減少していることにより説明される（Carlson, 1983）。

水分損失に伴って電解質の損失も起こる。暑熱下の馬の長時間運動時に，発汗に伴う電解質の損失により血漿中の塩素，カリウム，カルシウムおよびマグネシウムが減少する（Lucke & Hall, 1980）。汗からの塩素の損失はナトリウムの損失よりも20％多く，その結果血漿中の塩素の減少が最大であり，カリウム濃度は中等度減少し，ナトリウム濃度の減少は僅かである（Snow et al., 1982）。細胞内液が25 ℓ 損失すると，約4,000mmol（mEq）の塩素を欠損することになる（Carlson, 1983）。電気的中性化を維持するために，低塩素血症は血漿中の重炭酸塩濃度の増加をもたらし，その結果，代謝性アルカローシスを誘発する。さらに，中等度の代謝性アルカローシスが，発汗により二次的に塩素イオン枯渇を起こすことがしばしばある（Rose et al., 1979）。

2．病因論

水分と電解質のバランスが大きく崩れると運動能力に悪影響を及ぼし，致命的代謝状態に陥ることもある（Williamson, 1974）。膜電位の制御，筋の収縮，神経伝導および酵素反応にとって電解質は不可欠であり，これらの電解質は運動の生理的過程において中心的役割を演じている。細胞内液のナトリウムは，細胞内液量の重要な決定因子であるので，発汗によるナトリウム欠損は血漿量の減少をもたらす（Rose, 1981）。ナトリウム欠損に脱水が重なると，血漿量の減少，血液粘度の増大，不十分な組織灌流，および非能率的な酸素と基質の運搬がもたらされる。これによって腎機能が阻害されて，部分的な腎機能停止が起こる（Rose et al., 1977）。低ナトリウム血症では，Na^{+}，Ca^{++}，ATPaseの抑制によって間欠的な筋痙攣が発現する。人の重篤な低ナトリウム血症では，疲労，下痢，中枢神経系の症状，筋痙攣などが発現するが，馬でも同様の症状が現れる。

カリウム枯渇は，膜電位を変化させて，カテコールアミンに対する血管平滑筋の反応を減退させるので，末梢血管拡張と中心循環血液量の減少が起こる。このことは，超高熱に関連して低カリウム血症と酸素要求量の増大によってすでに影響を受けている心臓に対して，さらなる負担を課することになる。低カリウム血症はまた，ネフロンに対して直接的に病的影響を及ぼすので，腎不全へと進行することもある。

運動中のカリウム，塩素，カルシウムおよびマグネシウムの枯渇に関連する代謝性アルカローシスは，膜電位と神経筋伝達を変化させ，胃腸うっ滞，不整脈，筋痙攣および同期性横隔膜粗動を引き起こす。

脱水症は，皮膚血流量と発汗量の減少により，蒸発冷却の効率の明らかな低下をもたらし，その結果，核心温度の上昇を起こす。脱水は，熱障害の発現にとって最も重要な素因である。人では，脱水症は皮膚血流量と発汗反応を減退させるため，体温調節機構とグリコーゲン貯蔵の枯渇によるエネルギー利用の両方に影響を及ぼし，体温と心拍数の過剰な上昇をもたらす。馬においても，脱水症は人と同様の影響を及ぼすようであり，超高熱を引き起こし，中枢神経系の障害が生じる。

エネルギー枯渇，電解質損失，酸-塩基平衡異常および脱水が組み合わされることによって，胃腸機能と中枢神経系機能の両方が変化し，その結果，損失した水分を自発的に補充する能力が減退する。これらの変化による不都合な結末を避けるには，医学的介入が必要となる。

3．臨床症状

患馬は著しく意気消沈した状態になり，食欲や飲水欲が減退する。皮膚の緊張感の減退，くぼんだ目，乾燥した粘膜，硬く乾いた糞便，尿量の減少などの脱水症状がみられる。直腸温は40～42℃にも上昇することが多い。呼吸性熱損失のために呼吸数が増加する。心血管系では，毛細血管充満時間の延長，脈圧と頸静脈膨張性の低下および不整脈が認められる。腸内容うっ滞は，腹鳴の減退および肛門音の消失と共に一般的に認められる。筋痙攣が発現することが多く，同期性横隔膜粗動に進行する症例もある。

種々な重篤な合併症が，熱疲労の1～数日後に発症することがある。臨床症状の発現時に直ちにしかも十分な治療を施さない場合に，このような合併症が発現しやすい。合併症として，運動性横紋筋融解症，腎不全，肝機能不全，胃腸機能不全，蹄葉炎，中枢神経系の障害，さらにへい死が報告されている。これら合併症発症の危険性を除くには，熱疲労発現時の集中的な早期の治療が必要である。

4．臨床病理学的変化

熱疲労に罹患した馬のヘマトクリット値は45％の正常値から60％にも上昇し，脱水を示唆する臨床病理学的変化が認められる。血漿蛋白濃度は，正常値72～82 g／ℓに対して100～120 g／ℓにも達する。血液所見では，核左方変位の未分化好中球の増加によるストレス性好中球増多，リンパ球減少および著しい好酸球減少が認められる。

電解質変化は主として低塩素血症であり，血漿塩素濃度は80～90mmol/ℓまで低下することが多い。さらに中等度の低カリウム血症および高ナトリウム血症または低ナトリウム血症が認められる。カルシウムとマグネシウムは減少傾向を示し，これが同期性横隔膜粗動の発現の一因になると考えられている。

血漿内のクレアチンホスホキナーゼ（CK），乳酸脱水素酵素（LDH），アルカリホスファターゼ（ALP）およびアスパラギン酸アミノトランスフェラーゼ（AST）の活性値の上昇が認められる。運動性横紋筋融解症に進行すると，CK，AST およびLDHは著しく上昇する。血漿中のクレアチニン，尿素およびビリルビンは耐久運動中に一時的に増加するが，腎障害が発現するとこれらの増加が持続する。

表19.1に，消耗性疾病症候群5頭の馬の血液の臨床化学ならびに電

表19.1 消耗性疾病症候群の血液の臨床化学と電解質所見（5頭の平均値）

	平均値±標準偏差	正常範囲
クレアチンキナーゼ（IU/ℓ）	612±440	2～24
アスパラギン酸トランスフェラーゼ（IU/ℓ）	1,858±1,857	220～360
アルカリホスファターゼ（IU/ℓ）	846±616	140～400
ビリルビン（mmol/ℓ）	80.4±37.6	0～34.2
血中尿素窒素（mmol/ℓ）	4.3±3.6	0.8～1.9
Na（mmol/ℓ）	131±2.8	132～146
K（mmol/ℓ）	2.7±0.8	3.0～5.2
Cl（mmol/ℓ）	78±15	94～104
Ca（mmol/ℓ）	2.62±0.14	2.8～3.4
pH（静脈血）	7.494±0.032	7.320～7.440
PCO_2（mmHg）	42±4	35～44
HCO_3（mmol/ℓ）	36±6	20～28
塩基平衡	8.3±4.2	−3～+3

Freestone（1995）より引用

解質の測定値の平均値を示した。これらの馬はいずれも意気消沈し，心拍数と呼吸数が増加しており，血液検査により電解質の異常が認められた（Freestone, 1995）。

5．治療

早期治療により，消耗性疾病症候群の重症度を軽減し得る。耐久騎乗のコースでは，チェックポイントでの獣医師による検査において症状が最初に気づかれる。患馬は，意気消沈，疲労，著しい脱水，心拍数，呼吸数と直腸温の持続的上昇などの症状を示す。十分に調整された馬は良好な体温調節機能を獲得しており，運動の約30分後の心拍数は55拍/分以下に，呼吸数は25回/分以下に，そして直腸温は39.5℃以下にまで回復している。心拍数，呼吸数と直腸温が有意に上昇したままの馬は，運動を続けることを禁止すべきである。

軽症の馬は休止，冷水をホースでかける，日陰に駐立させる，自発的な飲水，などの単純な処置によって回復する。馬には少量の冷水を頻回供給し，さらに嗜好性飼料を給与すべきである。このような軽症の馬は，完全に回復するまで厳密に監視する必要がある。

直腸温が著しく上昇（40.5℃以上）した馬は，可及的速やかに冷却されるべきである。冷水をホースでかける，オープンスペースにおける自然のそよ風による換気，または扇風機を用いることによって，対流と蒸散による熱損失が促進される。頭，頚および両後肢間の皮下の大血管を冷却するように，特に留意すべきである。日陰，冷たい空気流および冷水によって，放射性，蒸発性および対流性の熱損失が劇的に増大する。冷水浣腸および経鼻胃カテーテルによる水分注入は，核心温度の低下に有効である。

補液療法は不可欠な療法である。長時間の運動後に脱水症になった馬は，自発的飲水により水分損失の62％が補充されるだけである。自発的飲水の主要な動因は，容量枯渇とナトリウム濃度である。血漿ナトリウム濃度は正常値の範囲内にあることが多いので，これが自発的飲水の要求を減退させる。水分不足を十分に補給するには，積極的補液療法が必要である。発汗損失に関連するすべての欠損を水だけで補給すると，低ナトリウム血症と低塩素血症が悪化するので，補液には血漿と類似の組成の液を用いるべきである（Carlson, 1987）。

重篤な症状を示すか，30分以内の保存療法に反応しない馬には，補液療法を直ちに開始すべきである。経鼻胃カテーテルを用いて，30～60分間隔で8ℓの等張液を必要に応じて頻回投与する。重篤かつ急性症例で，疝痛が存在するか腸閉塞である場合には静脈内注入が望ましい。

補液の投与量，投与速度および投与経路は症状の重症度に依存する。必要な投与量は50ℓまでであり，5～10ℓ/時間の流速で投与する。重症例では，約4,000mmolのナトリウム不足があるので，30ℓのリンゲル液が必要である。同期性横隔膜粗動や胃腸アトニーが発現する症例では，カルシウムの静脈内注射が有効である。カルシウム注射は，ボーラス注射でなく緩徐に注入すべきであり，心拍数や心拍リズムの変化を監視しながら慎重に注入する。心拍数は最初は緩徐になり，第2度房室ブロックや心室早期収縮のような不整脈が出現する。心拍数が増加したり，不整脈が発現したりしたら注入を中止すべきである。

静脈内補液には，20mmol/ℓ塩化カリウムと塩化カルシウムまたはグルコン酸カルシウムを補強した0.9％食塩水を用いる。これによって，水分の電解質の平衡異常，同期性横隔膜粗動および胃腸の閉塞が改善される。40ℓ以上の補液量が必要である。筋色素尿症や腎障害がある場合には，利尿を誘発するためにより大量の補液が必要である。

治療効果は，粘膜色調と毛細血管充満時間の改善，および脈圧の増加として現われる。動物の態度が改善され，胃腸運動の回復によって食欲が出てくる。飼料を摂取するようになれば，電解質欠乏も改善される。

本症候群に罹患した馬は，12～24時間は輸送すべきではない。輸送では著しく筋が活動するので，さらに病状が悪化して運動性横紋筋融解症，蹄葉炎や腎不全に進行する危険性がある。

19-2　同期性横隔膜粗動

同期性横隔膜粗動（synchronous diaphragmatic flutter）は，心拍動に同期する横隔膜の痙攣性収縮である（Mansmann et al., 1974 ; Hinton et al., 1976）。本症は，高温多湿の天候での耐久レースの馬に最も多く発症するが，輸送テタニー，哺乳テタニーおよび消化障害に続発する電解質平衡異常の馬にもその発症が報告されている。

1．臨床症状

主要な症状は，膁部における正常な呼吸運動とは関連性のない痙攣性収縮である。この動きは強くて，音として聴くことができる。横隔膜の収縮は，膁部に手を触れることによって触知でき，同時に心音を聴診すると心拍動と同期していることに気付く。胃腸アトニーも認められるが，おそらく低カルシウム血症および関連する電解質損失によるものと考えられる。

2．病因論

電解質濃度と酸-塩基平衡の変化が横隔膜神経の膜電位を変化させて，それが心房の脱分極により発生する電気的インパルスに反応して放電するために発現するものと考えられてきた。低カルシウム血症，低カリウム血症およびアルカローシスもすべて本症の発現に関与する。低カルシウム血症は電気刺激に対する神経の脱分極閾値を低下させ，低カリウム血症は神経の被刺激性を過度に亢進させる。アルカローシスは，総血漿カルシウム量とイオン化血漿カルシウム量の両方を減少させる。これらの状態すべては横隔膜神経の過敏症をもたらし，心房の脱分極の間に発生する電気的インパルスに反応して横隔膜神経が放電するようになる。

3．治療

本症は生命を脅かすものではないが，直ちに治療すべき代謝性変化の存在を示すものである。安静にすることによって自然に回復することが多い。バランスのとれた電解質溶液の腸内投与または非経口投与が有効である。必要があれば，カルシウムを静脈内に投与する。投与中は心音の聴診が重要であり，心拍数または心拍リズムの不整が認められたら，注射を中止すべきである。

19-3　熱射病

熱射病（heat stroke）は，高温多湿の天候において，調整不良で過度な運動を課せられた馬に最も普通に発症する。一般的には，短時間の激運動時または耐久レースの後半で発症するが，暑熱下に換気不良の馬房，特に馬運車内に閉じ込められた馬にも発症する。

1．病因論

暑熱下の運動時には，活動筋，心筋（運動遂行のため），脂肪組織（基質提供のため）および皮膚（熱放散のため）に対する血流の要求が増大する。これらの要求は，発汗ならびに活動筋の間質液腔への水分の再分配と共に，中心静脈容積と中心静脈圧の低下を招く。したがって，低血圧により圧受容器が活性化し，皮膚の血管拡張による体温調節機序を圧倒するようになる。さらに，血液量の減少と浸透圧の増大のために，厳しい熱ストレスにより発汗量は低下するようになる。皮膚血流量の低下と発汗量の低下が重なることによって，核心温度は段々に上昇する。中心静脈圧の低下は脂肪組織への血流を低下させることになり，活動筋と中枢神経系への血流低下と同様に基質の利用効率の減退を招くことになる。中心静脈圧がさらに低下すると，皮膚の血流のさらなる減少，制御できない核心温度の上昇，および中枢神経機能不全のための虚脱が強いられることになる。

熱の主要な損傷効果は，膜脂肪の融解，細胞のミトコンドリアと核の損傷，細胞エネルギー要求量の増加，および血液供給の障害である。動物の組織は，44～46℃の高温に急性曝露されたり，42～45℃に長時間曝露されることにより破壊される。熱により損傷を受ける組織は，脳，皮膚，心臓，腎臓，肝臓，胃腸管，副腎，肺，血管および血液である。

2．臨床症状

熱射病に罹った馬は，意気消沈と衰弱を示し，運動の続行を拒む。心拍数，呼吸数共に増加し，直腸温は43℃まで上昇する。熱放散のための末梢血管拡張により，粘膜のうっ血および毛細血管充満時間の延長がもたらされる。発汗反応は不十分であり，皮膚は乾燥して熱くなる。運動性横紋筋融解症のような筋障害も発現する。熱射病は，運動失調，虚脱，全身痙攣，昏睡そしてへい死へと進行することもある。

3．治療

まず体温を下げる処置が必要である。馬を換気の良好な場所に移して扇風機に当てる。大量の冷水を浴びせる。特に頭，頚と四肢の表層の大血管を冷やす。これらの血管上に氷パックを置くのも有効である。全身に冷水を流すのは，末梢血管を収縮させることにより末梢への熱伝達を減退させて熱放散を阻害するので勧められない。経鼻胃カテーテルまたは浣腸による冷水の投与は，核心温度の低下に有効である。静脈内補液療法は，消耗性疾病症候群の療法ほどには重要でないが，血漿量の増量は熱放散に有利である。馬体の冷却に反応しなかったり，または脱水症のある場合には，補液療法を適用する。

非ステロイド系消炎剤のような下熱剤は慎重に用い，補液療法との併用でのみ投与されるべきである。脱水症の馬には，高用量の投与は中毒の危険性があるので避ける。

19-4　無汗症

無汗症（anhidrosis）は，超高熱における発汗能力の減退である。本症は主として高温多湿の気候における馬，特に温帯地方で生まれて熱帯地方へ移動した馬に発症する。熱帯性気候（例，米国フロリダ州）にいる馬の20％が，不完全または完全な無汗症であると推定されている。熱放散の主要な手段に影響を及ぼす無汗症は，運動能力が厳しく制限されることになり，重篤な運動性超高熱をもたらす。

1．臨床症状

患馬は正常な発汗ができなくなり，熱不耐性となり，運動能力の低下を来たす。運動後，馬は直腸温と呼吸数の過度な上昇を示す。疲労，意気消沈，食欲不振，体重減少などもみられる。皮膚は乾いてはげ落ちやすくなり，特に顔面で脱毛が起こる。ほとんどの馬は，たてがみの下，鞍部，および両後肢の間ではある程度の発汗機能が残っている（Evans et al., 1957）。夏季に無汗症を示す馬が，冬季になると発汗機能が回復することが多い。

2．診断

本症の診断は臨床症状に基づく。健常馬では，1：1,000 エピネフリン 0.5 ㎎の皮内注射により著しい発汗反応がみられるが，無汗症の馬では発汗が遅れたり，減少したり，欠如したりする（Evans et al., 1957）。

3．病因論

本病の病因は明らかではない。甲状腺機能低下，低塩素血症，血中エピネフリン濃度の上昇，および汗腺の疲憊が病因として指摘されてきた。熱曝露による汗腺に対する長時間の刺激によって，アドレナリン刺激に対する汗腺受容器の反応性が変化し，汗の産生が徐々に減退するものと考えられている（Evans et al., 1957）。

4．治療

患馬を温帯地方へ移動させる以外に有効な療法はない。移動により発汗機能が正常に戻っても，高温多湿な環境下に移せば，無汗症が再発することが多い。冷房装置のある馬房への収容，馬房内扇風機の使用，および1日のうちで一番涼しい時にだけ運動することも有効である。電解質添加剤により改善されるとの報告もある。

【参考文献】

1） Bianca, W. : Thermoregulation. In Hafez, E. S. E. (ed.) : Adaptation of Domestic Animals. pp.97 ～ 118, Lea & Febiger, Philadelphia (1968)
2） Carlson, G. P. : Thermoregulation and fluid balance in the exercising horse. In Snow. D. H. et al. (eds) : Equine Exercise Physiology. pp.291 ～ 309, ICEEP Publications, Davis (1983)
3） Carlson, G. P. : Hematology and body fluids in the equine athlete : a

review. In Gillespie, J. R. & Robinson, N. E. (eds) : Equine Exercise Physiology 2. pp.393 ~ 425, ICEEP Publications, Davis (1987)

4) Evans, C. L. et al. : Physiological factors in the condition of "dry-coat" in horses. Vet. Rec. 69 : 1 ~ 9 (1957)

5) Freestone, J. F. : Evaluation of fluid and electrolytes. In Kobluk, C. N. et al. (eds) : The Horse : Diseases and Clinical Management. pp.1327 ~ 1336, W. B. Saunders Co., Philadelphia (1995)

6) Hinton, M. : Synchronous diaphragmatic flutter in horses. Vet. Rec. 99 : 402 ~ 403 (1976)

7) Lewis, L. D. : Equine Clinical Nutrition : Feeding and Care. pp.260 ~ 262, Williams & Wilkins, Baltimore (1995)

8) Lucke, J. N. & Hall, G. M. : Long distance exercise in the horse : Golden Horseshoe Ride 1978. Vet. Rec. 106 : 405 ~ 407 (1980)

9) Mansmann, R. A. et al. : Synchronous diaphragmatic flutter in horses. J. Am. Vet. Med. Ass. 165 : 265 ~ 270 (1974)

10) McConaghy, F. : Thermoregulation. In Hodgson, D. R. & Rose, R. J. : The Athletic Horse. pp.181 ~ 202, W. B. Saunders Co., Philadelphia (1994)

11) Pankowski, R. & Bayly, W. : A review of heatstroke. Equine Pract. 6 (6) : 44 ~ 50 (1984)

12) Rose, R. J. et al. : Plasma biochemistry alterations in horses during an endurance ride. Equine Vet. J. 9 : 122 ~ 126 (1977)

13) Rose, R. J. et al. : Blood-gas, acid-base and haematological values in horses during an endurance ride. Equine Vet. J. 11 : 56 ~ 59 (1979)

14) Rose, R. J. : A physiological approach to fluid and electrolyte therapy in the horse. Equine Vet. J. 13 : 7 ~ 14 (1981)

15) Snow, D. H. et al. : Alterations in blood, sweat, urine and muscle composition during prolonged exercise in the horse. Vet. Rec. 110 : 377 ~ 384 (1982)

16) Williamson, H. M. : Normal and abnormal electrolyte levels in the racing horse and their effect on performance. J. S. Afr. Vet. Ass. 45 : 335 ~ 340 (1974)

運動中に発症する運動器疾患

サラブレッド競走馬は，その生理的限界ぎりぎりまでの疾走能力を要求されているため，レース中もしくはトレーニング中に運動器が損傷する頻度はきわめて高い。運動器は，骨格系（骨，関節）と軟部組織（筋肉，腱，靭帯）からできており，運動器の種々の部位に損傷が起こるが，そのほとんどは四肢構成骨の骨折である。

20-1　運動器疾患の発症統計

運動中に発症する競走馬の運動器疾患の実態を知るために，平成 8 年（1996 年）度の中央競馬におけるレースもしくはトレーニング中の事故の実態について紹介する。運動中の事故症例 1,704 例のうち運動器疾患が 1,676 例を占め，実に事故症例総数の 98.4 %が運動器疾患によるものであった。この運動器疾患の内訳を表 20. 1 に示した。運動中に発症し

表 20.1 1996年度に中央競馬で運動中に発症した運動器疾患の内訳

運動器疾患	頭数
1．骨折	1,600（95.46%）
1）頭蓋骨，脊椎骨	8
2）前肢骨	1,237
(1) 肩甲骨	1
(2) 上腕骨	17
(3) 前腕骨	230
(4) 手根骨	304
(5) 中手骨	312
(6) 第一指節種子骨	58
(7) 指骨	315
3）後肢骨	355
(1) 寛骨	26
(2) 大腿骨	2
(3) 下腿骨	55
(4) 足根骨	51
(5) 中足骨	114
(6) 第一趾節種子骨	28
(7) 趾骨	79
2．脱臼	11（0.66%）
3．腱・靭帯断裂	52（3.10%）
4．その他	13（0.78%）
計	1,676（100%）

JRA 平成 8 年度競走馬保健衛生年報（1997）より引用

た運動器疾患 1,676 例のうち骨折症例が 1,600 例で，運動器疾患症例の 95.46 %を占めている。この運動中の骨折の発症率は，年間の出走延頭数およびトレーニング延頭数を母数として計算した別の報告では，レース中が約 2 %，トレーニング中が約 0.09 %であり，レース中の発症率が著しく高い（水野, 1996）。骨折部位の内訳では，前肢骨の骨折症例が 1,237 例で，全骨折例の 77.3 %を占めており，後肢骨の骨折症例は 355

表 20.2　米国ニューヨーク競馬協会におけるサラブレッド競走馬の競走事故310例の内訳

損傷	頭数（%）
跛行	51（16%）
中手骨骨折	40（13%）
第三指骨骨折	23（7%）
種子骨骨折	19（6%）
球節骨折	18（6%）
手根骨骨折	25（8%）
腱炎	30（10%）
軟部組織挫傷	16（5%）
屈腱炎	14（5%）
繋靭帯損傷	14（5%）

Mohammed et al.(1991) より引用

例で 22.1 %であった。前肢骨の骨折は，後肢骨の骨折に比べて 3 倍以上も多く発症している。

前肢では，肩甲骨や上腕骨の骨折は少ないが，腕節から蹄に至る下脚部の骨の骨折が多発している。後肢では，骨幹部の骨折が比較的多く発症している。

これらの運動器疾患 1,676 例のうち，予後不良との診断により安楽死の処置をとられた馬は 205 例（12.2 %）であった。

また，米国のニューヨーク競馬協会に属するアクェダクト，ベルモントおよびサラトガの 3 つの競馬場において 1986 年 1 月から 1988 年 6 月までに発症したサラブレッド競走馬の競走事故症例 310 例が報告されている。これらは事故発生後 6 カ月以内に再出走できなかったもので，その内訳を表 20. 2 に示したが，事故症例の 40 %以上が骨折症例であった（Mohammed et al., 1991）。

20-2　骨　折

レース中の事故（競走事故）のほとんどは運動器疾患，特に骨折の発症によるものである。軽症の場合には，治癒期間の休養後にレース復帰できるが，重症の場合には治癒したとしても運動能力喪失によりレースへの復帰は困難であり，さらに予後不良と診断された場合には安楽死の処置がとられる。これらの運動器疾患はいずれも跛行（lameness）の原因となり，かなりの期間，トレーニングやレースから離れざるを得なくなる。骨折による経済的損失は莫大なものとなるため，競走馬の骨折に対し世界各国の競馬関係者や馬臨床獣医師は重大な関心を寄せている。

英国における6厩舎に所属する競走馬（581頭）の2年間の損耗についての疫学的調査で以下のようなことが報告されている。トレーニングを休んだ日数を原因疾病別にみると，最も多いのが跛行（67.6％）によるものであり，次いで呼吸器疾患（20.5％）であった。さらに，この跛行の症例についての原因別の内訳をみると，蹄病（19％），筋損傷（18％），手根関節構成骨の骨折（14％），球節損傷（14％），腱損傷（10％），そして管骨骨膜炎（9％）の順であった（Rossdale et al., 1985）。

1．骨の生理的適応

骨折は直接的に外傷によって起こる場合もあるが，多くは特別な病変がなく発症しており，馬の高速度の運動だけが関連する疲労骨折である。競走馬の疲労骨折の実態を理解するには，骨の生理的適応の機序についての知識が必要である。

1）骨の生体力学

骨に負重がかかると骨は変形する。ある限度内では，この変形は弾力性があり，負重がとれると骨は正常形状に戻る。この骨の変形の程度がある限界の閾値を超えると，不可逆性変化，すなわち損傷が起こる。極度に大きい負重が最終限度を超えた変形を引き起こすと，骨は完全かつ突然の機能不全（骨折）を生じる。単一の負荷による損傷の程度が，骨機能不全を起こす程大きくはなくても，この負荷が繰り返されると損傷が蓄積されて，最終的には骨折を発症することになる。

骨の変形の程度は，骨に加えられる負重の大きさと方向，および骨の機械的特性に依存する。骨の機械的特性は2つの主要因子によって決定される。すなわち，骨質を取り囲んでいる構造物（海綿質）の幾何学的配置および負重がかかる軸の周りの骨質の空間的分布，骨質の機械的特性，である。

骨は生きている動的な組織である。ほとんどの骨の全体的形状や構造は，遺伝的に前もって決められているが，骨質の三次元構造や微細構造特性は，出生後の機械的環境の変動に応じて変化する。すなわちこの骨組織の構築を変えることにより，運動のタイプや強度に対して適応できるようになる。

2）骨適応の機序

骨に対する機械的刺激が生理的反応に変換される機序は，未だ明らかにはされていない。現在，最も有力視されているLanyon一派（1987）の仮説によると，ある一群の細胞が骨に対する機械的負荷の変化を検知して，骨の構築に反応する細胞を活性化するとしている。動物実験において，骨基質内のひずみの分布の変化，その変化の速度および大きさによって，骨によるモデリング反応（後述）が促進されることが示されている。骨基質全体に分布している骨細胞ならびに細胞質の相互連絡の広範なネットワークにより，骨に対する機械的負荷が検知される。機械的負荷に反応して骨細胞の代謝活動が急速に増大する事実から，これらの細胞が生理反応を起こしているものと考えられている。さらにLanyon一派は，機械的負荷を検知した後に，骨細胞はモデリングやリモデリングを受け持つ骨表面の細胞群に影響を及ぼすと報じた。そして，特定の部位の生理的ひずみが適切につり合うまで，骨の構築が調整される。このようにして，生理的ひずみが骨に刺激として働き，骨がそれに反応してモデリングやリモデリングを起こして，刺激に適応していくのである。

骨の適応は，骨基質を形成する骨芽細胞（osteoblast）と骨基質を吸収する破骨細胞（osteoclast）の2種類の細胞によって達成される。幼齢期においては，骨に対する機械的負荷（荷重）により，骨の周辺の周りの骨基質形成の速度，タイプや部位が影響を受ける。発育中の骨の表面における骨新生をも含めて，この骨基質形成の過程は，モデリング（modeling）と呼ばれる。その後に起こる骨の機械的環境の変化により，骨の構築に変化が起こり，以前から存在している骨が除去され，新しい骨が同じ部位かまたは別の部位に置き換わるが，全く置き換わらないこともある。この過程はリモデリング（remodeling）と呼ばれ，骨膜面や骨内面，または骨皮質内に起こる。

2．競走馬における骨適応と関連する問題

1）骨量

骨構造の機械的特性が増強される最も単純な方法の一つは骨の肥大である。実例として，プロのテニス選手の上腕骨の骨皮質の厚さが，非運動選手のそれに比べて著しく大きいことが知られている。逆に，ギブス包帯を装着した場合のように骨への荷重を軽減すると，骨の吸収が起こる。

骨のサイズには限界があり，骨量が増加し続けることは，特に肢の遠位部では慣性モーメント*が大きくなり，運動を阻害することになる。秒速15 m（ハロンタイム13.3秒）で襲歩運動に必要な力の約50％は，加速と減速時に遠位肢の骨に対して費やされると計算されている。遠位肢の骨量が10％減少すると，馬に必要なすべての力が5％少なくてすむことになる。このことは，スピードの遅い馬ではほとんど影響はないが，スピードの速い馬にとって骨量は重大な阻害因子となる。

＊慣性モーメント：回転運動における剛体の慣性の大きさを表す量で，質量が回転軸から遠くに分布しているほど大きい。なお慣性モーメントは，質点と回転軸の間の距離の2乗と質量の積に等しい。

2）三次元的形状

運動時に骨に起こる変形には，次の二つの要素が組み合わさった効果が反映されている。すなわち，重力による縦軸の圧縮，軸性負重の偏心性分布ならびに付着する筋肉の牽引による屈曲である。

構造物の三次元形状と屈曲負荷との関係を図 20.1 を用いて説明する。ある構造物の屈曲負荷がかかった場合の縦軸の応力は，その中立軸の両側から離れる程増大する（図 20.1 － a)。したがって，ある構造物における屈曲負荷に対する機械的反応能力は，その構造物の質量が中立軸からできるだけ離れて分布している構造において最も効果的である。建設工事で用いられているＩ形鋼は，この事実を活用したものである（図 20.1 － b)。すべての長骨が中空構造であることは，大部分の骨量が屈曲の軸から離れて位置している構造形態を提供しており，しかもいかなる方向からの負荷に対しても最適の構造となっている（図 20.1 － c)。上腕骨や大腿骨のようなほぼ円柱状の長骨は，屈曲のすべての面に等しく硬い構造を有している。より遠位の骨では，骨の中心軸の周りの骨量が偏心的に分布している。このような構造は，特定の一つの方向により大きな屈曲剛性を持つことになる（図 20.1 － d)。この偏心的構造は骨の適応によるものであり，骨量が特定の部位に集中することにより特定の面での剛性が増大し，正常歩行における通常の負荷の結果としての骨の変形を軽減している。

馬の第三中手骨の幾何学的特性は年齢によって変化するが，満１～２歳にかけて最も著しく変化し，２～４歳までの変化は小さくなり，その後はほとんど変化しないことが知られている（Nunamaker et al., 1990)。盛んに骨モデリングする時期，骨の横断野の変化およびトレーニングの開始との間には密接な関係があり，これらは骨適応の仮説を全面的に裏付けるものである。

競走馬の第三中手骨の背側面にストレインゲージを接着して，歩行運

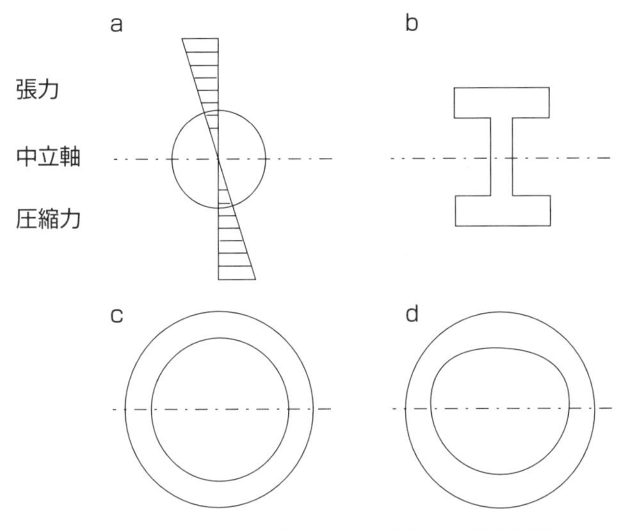

図 20.1　骨の三次元形状と構造特性

Riggs (1997) より引用

動中の骨の変形を直接的に観察した研究では，最大のひずみは歩行速度が速歩（5.5 m/秒）から襲歩（16.6 m/秒）へ増加した時に記録されたという。遅い歩行速度での長時間インターバルトレーニングは，レース時の歩行速度には不適切なモデリング反応を誘発した。高速運動に付随する最大のひずみは，依然として高いままである。骨の機能不全（構造の疲労）に対する数多くの負荷の繰り返しは，それぞれの負荷に付随する変形に対数的に関連することを考慮すると，高い最大ひずみの持続は，疲労性損傷の発症のリスクを高めることになる。これらの研究結果から，骨原性反応を活性化するには，１日に数回の負荷で十分である。第三中手骨の疲労性損傷の発症を軽減するためのトレーニング処方も作成されている。低速の運動量を少なくし，短いインターバルで高速運動の頻度を増やすことによって，疲労性損傷のリスクを最小限にして適切なモデリングを刺激することができる。

3）材料特性

骨のモデリングは，骨の幾何学的特性の変化によりその機械的特性に大きな影響を持ち，リモデリングは骨組織の機械的特性の変化により骨に影響を及ぼす。

表20.3に，動物種別の骨，同一動物における異なる骨からの試料，および同一骨の異なる部位からの試料の材料特性を示した。これらの骨の材料特性は，骨適応の機序を反映するものである。例えば，馬において第三中手骨は基節骨に比べて骨硬度は有意に大きいが，エネルギー吸収能力は低い。第三中手骨は長い骨であり，この骨に働く屈曲の力が大きくなるので，骨組織の硬度増大は実際的な適応と思われる。逆に，肢の接地面に近接する基節骨は骨の衝撃負荷が大きいため，エネルギー吸収能力の増大が生理的に好都合な適応である。

骨の機械的特性の変化は，骨基質の組成と構造の相違により説明される。例えば，骨基質の有機相の鉱化（mineralization）が促進すると，骨の強度と硬度の増大が同時に起こる。新しく形成された類骨（osteoid）が，最適のミネラル含量（重量で約66％）を達成するのに数カ月かかる。したがって，新しい骨は古い骨よりも脆弱でありかつ硬度が低い。馬の第三中手骨は，生後1年間に骨の強度と硬度が急激に増大するが，同じ期間に骨のミネラル含量も急増している。しかし，この骨の材料特性は，その後プラトーか若干低下することが知られている。この事実は，骨の微細構造の変化により説明されている。リモデリングされた二次的オステオン骨の機械的特性は，ほとんどの点で一次骨の特性よりも劣っている。二次的オステオンの脆弱化については，二次的オステオンは比較的未熟であるためにミネラル密度が低いことが多い，活発なリモデリングにより吸収管の形成のための骨の有孔性が増加する，二次的オステオンは比較的脆弱なセメント線により周囲の骨と連結されている，などと説明されている。

表 20.3　各種動物の骨ならびに馬の骨の材料特性

骨　試　料		ヤング率（GPa）	破壊強度（MPa）
動物別	ホッキョクグマ	17～22	107～129
	ヒト	14～28	107～271
	ウシ	12～40	54～271
	馬	15～22	121～129
馬の骨	第三中手骨	19	124
	基節骨	15	74
馬の橈骨	頭側部	22	161
（骨皮質）	尾側部	15	105

GPa：ギガパスカル，MPa：メガパスカル　　　Riggs(1997)より引用

馬の胎子の長骨は，織り上げられた線維の鋳型から構成されており，線維層板骨（fibrolamellar bone）が出生時に急速に形成されている。骨周辺の成長は生後 1 年間が最大であり，その間にはリモデリングはほとんど起こらない。2～3 歳の間に，高レベルのリモデリング活動が起こり，3 歳までに一次構造の 50％まで置換される。

骨の機械特性に対するリモデリングの有害作用は，リモデリングの過程の他の有益な特色により代償されるが，これらには，ミネラル恒常性，骨基質の修復のための潜在的機序，骨の微細構造が機械的環境の変化に反応して変更される機序，がある。

骨の微細構造の変更は，馬の橈骨の尾側皮質の生後 2 年間に，広範囲にわたるリモデリングの観察から得られたものである。この過程の間に，骨基質内のコラーゲン線維の配向は長軸優位から横断軸優位に変わる。この一つの微細構造の変化が骨の機械的特性に有意な効果をもたらし，全体としての骨の機械的反応能力に有益に影響することが期待される。

現在まで，骨の材料特性に対する物理的活動の効果について，直接的証拠はほとんどない。異なるトレーニング方式を負荷されたサラブレッ

ドの縦断的研究では，第三中手骨を通る超音波伝導速度の変化率の相違が示されている。骨硬度に関連するこのパラメータは，運動により増加する。その後の組織形態計測的分析では，強い運動を課せられている馬の骨は，対照群の馬の骨に比べて内部のリモデリングが比較的少ないことが示された。その結果として，骨の有孔性は低く，ミネラル含量が高かった（このことは超音波伝導速度に関係する)。これらの所見は，内部リモデリングに対する強い繰り返しの運動負荷の抑制効果を示唆し，トレーニングを一時的に中止した馬に対して重要な意味を提供している。

4）疲労骨折

疲労骨折（fatigue fracture, stress fracture）は，競走馬では比較的普通にみられる損傷である。骨が疲労すると，骨の弾性率（硬度）が低下し，これにより骨の組織内に微細な亀裂が出現することになる。これらの亀裂は，オステオンのセメント線のような層核の中間面に沿って走りぬける傾向があり，その結果，横断亀裂が生じて急激な骨の機能不全を起こすことになる。不活性な構造では，繰り返される運動負荷の継続が微細な損傷を起こし，最終的には不全症に陥る。内部のリモデリングにより，疲労損傷した骨が健康な組織に置き換えられて，骨の疲労状態が潜在的にいつまでも引き伸ばされるようになる。しかし，修復の過程が骨の不全症に密接に関与することがある。骨の皮質部が疲労性損傷を発症した場合に，骨吸収（リモデリングの初位相）があまりに激しいと骨の局所的有孔性が有意に増加し，局所のストレスが増大して，通常の限界内の負荷で骨不全症を起こしやすくなる。この修復相の間にトレーニングを継続すると，重大な骨折を発症するリスクが高くなる。二次的オステオンが形成されるのに２～３カ月かかり，ミネラル密度が周辺の骨と同じ密度になるのにさらに４～５カ月かかることを考えると，長期の休養が必要である。

このように，疲労骨折は，１回の強大な外力によって発生する通常の外傷性骨折とは異なり，骨の同一部位に繰り返し加わる最大下の外力によって，骨の疲労現象を来たして骨皮質，海綿骨，骨梁の組織結合中絶断裂，骨膜反応が起こり，さらに明らかな骨折を生ずるに至る一連の変化に対する名称である（武藤，1990）。

疲労骨折における骨障害の程度は非常に幅広く，過労性骨障害という表現の方がこの病態をよく表していると考えられ，人のスポーツ医学においてこれを支持する研究者も多い。必ずしも本態に即した名称ではないが，現実には，疲労骨折が一般的な呼称として広く用いられているようである。

骨の過労性損傷およびその修復に伴う臨床症状は特異的ではなく，そのために臨床診断は困難である。欧米では，競走馬の臨床にガンマシンチグラフィ（gamma scintigraphy）が導入され，完全骨折が発症する前の早期の疲労骨折の検出に威力を発揮している。このシンチグラフィは，わが国では法規制により獣医臨床には導入することはできない。

20-3　肢構成骨の疲労骨折

疲労骨折は外力が正常な骨に繰り返して作用し，その集積として起こる骨折である。したがって，かなりの長い距離を高速度で疾走することを要求されている競走馬では，疲労骨折の発症頻度がきわめて高く，臨床上重大な課題になっている。競走馬に比べると，乗馬における疲労骨折の発症はまれである。

一般に疲労骨折は，骨の微細損傷が蓄積した部位が脆弱化し，その数日または数週間後に発症する。この微細損傷に対して，破骨細胞が壊死組織を吸収し，骨芽細胞が骨をリモデリングして新しいハバース管系（Haversian system）を構築する。疲労骨折を発症した馬に超生理的負荷（super-physiologic loading）が続くと，骨の修復が追いつかなくなり，最終的には骨皮質の虚脱に陥ることになる。

臨床的には，獣医師が疲労骨折の急性損傷の症状に遭遇することはまれであり，むしろ慢性的治癒過程の症状である硬化症（sclerosis），骨膜新生骨形成（periosteal new bone formation），骨内膜仮骨形成（endosteal callus formation），ぎざぎざしたはっきりしないX線透過性の骨折線などがみられることが多い。骨膜新生骨形成が疲労骨折の唯一の所見である場合も多いので，X線検査では慎重な観察が必要である。

若齢馬の骨は，トレーニングにより繰り返され，かつ増加する荷重を受けており，これらの荷重により骨にモデリングとリモデリンが誘発されることになる。したがって，一般に疲労骨折は初めてトレーニングを始めた若齢馬に発症しやすいが，疾病や外傷のために長期間休養した後にトレーニングを再開し始めた成馬にも発症する。

馬の疲労骨折についての研究は比較的新しく，その成果や考え方が十分に臨床家に浸透しているわけではない。したがって，現段階では実際の骨折症例に対しても，それが疲労骨折がどうかについて必ずしも臨床家の間で統一見解が得られるとは限らない。そこで，ここでは主として最近出版された Pilsworth と Shepherd（1997）の成書を中心にして，肢構成骨の疲労骨折の臨床像について解説する。

1．上腕骨の疲労骨折

上腕骨の通常の骨折は，馬の長骨骨折としてはより一般的なものの一つであり，骨をひどくねじることにより発症するものである。しかし，競走馬や障害飛越馬では，このような外力による骨折よりも，レースやトレーニングによる疲労骨折によるものが多いと考えられている。骨折した上腕骨をX線により詳細に検索した研究では，既存の疲労骨折を示唆する，骨折線の一部分を橋渡ししている骨膜性仮骨の存在が報告されている（Stover et al., 1992）。このような不完全な疲労骨折が治癒するまで休養しないでトレーニングやレースを続けることが，上腕骨の完全骨折を誘発するものと考えられている。

1）診断

上腕骨を骨折した馬は，きわめて特異的な異常歩様を示す。患肢の前方伸張は極端に短縮し，蹄尖をひきずって歩くので，しばしば蹄尖で寝ワラを引っかける。患肢に負重する時に，頭の揺れが顕著になる。近位の上腕骨頭の疲労骨折の重症例でも，最初の数日間は橈骨神経麻痺（radial paralysis）に類似した症状を示し，通常は軽度～中等度の跛行を呈する。しかし，休養することなく毎日運動を続けると，跛行は徐々に重症化する。最初の数日間を休養することにより，ほとんどの跛行は消失するが，運動を再開すると跛行が再発する。上腕骨自体を触診しても痛みの症状を示さないことが多いが，患肢を強制的に前方伸張させると痛みが誘発される症例が多い。完歩のスタンス相（負重期）に跛行が顕著になり，頭部の揺れも明らかになる。

X線検査では，上腕骨頭後面の骨膜性の新生骨や仮骨を検出することにより本症を確定診断し得る。上腕骨骨折の2番目の好発部位は，上腕骨の遠位部分の前面である。これらの二つの好発部位のX線検査には，上腕骨の中外撮影が最善である。骨折線を検出することはきわめてまれである。

シンチグラフィ検査を利用できれば，疲労骨折部位にアイソトープが集積するため，診断にはきわめて有効である。欧米ではシンチグラフィ検査の導入により，疲労骨折部位の確定がきわめて容易になった。

2）治療

全身麻酔ならびに外科的整復には，麻酔の覚醒時に馬が立ち上がる時に完全骨折するリスクがきわめて大きいので，治療法はほとんど休養だけに限られている。休養に要する期間は症例により異なるが，X線検査所見を監視しながら実施する。少なくとも6週間の馬房内休養が必要である。X線検査により，仮骨が平坦になり不活化の様相がみられたら常歩運動を始め，6週間ほど続ける。3カ月以内にレースに復帰すると跛行が再発することが多い。上腕骨の疲労骨折の治癒には長期間かかるので，決して治療を急いではならない。

3）予後

骨が完全に治癒するまで十分に休養することができれば，若齢馬の場合は予後は良好であり，再発はきわめてまれである。早期にトレーニングを再開すると，跛行または上腕骨の完全骨折を起こすことが多い。

2．橈骨の疲労骨折

橈骨における最大の応力は，骨幹部に集中することが知られている(Bieivener et al., 1983)。したがって，橈骨の疲労骨折の部位も骨の中央部あたりが一般的である。

1）診断

本症における跛行は非特異的であり，さらに発症後わずか数日の休養で跛行が消失するので，診断は容易ではない。跛行は前肢の遠位部に対する神経ブロックでは変化しないが，通常は正中神経ならびに尺骨神経のブロックにより消失する。X線検査では，ほとんどの症例で橈骨中央部の骨幹部，特に後部骨皮質における骨内膜新生骨形成の所見だけがみられることが多い（写真20.1）。この骨内膜新生骨形成を検出するには高画質フィルムが必要であり，この所見は時間の経過により有意に変化する。橈骨の疲労骨折を疑う症例には，跛行の発現の2週間後にX線像を追跡検査し，異常所見が顕著であれば本症であると考えられる。

2）治療

本症の治療は専ら休養である。1カ月間の馬房内休養が必要であり，X線検査を追跡する。軽運動を再開できる時期の目安は，リモデリングされた仮骨が平滑化し，そして骨内膜仮骨が吸収されたX線像が得られた時である。馬房内の休養後に再開する常歩や速歩運動は，骨折の治癒に悪影響はなさそうである。

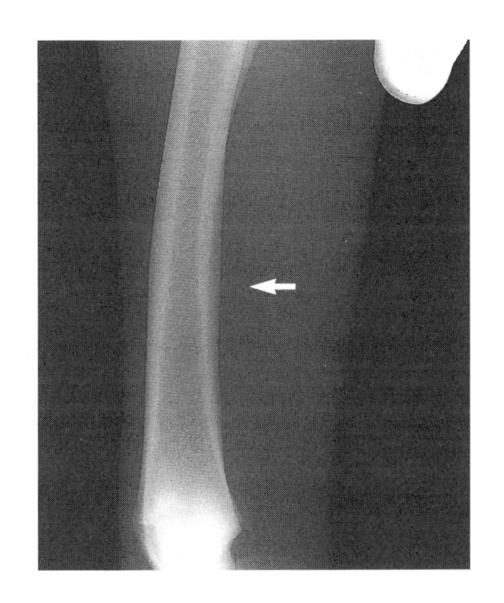

写真 20.1　橈骨の疲労骨折

3）予後

骨折が治癒すれば予後は良好であり，競走馬としてのレース復帰も期待できる。再発はきわめて希である。

3．脛骨の疲労骨折

脛骨の疲労骨折は，若齢のサラブレッド競走馬における急性後肢跛行の最も一般的な原因の一つである。

1）診断

脛骨の疲労骨折の診断は容易ではない。本症は，局所的または関節内の神経ブロックの影響を受けない。

本症では，比較的重度の後肢跛行を示すことが多く，運動後まもなく観察される。発症馬は，運動後１～２時間は体重支持ができないが，翌日には常歩運動だけは正常にでき，２～３日後には速歩運動を異常なくできるようになる。しかし駈歩運動をさせると，すぐに跛行が再発する。

通常は体重支持型の跛行を示し，速歩では蹄尖をひきずりかつ前方伸張時の蹄の軌跡の弧の短縮を伴うが，これらの異常歩様はその他の多くの原因による後肢の跛行にもみられるものである。発症当日の跛行の重症度は2/5～4/5であるが，単純な骨皮質の疲労骨折の症例では休養により急速に跛行は消失する。不完全な線状骨折や螺旋状骨折の症例では初めに重度の跛行を示し，数日間はほとんど改善がみられない。

骨にストレイン・ゲージを装着した研究では，脛骨には負重期に捻り（torsion）が加わることが知られている。この捻りにより骨に微細損傷が生じ疲労骨折を起こすことはほとんど間違いない。脛骨の捻れ試験（tibial torsion test）により，微細損傷に侵された馬に疼痛反応を誘起させるのが最善の診断法である。左後肢を検査するには，獣医師が馬の後部に立って肢を持ち上げる。管骨の遠位部の内側を左手をカップ状にして，ゆるく持って肢を屈曲させる。獣医師の肩は後膝関節にしっかりとつける。飛節端を右手でつかみ，次いで一気に飛節端を外方に動かし，球節と中足骨遠位部を上方向に動かしながら肩を用いて後膝に圧力を加える。この検査ですべての馬が陽性反応を示すわけではないが，陽性反応を示した馬には，対照として反対側の肢にも同じ捻り試験を実施する。ほとんどの症例では試験に反応して多少の疼痛が誘発される。脛骨の後面を指で圧迫するのも，特に骨折が遠位後部の皮質内にある症例では疼痛誘発に有用な試験である。

X線検査において，異常所見の好発部位がみられる。満2～3歳馬の平地競走では，最も一般的な好発部位は後膝関節面から約8㎝下方の脛骨の近位部側面である。この部位における骨膜性新生骨形成と不明確な輝線が，側面撮影と後前撮影の両方でしばしば検出される。異常所見の2番目の好発部位は，脛骨の遠位骨端の上方約10㎝の遠位後面である。この部位では，不規則な半月状の仮骨が側面撮影でしばしば検出されるが，同じ部位の透過性が良好な後前撮影により不完全な骨折線の存在が認められる。これらの異常像は，骨硬化の不明瞭なゾーンに取り囲まれているようである。異常所見の3番目の好発部位は骨幹部の骨内膜であり，高齢馬や休養後にトレーニングに復帰した若齢馬にしばしばみられる。これらの馬では，骨膜性新生骨形成は最小限であるが，“渦巻き状”の骨内膜新生骨の広い領域が内側および側部の骨皮質に検出される。X線の側面撮影では，骨内膜仮骨のこれらの領域は，濃い，白色のチョーク様の不透明性が加わる。これは骨梗塞（bone infarct）として記載されてきたが，この診断は組織病理学的に確認されていない。脛骨稜（tibial crest）直下の近位内側および近位前方の骨皮質における異常所見の発生は少ない。

X線による異常所見が，脛骨の種々の部位に認められる症例がある。同様の骨膜性新生骨形成が対側肢のX線像にしばしば見出されることがあるが，これらの所見が正常であることを意味するものではない。X線像の異常所見と痛みがあることは同じことではない。荷重－適応のずれ（loading-adaptation mismatch）の間の微細損傷の蓄積により発症する疲労骨折は，両側の肢に起こる可能性があると考えられる。しかし，骨皮質の虚脱が始まるか，または骨膜下出血のいずれかが起こるまでは，通常は痛みは発現しない。これは，対側肢に先立って一方の肢によく発症する。

骨皮質の疲労骨折が両側の肢に同時に発症するまれな症例がある。これらの馬は両側性の重度の跛行を示し，トレーナーが筋肉の異常または骨盤骨の損傷と思い違いをすることが多い。シンチグラフィがきわめて有用である。

脛骨の疲労骨折は，シンチグラフィによって初めてその存在が確認された。若齢馬の脛骨では，遠位および近位の骨端は共に活動的である。近位骨端線は閉鎖が最も遅いものの一つであり，満3～4歳馬においてもしばしば著しく活動的である。この骨端線の活動と疲労骨折とを混同してはならない。両後肢のX線像，ならびに疲労骨折に侵されていない馬における正常像に精通する必要がある。両後肢の近位骨端線が非同時性に閉鎖することは異常ではないので，このことも疲労骨折の診断を誤る原因になる。

2）治療

不完全骨折の症例では，麻酔の危険性のために保存療法だけが採用されてきた。常歩と速歩による管理された運動プログラムを再開する前に，損傷された骨が治癒するまで，通常は馬房内休養が指示される。馬房内休養の期間は，脛骨の近位側面の骨膜仮骨だけの症例で1カ月，遠位皮質骨に骨折線の明らかな短片がみられた症例で3カ月までと様々である。長い線状の不完全骨折の症例では，おとなしい気質の馬ならば少なくとも3週間は横臥を妨げるために，張り馬にしておくべきである。横臥を防ぐことができる場合，長い間張り馬にしておくと胸膜肺炎に進行する危険性があるので，肺の定期的聴診，血球数，血漿フィブリノーゲン濃度および血漿粘度の監視が不可欠である。骨幹部の骨内膜疲労骨折を発症した老齢馬には，2～3カ月の休養が必要である。休養期間中には，毎月脛骨のX線検査により治癒経過を監視する。完全な治癒がみられていない症例においても，4～8週間経過すれば，常歩や駆歩(jogging)を再開してもよい。

老齢馬における脛骨遠位部の不完全な線状骨折による跛行は，十分に長く休養しても再発する場合が多い。したがって，このような馬には治癒の初期から管理された負荷運動を課するのがおそらく有益であり，完全骨折の危険を避けるには1カ月の馬房内休養が適当であろう。極度に長期間馬房内に閉じ込めておくことは禁忌である。なぜならば，脛骨骨折を休眠させてしまうばかりでなく，残りの骨格を脱トレーニングすることになり，さらに運動を再開した時に，馬は管骨骨膜炎，繋靭帯炎やその他の部位の疲労骨折のような整形外科的障害を発症しやすくなるからである。

3）予後

主要なX線所見により骨膜性新生骨形成が示されるような若齢馬の非複雑性の疲労骨折の症例では，予後はきわめて良好であり，再発はまれである。骨幹部の疲労骨折の予後は若干悪く，完全な骨治癒にもより長い期間を要するようである。これらの症例では，脛骨中央部に残余骨硬化がしばしば残り，これが骨の可撓性（flexibility）や生物学的特性に多分に影響することが問題である。脛骨の不完全線状骨折の予後は不良である。これらの症例の中には，横臥しないように張り馬にしておいても，馬房内休養中に完全骨折になってしまうものがある。また長期間張り馬にしておくと，胸膜肺炎のような合併症を引き起こすことがある。脛骨骨折が回復初期に完全骨折を起こすことがなければ，X線像いかんによって2～3カ月後から徐々に常歩や速歩運動を始めるべきである。

この脛骨の不完全疲労骨折が，トレーニング中止，馬房内休養および緩やかに強度を増加する運動プログラムを繰り返して3回まで再発した数症例が報告されている。この脛骨骨折の再発は若齢馬でみられており，完全骨折になる危険性が大きい。したがって，不完全な線状骨折の再発症例では，完全治癒後に引退を考えるべきである。

4．第三中手骨の疲労骨折

第三中手骨（MC Ⅲ）の疲労骨折は，若齢のサラブレッド競走馬の背側の骨皮質，繋靭帯の起始部に近いMC Ⅲの近位掌側面，および関節顆の掌側面を侵す。

1）背側骨皮質の疲労骨折

背側骨皮質の疲労骨折（dorasal cortical stress fracture）は，若齢競走馬に最もよくみられるもので，典型的な症状を示す。サラブレッド競走馬のトレーニング開始時に多発する管骨骨膜炎（bucked shin）について，これが疲労骨折に起因するか否かについては論争のある問題である。Pilsworth と Shepherd（1997）の成書には，管骨骨膜炎と管骨の疲労骨折とは異なるものと記載されており，以下その内容を紹介する。

①診断

両側性の疲労骨折が起こることもあるが，一般的には明らかに一側性の跛行として認められる。MC Ⅲの背側または背外側面に硬くかつ痛みのある腫脹が検出される。確定診断はＸ線検査による。疲労骨折は，MC Ⅲの背側または背外側の骨皮質の中央部を侵す（写真 20.2）。骨折は骨膜面から近位掌側方向へ弯曲し，骨内膜面に達することはない。さらに，骨折は骨膜面を経て近位方向に再退出することもあり，古典的な皿状骨折（saucer-type fracture）を発症する。これらの骨折は，外内撮影または背内側－掌外側撮影で容易に検出される。Ｘ線検査では，骨折の所見の検出がきわめて困難な症例もあり，骨内膜性仮骨と骨膜性仮骨の両方に関連する骨皮質内の透過性が唯一のＸ線学的な指標である。仮骨が活動的であるかどうかの評価には，シンチグラフィが有用である。

②治療

休養期間を短くするには外科的処置が勧められるが，癒着欠如骨折の治療として，ほとんどの疲労骨折の処置は馬房内休養のみによる。初期には，水治療法（hydrotherapy）と抗炎症剤の全身療法（フェニルブタゾン１～２ｇを１日２回経口投与）により痛みを和らげる。少なくとも８週間の馬房内休養の後，再びＸ線検査をすべきである。骨折が明らかに治癒しそして馬が健常であれば，引き綱で常歩運動を始め，その後運動量を段階的に増加させる。

Ｘ線検査で治癒が認められない場合には，さらに休養を続けるかまたは外科処置を考える。慎重な管理運動が治癒を促進する場合もある。外科処置には，骨折片間穿孔術（interfragmentary drilling）または螺子固定術（lag screw fexation）がある。本症の予後は一般に良好である。

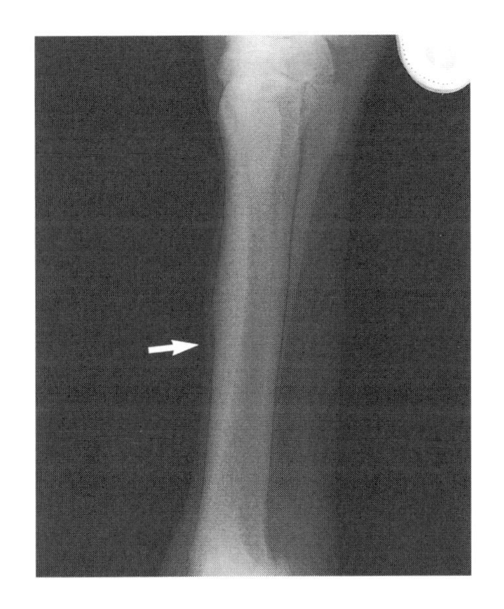

写真 20.2　第三中手骨背側骨皮質の疲労骨折

2）第三中手骨の近位掌側の疲労骨折

この骨折は老齢馬に一般的に発症するが，あらゆる年齢の馬に発症する。蹄の着地直後に第三中手骨に繰り返し圧縮力が加わり，その結果骨皮質の分裂と骨皮質内の微細骨折が起こり得るものと考えられる。損傷が骨原性の修復に優ると，疲労骨折が発症する。

①診断

本症は通常，一側性跛行として現れるが，跛行の程度は1/5～2/5よりも悪化することはなく，しばしば軽度の跛行が慢性的に続く。外側掌神経をブロックすることにより，跛行はしばしば消失する。跛行の改善のために，尺骨神経のブロックが必要な症例もある。この神経ブロック反応の相違は，この領域における骨膜面と骨内膜面の求心性神経支配が異なるためであると考えられる。骨内膜面の神経支配は，尺骨神経の背側枝から始まる。多くの他の構造が除痛されるので，神経ブロックに対するこの反応は特異的ではない。

神経ブロックの効果が非特異的であるので，高画質のX線検査が不可欠であり，シンチグラフィと超音波検査の併用が望ましい。背掌撮影のX線像では，これらの骨折は硬化骨の領域で囲まれた多発性または単発性のぼんやりとした透過線として認められる。掌側骨皮質から侵食した硬化症のために，正常な骨梁パターンはこの骨の近位掌側面で消失している。外内撮影のX線像では，骨内膜仮骨の“かさ（暈）”が同じ領域でみられる。

超音波検査では，近位繋靭帯の評価，ならびに掌側骨皮質の表面の形状を検査する。本症では，掌側骨皮質表面は粗くなり，かつ凹凸になることが多い。

②治療

8週間の完全な馬房内休養の後に，強度を漸増する管理運動を開始する。このような運動処方により，一般的には跛行とX線像の病変は消失する。本症の予後は良好である。

3）第三中手骨の掌側顆の疲労骨折

“掌側顆疲労骨折（palmar condylar stress fracture）”なる用語は，しばしば完全顆骨折に先行する病変を記すのに用いられてきた。この骨折は，若齢のサラブレッド競走馬において，内側顆か外側顆のいずれかの掌側面の微細骨折による骨硬化反応から発症する。

①診断

本症では，馬は重症度1/5～4/5の範囲の一側性跛行を呈する。関節伸展はできないかまたはできても僅かである。跛行は，24～48時間で劇的に改善される。球節の屈曲試験では，跛行は必ず悪化する。内側掌神経，外側掌神経および掌側中手神経を，管骨の遠位端レベルでの麻酔をすることにより歩様は正常になるが，球節の関節内麻酔による反応はまちまちである。

X線検査では，常用の30°前後撮影（30° dorsopalmar projection）によりほとんどの骨折病変は検出されないので，掌側顆の病変を検出するには屈曲前後撮影（flexed dorsopalmar projection）および125° 前後スカイライン撮影（125° dorsopalmar skyline projection）の特殊撮影によらねばならない。これらの特殊撮影により，X線像上の関節腔から種子骨が除去され，人工病変を最小限に抑えることができる。骨折所見は，種々の長さで硬化骨の領域を横切り，矢状稜の軸外に矢状溶解線として検出される。

②治療

少なくとも8週間の馬房内休養の後，X線像を再検査する。X線像で病変が全く消失しているか，もしくは微小な病変だけが存在する程度であれば，徐々に運動を再開する。

③予後

これらの短く不完全な疲労骨折は，完全顆骨折の前駆病変であると考えられるので，早期診断が必要である。完全骨折に進展しない馬では，本症の予後は良好であり，骨折前と同じ程度の運動能力を発揮できる。

5．第三中足骨の疲労骨折

第三中足骨（MT Ⅲ）もまた背側骨皮質に疲労骨折が発症し，この疲労骨折はMC Ⅲの疲労骨折に類似するが，その発症頻度は少ない。遠位中手骨の掌側面の病変に類似する病変が，遠位中足骨の足底面にも発症する。MT Ⅲの近位背側面の疲労骨折は，若齢のサラブレッド競走馬に発症する。

1）診断

跛行は急性に始まり，重症度は2/5～3/5であり，通常は一側性である。MT Ⅲの近位背側を指圧すると，明らかに痛みの反応が起こる。脛骨神経と腓骨神経をブロックすると跛行は消失する。足根中足関節（飛節）の関節麻酔後に，跛行は若干改善される。

X線検査では，真の外内撮影によりMT Ⅲの背側面か足底面のいずれかの病変を検出し得る。罹患した骨内を走る骨折線を検出するために，多重X線像が必要な場合がある。その他のX線像病変には，近位背側MT Ⅲの骨増殖体形成（osteophyte formation），硬化症，および骨膜反応による近位背側骨皮質の肥厚がある。対側肢にも同様の病変が観察されることが多いが，その病変は患肢に比べて小さい。

2）治療

本症の治療には，2カ月間の馬房内休養の後に，漸増的に運動を再開することが有効であることが知られている。X線検査の追跡により，飛節内に活性病変が認められた場合には，ヒアルウロン酸ナトリウムを関節内に投与する。本症の予後は一般に良好であるが，関節合併症のために，軽度の慢性跛行が続くことがある。

6．腸骨の疲労骨折

腸骨の疲労骨折は，若齢サラブレッド競走馬の後肢跛行の比較的一般的な原因である。本症は徐々に進展するので，一般に後肢の動きの悪い時期に続いて急性跛行が発現する。患側の仙結節は健常側よりも低くなり，触診すると非常に痛がる。患馬は通常，患肢が対側肢に交差する歩様を示し，速歩時にそれぞれの蹄は対側蹄の前方または前内方に着地する。跛行は不正歩行から4/5レベルの跛行まで様々である。腸骨の両側が侵されると，両側性跛行を起こす。

病変の好発部位は，腸骨翼を矢状方向に横切って正中線から約10㎝の部分である。腸骨翼のこの部位は仙腸骨関節の直接背部にあるため，この関節もしばしば侵される。損傷はほとんどいつも腸骨翼の後縁に向かっておりより重度である。骨折縁にある程度の交差があり，仙結節の非対称を呈する。

1）診断

診断は典型的な臨床症状によるが，超音波検査またはシンチグラフィにより確定診断される。超音波検査には，2.5 MHz または 3.5 MHz のトランスデューサーが必要である。超音波像では，仙結節は皮膚表面に近い骨性突起物として容易に識別される。腸骨翼の正常な平滑で連続的な表面は，これらの 2 つの境界線の間の走行で評価される。腸骨翼の骨折は，明らかな不連続性と骨表面の粗化により認められる。罹患骨のエコーの幅は正常骨の幅よりも広くなっていることが多く，活性化した新生骨形成を示している。

2）治療

治療は 10 ～ 16 週間の馬房内休養による。休養期間は，連続的に検査される超音波像により判定するのが最善である。骨表面が平滑になり連続性が確認されてから運動を再開する。このような所見は，通常は 12 週間までには認められるようになるが，治癒は損傷の初期の重症度と馬の年齢に依存する。

3）予後

腸骨疲労骨折の 20 症例のうち，11 症例がレースに復帰できたという。他の 9 症例がレースに復帰できなかったのは，骨折が治癒しなかったというよりも，他の理由による。早期に診断をして正しい治療を行えば，腸骨疲労骨折の予後は良好であるが，仙腸関節が侵されると長期間にわたり馬の活動に悪影響を及ぼす。

20-4　手根関節の損傷

運動により誘発される競走馬の関節疾患のうち最も頻度が高く，臨床的に重要視されているのが手根関節（腕関節）の損傷である。本症は一般的に短距離から中距離を走る競走馬に多く発症しており，サラブレッドおよびクォーターホースにおいて発症頻度が高い。これらの競走馬に比べて，乗馬，障碍飛越馬，猟騎馬などには手根関節損傷の発症は少ない。

1．手根関節の構成骨

手根関節の構成骨の配置図を図20.2に示した。橈骨遠位端と中手骨近位端との間には，上段と下段の2段に並ぶ7個の手根骨が配置されている。上段は，橈側手根骨，中間手根骨，尺側手根骨，副手根骨（副手根骨は後方に著明に突出しており，前方からは見えない）の4個の手根骨が並び，体重支持に関与している。下段には，第Ⅱ，第Ⅲ，第Ⅳ手根骨の3個の手根骨が並んでいる。

これら手根関節の構成骨は，手根関節の異なる高さで3つの関節面を有する（図20.2）。すなわち，橈骨と上段の4個の手根骨で作る前腕手根関節，上段と下段の手根骨で作る骨列間関節，および下段の手根骨と第Ⅱ，第Ⅲ，第Ⅳ中手骨とで作る手根中手関節である。これらの3つの関節のうち，前腕手根関節が最もよく動き，90～100°も屈曲する。次いで骨列間関節が45°程度屈曲できる。最も遠位の手根中手関節は，靭帯でほとんど固定されているため，あまり屈曲できない。

手根関節のこれら3個の関節面は，共通の線維性関節包を持っている。一方，関節腔は骨列間関節と手根中手関節との間に狭い連絡部があるのを除いては別々である。

2．手根関節炎

運動中に手根関節に加わる荷重は，線維性関節包および手根骨靭帯のみならず，手根関節構成骨によって支えられている。これら関節内の軟部組織は高速運動時の反復荷重のストレスにより損傷を受けて，広汎性の手根関節の炎症である手根関節炎（carpitis）を発症する。発症後にも運動を継続する場合には，骨折の後と同様に，骨折が起こる前にも骨や軟骨の早期の変性に反応して滑膜炎も発症する。手根関節内の軟部組織やそれらの骨への付着部は，トレーニングに適応して強化されるが，この適応よりも運動強度が勝ると，関節炎を発症する。

手根関節炎の特徴的症状は，屈曲痛，滑液の増量，軟部組織の腫脹お

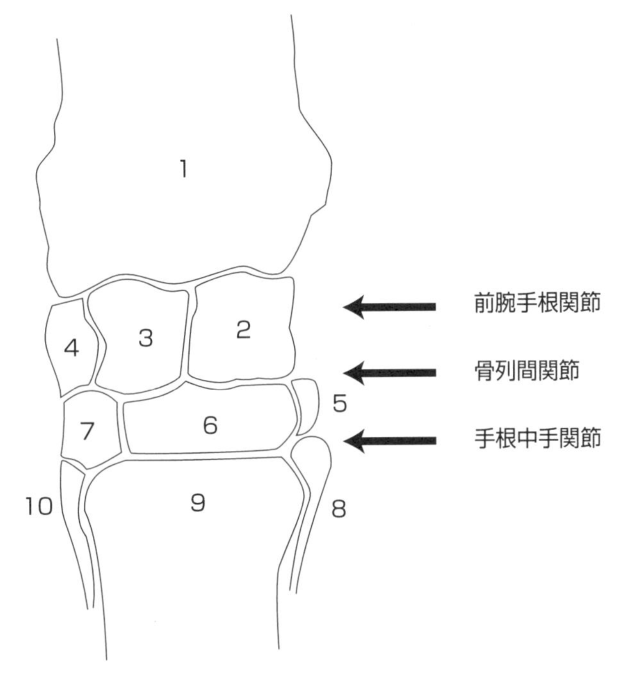

図 20.2　右側手根関節構成骨の配置図（背側面）

1：橈骨、2：橈側手根骨、3：中間手根骨、
4：尺側手根骨、5：第Ⅱ手根骨、6：第Ⅲ手根骨、
7：第Ⅳ手根骨、8：第Ⅱ中手骨、9：第Ⅲ中手骨、
10：第Ⅳ中手骨

よび関節包の肥厚である。本症により誘発される跛行は，手根関節の屈曲を最小限にする両側性の内弧歩様が特徴的である。

軟部組織とその付着部だけが侵された症例では，治癒を促進させるために数週間は運動を軽減すべきである。非ステロイド系抗炎症剤による抗炎症療法は有効であるが，痛みの抑制効果が強すぎて，激しい運動が継続されることにより，より重篤な損傷が続発する恐れがあるので，関節炎を覆い隠すべきではない。本症の確定診断には関節鏡が有用であるが，関節鏡の使用増加に伴って手根間靭帯の損傷がより頻繁に認められるようになっている。

3．骨軟骨裂離骨折

手根関節構成骨の骨折であり，その多くは裂離（剥離）骨折（chip fracture）である。骨折部位として，橈骨遠位端背側面，橈側手根骨，中間手根骨および尺側手根骨の近位端と遠位端，ならびに第Ⅲ手根骨近位端に多発することが知られている。1996 年度に，中央競馬で発症した手根関節構成骨の裂離骨折症例の，骨折部位別内訳を表 20. 4 に示した。橈骨遠位端，橈骨手根骨ならびに第Ⅲ手根骨に集中して骨折が多発しており，その他の手根骨の骨折はきわめて少ないことがわかる。中央競馬における橈骨遠位端の裂離骨折の発症率を調べた報告では，レース中の発症率が 0.34 %で，トレーニング中は 0.01 %であり，ほとんどの症例がレース中に発症する（水野, 1996）。

米国のニュージャージー馬診療所に，1982 ～ 1985 年までに来診した競走馬の，手根関節構成骨の骨折症例 286 例（サラブレッド 211 例，スタンダードブレッド 75 例）の 460 カ所の骨折の骨折部位の内訳を表 20. 5 に示した（Palmer, 1986）。両品種共に骨折部位に左右差は認められなかった。サラブレッドで最も頻度の高い骨折部位は橈側手根骨遠位端であり，一方スタンダードブレッドでは第Ⅲ手根骨近位端が骨折の最も多発する部位であった。

これらの多くの骨折は，特に骨片の転位が最小限の場合には治癒するので，早期のレース復帰の要求があれば，外科的摘出ならびに関節創縁切除を行う。最近は，外科侵襲の少ない関節鏡手術が導入されるようになり，骨片摘出ならびに損傷の治癒についての有効性が報告されている（McIlwraith et al., 1987）。関節鏡手術は，裂離骨片と残屑の除去，治癒

表 20.4　1996年度に中央競馬で運動中に発症した手根関節構成骨骨折の部位別発症数

骨折部位	症例数（%）
橈骨遠位端	202 (39.6)
手根骨複骨折	10 (1.9)
橈側手根骨	121 (23.9)
中間手根骨	13 (2.5)
尺側手根骨	0
副手根骨	5 (0.9)
第Ⅱ手根骨	1 (0.1)
第Ⅲ手根骨	153 (30.2)
第Ⅳ手根骨	1 (0.9)
計	506 (100.0)

JRA 平成 8 年度競走馬保健衛生年報 (1996) による

表20.5　米国におけるスタンダードブレッドとサラブレッドの手根骨骨折部位

骨折部位	スタンダードブレッド		サラブレッド	
	左肢	右肢	左肢	右肢
橈骨遠位端内側	0	1	17	5
橈骨遠位端外側	0	1	49	10
橈側手根骨近位端	0	2	17	9
橈側手根骨遠位端	18	15	45	67
中間手根骨近位端	0	0	27	9
中間手根骨遠位端	1	0	5	3
第Ⅲ手根骨近位端	29	32	28	70
計	48	51	188	173

Palmer（1986）より引

反応を促進するための軟骨下骨内への軟骨欠損の深部掻爬，ならびに骨の背側面からの新生骨の除去からなる。

術後管理は，損傷の程度により異なる。激運動は，損傷が完全に治癒した後に再開されるべきである。患馬は4週間，馬房内で休養させるが，最初の1週間は運動を禁止し，次の3週間には1日に2回，約10分間の引き運動（常歩）をする。レース復帰を急ぐ場合には，運動を再開できるまで筋緊張や心血管系適応を維持するために，水泳運動や水中トレッドミル運動を行う。術後にトレーニングを再開できるまでの期間は，6週間～6カ月とかなりの幅がある。通常は術後に放牧休養させるが，骨の修復を促進させるにはある程度の運動が必要である。

本症の予後は，損傷の程度と既存の関節炎の重症度に依存する。最近，445頭の競走馬の手根関節における骨軟骨裂離骨折の，関節鏡手術成績をまとめた報告では，重症度別のレース復帰率は，グレード1で71.1％（144頭のうち108頭），グレード2で75％（144頭のうち108頭），グレード3で53.2％（77頭のうち41頭），そしてグレード4で54.1％（37頭のうち20頭）であった。そして一般に外側の損傷よりも内側の損傷，そして近位端の損傷よりも遠位端の損傷がいずれも予後が悪いといわれている（McIlwraith, 1987）。

4．第Ⅲ手根骨損傷

サラブレッド競走馬において，第Ⅲ手根骨のradial fossaに海綿骨リモデリングと骨硬化が認められることが報告されている（DeHaan et al., 1987）。これらの病変は運動に対する正常な反応であり，これが骨の硬度を増加させる（Young et al., 1991）。多くの症例では，これらの病変は関節面の背側縁から遠位方向に広がる虚血ゾーンを伴っているようであり，そこでは最初に骨吸収から始まるリモデリングが進んでいる（Pool & Meagher, 1990）。小さい領域の骨吸収は耐えうるが，より大きい領域の骨吸収は，重層軟骨の虚脱を起こして，骨折しやすい欠損を起こす。第Ⅲ手根骨の背側面の軟骨下の半透明な病変が跛行の原因であると考えられている。この半透明な病変の治療としては，関節鏡による切除が行われる。予後は良好であり，そのほとんどがレース復帰できる。

板状骨折の多くは圧迫螺子固定により治療するが，骨折片が非常に薄くて螺子が支持できない症例では骨折片を除去し，さらに骨折片の転位のない症例では保存療法を行う。外科手術は関節切開，関節鏡，あるいは両方を組み合わせて実施する。入院からレース復帰までの期間は，スタンダードブレッドで平均11.5カ月，サラブレッドで平均10.4カ月であり（Stephens et al., 1988），さらに単純な前額面の板状骨折の予後については，スタンダードブレッドよりもサラブレッドの方が不良であり，レース復帰率はスタンダードブレッドが57％，サラブレッドが30％であったという。

20-5　腱の損傷

骨格筋は通常，腱（tendon）によって骨に付着し，収縮によって生ずる筋肉の力は腱を介して骨に伝えられる。筋肉の終端が腱になっているのは，数個の筋肉が骨の狭い1カ所に集まって付着するのに必要な構造である。馬の四肢の先端を動かす筋肉が長い腱を備えているのも，運動の面から考えて，きわめて合理的な構造である。腱は付着部に到達する前に2～3個の関節や骨の隆起の上を通過しており，この部分は摩擦が大きく腱は過度な圧迫や損傷を受けやすい。したがって，腱は腱鞘（tendon sheath）という腱と骨との摩擦を防ぐための長い鞘で包まれている。この腱鞘の中には滑液が含まれ，腱の移動がスムーズに行われる仕組みになっている。

1．損傷に対する腱の反応

腱の損傷には，腱組織がほとんど分断することのない軽度のひずみを示す症例から，完全な断裂にいたる重度の症例まで様々である。軽症例では，修復は比較的正常な腱による浮腫液と血液の吸収であるが，重症例では，稠密な細胞性肉芽組織の形成とその後の腱の横断面を大きく占めるように増加する結合組織の形成がみられる。腱が著しく断裂している場合には，修復過程は主として腱以外の組織から起こる，いわゆる外因性修復（extrinsic repair）である。内因性修復（intrinsic repair）は，外因性修復が腱鞘によって制限されるような部位や，損傷が腱の内部に閉じ込められているような症例を除いて，ほとんど起こらないようである。

正常な腱組織と腱の瘢痕組織との相違点は，乱雑に出現する線維組織，細胞充実性（cellularity）の増加およびコラーゲン量の減少である。Ⅰ型コラーゲンが多い正常腱に対して，瘢痕組織ではⅢ型コラーゲンが多い。Ⅰ型コラーゲンに比べて，Ⅲ型コラーゲンの方が張力が低いという事実は，腱炎の予後が不良であることの重要な因子と考えられる。したがって，現存する腱細胞がⅠ型コラーゲンの産生を誘発させることができ，しかもⅢ型コラーゲンの産生を最小限にすることができれば，予後を改善することができる（Williams et al., 1980）。

腱炎（tendonitis）は本質的に競技馬の疾病であり，運動時に起きている身体力学的ストレス（biomechanical stress）により罹りやすくなる。正確な発症のメカニズムは知られていないが，過剰な負荷が正常腱にかかった時に損傷が突然に発症するのかどうか，または連続的な運動が腱に微小損傷の蓄積を起こし，これらの損傷の蓄積が正常な負荷がかかっても腱を破綻しやすくしているのかどうかについては，意見の一致をみていない。

2．腱炎

最近も，日本を代表する競走馬が腱炎により引退を余儀なくされて話題となっているが，これは競走馬の職業病としての代表格であると共に，完全治癒ならびにレース復帰が困難な“不治の病”とされ，臨床上重大な疾患である。

1）臨床症状と診断

屈腱の損傷は前肢に多発するようであり，さらに深指屈筋腱よりも浅指屈筋腱に多発するようである（Webbon, 1977)。浅指屈筋腱における本症の多発部位は，手根腱鞘の遠位面と指腱鞘の近位面との間の領域である（Nilsson & Björck, 1969)。急性期には，腫脹，疼痛，皮膚温の上昇，ならびに軽度の跛行がみられる。腱に大きな分断または断裂が起こっている場合には，腱からの支持が欠如するので，患肢側の球節が過伸展を起こす（球節沈下)。慢性期には，線維組織からなる限局性または広汎性の硬い腫脹が発現する。この損傷には通常は圧痛があり，特に負重をかけない時の圧痛が顕著である。この損傷がかなり大きくなって，中手または中足領域の遠位方向にまで広がる場合には，輪状靭帯が絞窄されることによる指屈腱鞘の炎症を併発することが多い。

腱炎の診断は，以前から触診と視診による腫脹，疼痛の発現および組織温の上昇を検出することによってなされてきた。この単純な検査により容易に本症を検出できるが，臨床症状を発現しない病変の存在を見逃すことがある。このような無症状な病変は，サーモグラフィによる肢の温度の測定や超音波検査による腱の構造の評価によって検出できるようになった。超音波を使用することにより，腱の検査は革命的に改善され，病変は早期にしかもその部位を正確に特定できるようになり，病変の進行を監視できるようになった。

2）超音波検査所見

超音波検査では，腱の横断面と縦断面を走査し，横断面の走査では損傷のタイプと大きさを検査し，縦断面の走査では縦走する腱線維の配列を検査する。肢を対角的に近位から遠位に走査して異常所見を撮影する。

急性相では，腱線維の分断による損傷と限局性の出血は，無響性核（核心病変）として描写される。一方，線維損傷が少なくて血液の局所的蓄積のない病変は斑点様相を表す。写真20.3に浅屈腱炎の超音波画像を示した。修復過程が進行すると顆粒組織が産生され，次いで未熟な非配列の線維組織により置き換えられ，その後により組織化された組織に置き換えられるので，この核病変はよりエコージェニック（echogenic）となる。腱膜癒着の存在がその境界の正確な描出を困難にするが，最終的にこの構造は正常な腱に類似する。

腱炎において，肉眼所見，組織学的所見ならびに超音波検査所見との間に密接な関連性があり，これをもとに超音波検査所見から腱炎を次のようにType 1～4に分類している（Reef et al., 1989）。

Type 1 : 成熟線維組織

Type 2, Type 3 : 顆粒組織と未成熟線維組織の存在を示す低エコー病変

Type 4 : 新鮮血腫の存在を示す無響性病変

3）管理

腱炎の管理は，病変が急性か慢性かによって異なる。

①急性腱炎

急性腱炎における管理は，レース復帰を早めるために急性症状を抑えることに専念すべきである。腱炎において産生される瘢痕組織は機械的特性が劣っているので，損傷部における瘢痕組織の産生を最小限に抑えて機能的適応を最大限にする必要がある。したがって，急性腱炎の管理は，炎症ならびに併発する浮腫と疼痛を軽減する，出血ならびに血腫形成を最小限に抑える，正常な腱の構築の回復を促進する，ことを目標にする。

これらの目標を達成するために，急性腱炎の管理は以下のことを実施する。

- 運動の即時中止：トレーニングやレースを継続することにより，原発病変にさらなる損傷を重ねないことが重要である。患馬は直ちに激運動を中止すべきである。軽症例に対しては軽運動が許されることもあ

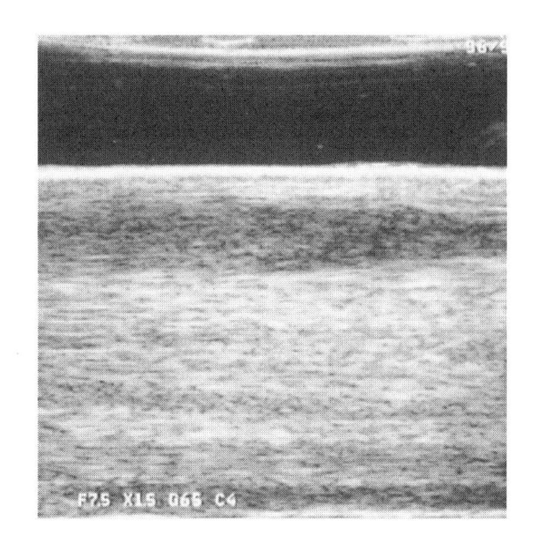

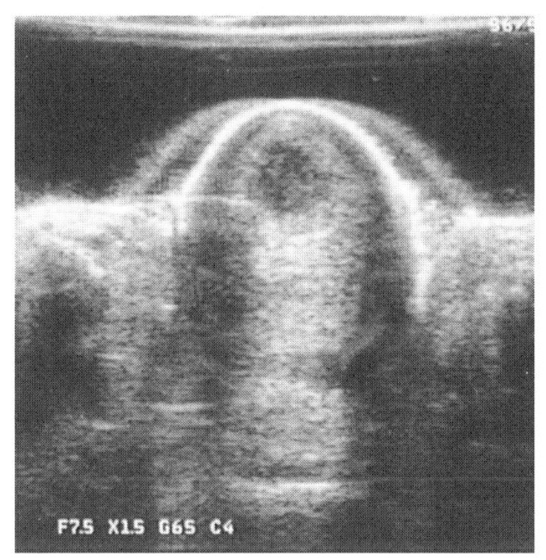

写真 20.3　浅屈腱炎の超音波画像

上は縦断像，下は横断像。屈腱の中心部に低エコー像がみられる。

るが，これは慎重な触診と超音波検査所見をもとに，あくまでも獣医師の判断に従うべきである。重症例は馬房内で休養させる必要がある。

- 寒冷療法：発症後の最初の48時間には，適正な寒冷療法が出血と浮腫を最小限にするのにきわめて有効である。組織に一様に接触させるために，粉砕した氷に少量の水を入れたプラスチック・バックを肢に巻きつけるか，または化学的冷却パックを用いるのが効果的である。寒冷療法は炎症の急性相が治まるまで1回に約30分，1日に数回実施する。

- 支持包帯：下肢部に支持包帯をきつく装着することにより，腫脹と不快感が軽減する。
- 非ステロイド系抗炎症剤：非ステロイド系抗炎症剤の慎重な使用は，炎症反応および併発する疼痛ならびに血管内液と蛋白質の，損傷した組織内への血管内遊出を制限するのに非常に有用である。フェニルブタゾン（初回量4.4 mg/kgで12時間毎に投与）はこのような目的に有効であり，修復過程に対する影響も最小である。潜在的な毒性については常に考慮しておくべきであり，用量ならびに投与期間は必要に応じて変える必要がある。
- コルチコステロイド：急性期にコルチコステロイドを適正に使用することは，炎症を抑えるのに非常に有効であるが，損傷の治癒の多くの局面に抑制効果があるので，長期の投与は禁忌である。この薬が炎症と疼痛の軽減に効力があるので，馬が一層好転したと感じるか，またはトレーナーが治癒に成功したと誤解させられるかのいずれかのために，肢の酷使を招くことがしばしばある。腱内注射は，腱内石灰化に加えて壊死とコラーゲン溶解をもたらしやすいので禁忌である。
- 鎮痛剤：寒冷療法，非ステロイド系抗炎症剤，および支持包帯装着の場合に鎮痛剤を用いる。
- 不動化：支持包帯を装着して馬房内に閉じ込めておくことは，運動制限に有効であるが，重症例では十分な方法ではない。重症例では，腱への負重を除外するために，ギブス副子または板副子を装着する。不動化の期間は通常は約2週間位である。
- ジメチルスルフォキシド（dimethylsulfoxide，DMSO）：DMSOは頻繁

に局所的に使用されており，この薬剤の溶媒性，抗炎症性および遊離基排出性がよく知られているが，腱の修復における直接的適用の有効性については明らかにされていない。

- ヒアルウロン酸ナトリウム（NaHa）：NaHaは組織修復に影響することが認められている。腱の修復に対するNaHaの正確な役割については明らかにされていないが，腱膜の癒着を軽減することが知られている。
- 超音波：超音波療法は，腱分離術の後と同様に，薬物誘発腱炎の治療に有効であることが知られている。
- 外科手術：最近まで急性腱炎に対する外科療法は考慮されなかった。しかし，腱内の血腫を排出し，そして浮腫を軽減するために，超音波像の監視下で実施する経皮的腱分離術または腱穿刺術が注目されてきた。この外科手術は，膠原酵素誘発性腱炎モデルにおいて有効性が認められており，腱直径，病変の大きさおよび重症度がいずれも減少し，修復組織の質が改善したと報告されている（Henninger et al., 1992）。

②慢性腱炎

慢性腱炎の管理はいつも論争の的となっており，多くの方法が試みられてきている。種々の外科療法のうちで，現在においても有用視されているものはない。慢性腱炎の治療の目標は，線維組織の沈着を促進するための炎症反応の刺激（焼烙，硬化剤の注入，炭素線維の挿入），内部治癒を促進するため腱核心部の露出（開放性または経皮性の腱分離術または腱穿刺術），修復組織の整然とした産生のための枠組みを提供する移植腱の挿入，および新しい組織の枠組みに加えて余分な機械的力を提供する人工的足場の提供である。経皮的腱分離術または腱穿刺術を除いて，これらのほとんどの方法は科学的には評価されておらず，初めの頃には重要視されていたが，その後は用いられていない。最近では，浅制動靭帯の靭帯切断術の有効性が報告されている（Bramlage, 1986；Henninger et al., 1990）。この手術法の理論的根拠は，靭帯切断後に，大部分の張力は，伸展性が限られている腱や制動靭帯よりもむしろ，伸び得る屈筋により支えられるという推定に基づいている。浅制動靭帯切断術の後，60日間は馬房内に閉じ込めておき，最後の6週間は規則正しい常歩の引き運動を課し，その後の60日間は放牧するかまたは軽運動を負荷して，徐々にトレーニングに戻すことが勧められる。

4）運動計画

治療法いかんにかかわらず，損傷した腱のリハビリテーションにはまず休養が必要である。次いで，長期の管理運動を課し，その間に新しい組織の秩序正しい配置を促進するために，腱に頻度と強さを漸増する運動を負荷する。具体的な運動処方は，獣医師の裁量にゆだねる。腱の修復は長期にわたり，線維損傷の大きさに依存し，12～18カ月を要する。

この修復期間には，約1カ月間隔で超音波検査を実施し，超音波像により運動管理は次のような基準に従う。

- 腱に無エコー領域（anechoic region）の存在が認められた場合：患馬を馬房内に閉じ込めておくべきであり，運動は常歩の引き運動に制限する。
- 腱に低エコー領域（hypoechoic region）の存在が認められた場合：修復を示すエコージェニック像が増大するに伴って，常歩と速歩からなる管理運動を開始するべきである。馬が従順な場合には休養のために牧場へ送りこむが，腱線維の配列を刺激するために必要な張力負荷を腱に与えるために，十分に運動させることが重要である。
- 腱が正常像を示した場合：強い運動を開始できる。この段階では，運動後の腱炎の再発を検出するために，超音波検査が必要である。超音波像または臨床像で再発が認められた場合には，運動を軽減すべきである。

5）予後

腱炎の予後は，多くの異なる因子に関連する。多くの腱線維の断裂による重症な腱分断は，機械的負荷に耐えるための十分な正常腱が残っていないので，予後は不良である。瘢痕組織の機械的能力は十分ではないので，予後を悪くする。腱修復および瘢痕成熟は長期にわたり，1カ年以上を必要とする。この間にレース復帰は困難である。

20-6 繋靭帯の損傷

繋靭帯（骨間筋）は，管骨の近位掌側を起始部とし，球節の上5～7.5㎝付近で左右に分岐し，内外側の分岐が近位種子骨に付着し，繋部の背側で総指伸筋腱と結合する（図20.3）。繋靭帯は，浅指屈筋腱ならびに深指屈筋腱と共に，その屈曲作用により繋関節を支持する重要な役割を持っており，中手骨（管骨）と屈筋腱の間に位置している。

この骨間筋（繋靭帯）は，強力で偏平な腱質帯であるため，懸吊靭帯として知られている。若齢馬では部分的に筋質であるが，動物の体重が増すにつれて筋線維は次第に消失し，成馬での構造は全体を通して膠原線維性となる。

繋靭帯炎（suspensory desmitis）は，競走馬に最も多発する運動器疾患の一つである。スタンダードブレッド競走馬では，繋靭帯炎の発症は前肢に比べて圧倒的に後肢に多いが，一方，サラブレッド競走馬では，主として前肢に発症する（Nilsson & Björck, 1969）。繋靭帯炎は同靭帯の脚部に多発する。

繋靭帯炎における組織学的変化は，屈腱炎の症例に類似している。繋靭帯は，屈腱と同様の機能と構造を有しており，筋線維の量が屈腱の方が多いだけである。急性期の組織変化は，靭帯の周囲および内部の浮腫と出血を伴う線維の小さな分離の症例から，著しい線維の損傷または完全な断裂を示すものまで様々である。慢性症例では，靭帯の腫脹を伴う瘢痕組織の沈着が認められる。繋靭帯における筋線維の比率は，サラブ

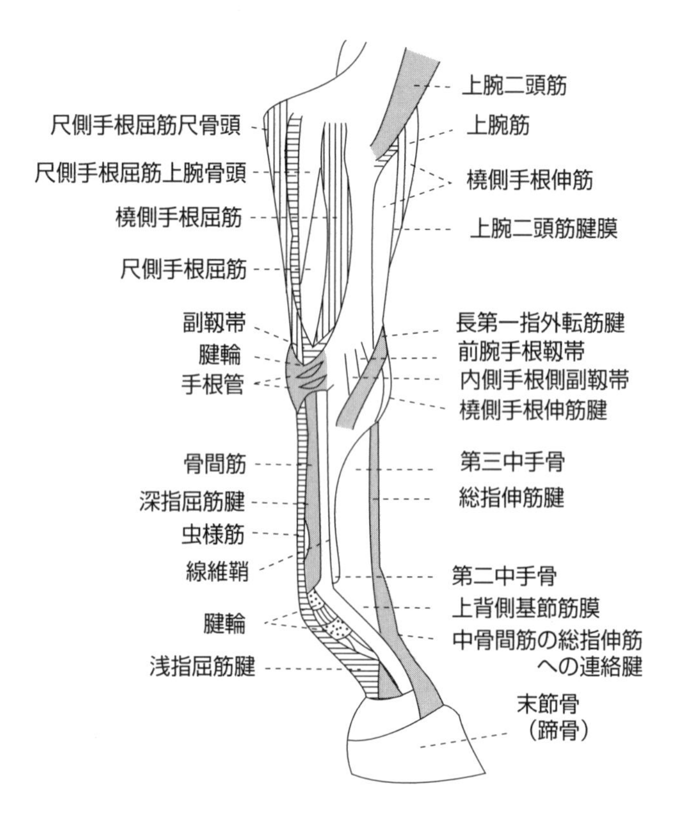

図 20.3　下脚部の筋および腱（内側）

馬の医学書（1996）より引用

レッド種の10％に対してスタンダードブレッド種は14％と，スタンダードブレッド種の方が多いことが知られている（Wilson et al., 1991）。このことが，スタンダードブレッド種の発症率の高さに関連するものと考えられている。

繋靭帯炎は，繋靭帯の起始部，体部，脚部そして種子骨の付着部のいずれの部位にも発症し得る。臨床症状や予後は，損傷部位によって異なる。

1．繋靭帯の体部と脚部の損傷

1）臨床症状および診断

繋靭帯の体部と脚部の損傷の臨床症状と診断法は，屈腱炎の場合に類似する。本症の急性期には，中等度～重度の跛行を示す。スタンダードブレッド種では，前後肢共に発症することがしばしばあるが，サラブレッド種では前肢の発症が最も一般的である。損傷部位における疼痛と腫脹が顕著であるが，局所療法により数日で症状は治まる。

本症では，種子骨炎と同様に，副管骨の骨折を併発すると，症状はしばしば悪化する。したがって，治療する前にX線検査により骨折の有無の確認が必要である。

超音波検査は，繋靭帯の損傷の存在とその程度を知るのに最も有用である。損傷部位を正確に診断するためには，靭帯の横断像における損傷領域の計測，および縦断像における損傷線維の長さと軸方向の線維の配列の検査，損傷の重症度，そして損傷部位の記述を行う。損傷の程度は，1～4等級に類別される。すなわち，タイプ1はほとんどがエコージェニックであるもの，タイプ2は半分がエコージェニックで半分が無エコージェニックであるもの，タイプ3はほとんどが無エコージェニックであるもの，そしてタイプ4は全体が無エコージェニックであり，ほとんどが病的状態であることを示す。

2）治療

繋靭帯炎の治療は腱炎と同様であり，分離術および穿刺術がサラブレッド種よりもスタンダードブレッド種においてより有効である(Knudsen, 1976；Nilsson & Björck, 1969)。発症後4週間は馬房内で休養させて毎日引き運動を課し，その後の3カ月に運動量を徐々に増加させる。この期間中に超音波検査で治癒過程を監視し，その所見により休養期間を変更する。繋靭帯炎は近位種子骨および副管骨の損傷により悪化するので，これらの骨損傷の治療も必要になることがある。

2．繋靱帯起始部の損傷

1）臨床症状および診断

繋靱帯起始部の損傷では，軟部組織の傷害または裂離骨折が発症する。主な症状は，前肢または後肢のいずれかの中等度の急性の一側性または両側性の跛行であり，運動により増悪する。腫脹はほとんどみられず，局所診断麻酔が明確ではないので，損傷部を特定するのは難しいことが多い。繋靱帯起始部の上を指で深く圧迫することにより疼痛が発現する。約30秒間の指圧により跛行が増悪する。

診断は，慎重な触診と適正な局所麻酔，そして画像技術により行う。軟部組織の損傷は超音波検査により確認されることが多く，繋靱帯起始部の近くの骨折および骨の慢性病変はX線像（第三中手骨近位の背掌撮影）で確認され，そして両方の病変はシンチグラフィが有用である。本症では，深指屈筋腱およびその副靭帯の損傷との慎重な検査による鑑別診断が必要である。

2）治療

急性期には完全休養が必要であり，その後に引き運動（常歩）による管理運動を始める。トレーニングの再開は3カ月後にすべきであり，裂離骨折を併発している症例ではさらに長期の休養が必要である。外科的処置は必要ない。

ほとんどの症例の予後は良好であり，発症前の競技成績に回復する。

3．繋靱帯の全断裂

繋靱帯の全断裂（complete desruption of the suspensory ligament, breakdown injury）は，サラブレッド競走馬にしばしば発症し，前肢にみられるのが一般的である。本症はレースの最後で発症し，筋疲労がその原因と考えられている。

1）診断

繋靱帯の全断裂が起こると球節の支持が失われる。本症では，繋靱帯不全に近位種子骨の骨折を併発することが多い。一般に重篤な軟骨組織の損傷が存在し，掌側指動脈の血栓症，繋の掌側面の表皮剥離，または深指屈筋腱の断裂が認められる。

2）治療

繋靭帯の急性断裂と診断された場合には，肢の伸展と掌側動脈の栓塞症を防ぐために，速やかに適正な肢の支持処置を施すべきである。球節の支持には幅広い副木で固定する。さらに追加療法として，急性期には抗炎症剤，抗血栓症剤および抗生物質を投与する。繋靭帯の全断裂では，長期間（6～8カ月）の球節支持で管理されるが，支持肢に蹄葉炎が併発しやすい。中手指節関節の外科的関節固定術により，患肢の機能的負重が早期に復帰でき，合併症と罹患率が減少する（Bramlage, 1981）。

20-7　蹄の損傷

蹄は，運動時の肢の着地に際して直接的に衝撃を受ける器官である。馬の運動器（筋骨格器官）の中で，蹄のように磨損や裂傷をうけたり，物理的に酷使される部分は他にない。したがって，競走馬や競技馬では，蹄の損傷が跛行の主要な原因となっている。

1．蹄の構造

馬の蹄は，硬い角化した蹄壁（hoof wall）と蹄壁に囲まれた内部構造からなる複雑な構造物である（図 20.4）。表皮性の蹄と真皮の内部には，跖枕（digital cusion），末節骨（distal phalanx），末節骨の両側にある蹄軟骨，遠位指節関節，中節骨（middle phalanx）の遠位端，遠位種子骨（舠骨）と舠，靭帯，血管，神経，ならびに深指屈筋腱と総指伸筋腱の付着部が収納されている。

蹄角質（hoof horn）は，皮膚の表皮が大きく変化して角化したものである。蹄角質は，顆粒層（stratum granulosum）と淡明層（stratum

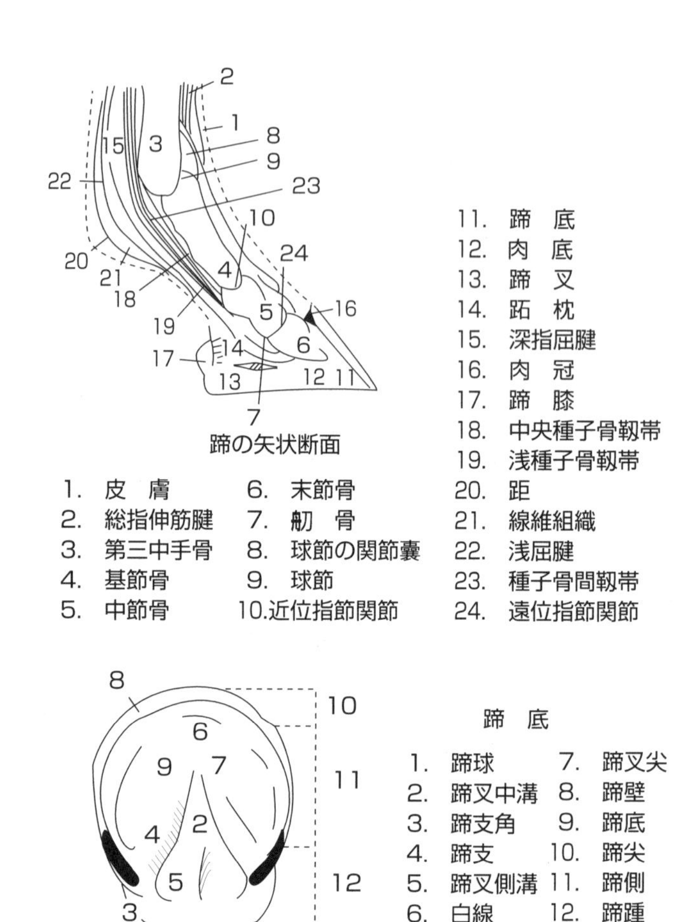

図 20.4 蹄の構造

上図は蹄の矢状断面，下図は蹄底

野村（1977）より改変引用

lucidum）を欠き，ケラトヒアリン（keratohyalin）を形成しない点で正常皮膚と相異する。表皮細胞内で硬いケラチン（keratin）が産生されて蹄角質となる。馬の肢端を囲んでいる高度に分化した蹄角質の維持と産生は，上皮細胞増殖，進行性角化，胚細胞層からの離脱遊走，そして最後に細胞死を来たし馬体から剥脱するといった一連の過程によってもたらされている。

蹄壁は，内層，中層，外層の三層からなる。この硬い蹄壁の直下に薄い胚芽層（stratum germinativum）がある。この胚芽層は，さらに外側の有棘層（角化層）と内側の基底層に分かれ，ここで複製が起こる。胚芽層がケラチン産生細胞の包被を形成し，蹄真皮（hoof corium）の直上に位置して完全に覆っている。

蹄真皮は皮膚の真皮に相応するものであり，すべての内部構造物を被覆する連続層を形成する。蹄真皮は部位によって5つに分けられる。すなわち，蹄縁真皮（periople corium），蹄冠真皮（coronary corium），蹄壁真皮（wall corium），蹄底真皮（solar corium）および蹄叉真皮（frog corium）である。蹄真皮は緻密な膠原性結合組織であり，外側の硬い蹄壁を支持しかつ接着する役割を持つ。さらに，蹄真皮は血管と神経に富み，胚芽層に栄養を補給している。損傷や疾病または外科的操作によって蹄壁が分離することがあるが，これは胚芽層と蹄壁内層（葉状層）との間が分離するものである。蹄角質の手術や蹄損傷の重症度の評価に際して，重要なポイントとなる。

蹄壁は，皮膚と角質縁（periople）との結合部である蹄冠部から遠位方向に蹄負面まで伸びている。蹄壁は，蹄尖壁，蹄側壁および蹄踵壁に分けられている。蹄壁は蹄尖部で最も厚く，蹄側部から蹄踵部へ向かって徐々に薄くなっている。蹄踵部で蹄壁は蹄支（bars）として蹄の下の面に入り込む。蹄底の蹄壁と白色の軟角質との結合部は，白線（white line）と呼ばれる。

蹄叉（frog）は，蹄負面における蹄踵部から蹄尖部に向かって膨隆した，楔状の弾力ある角質部であり，蹄叉の中央を縦に走る溝を蹄叉中溝

(central sulcus)，蹄叉と蹄支との間にある深い溝を蹄叉側溝(collateral sulcus)，そして蹄叉の前端を蹄叉尖（apex）という。この蹄叉は，後方に向かっては蹄冠の後面にある左右2個の球状の隆起の蹄球（bulbs）に移行する。

蹄壁と末節骨との付着は，一次と二次の表皮葉と真皮葉の入りくんだネットワークによっている。蹄壁内層の一次表皮葉（約600枚）は，対応する血管に富んだ真皮葉と重なり合っている。それぞれの一次真皮葉には，約100枚の二次真皮葉が伸びている。この真皮葉は皮下織と混合し，さらに皮下織は末節骨の側面の骨膜と混合している。

末節骨の蹄軟骨は，末節骨の掌突起に付着する軟骨板で不規則な卵円形を呈し，その大部分は蹄底内に位置しているが，後半の一部は蹄冠より上部に位置する。若齢馬では，蹄軟骨はヒアリン様軟骨であるが，高齢化に伴って線維軟骨に変わり，そして骨化すると“蹄軟骨化骨(sidebone)”になる。

蹠枕は皮下組織が変化したものであり，血管が乏しい弾力線維組織，少量の脂肪組織と線維軟骨により形成されており，両側の蹄軟骨の空間を埋めている。蹠枕は遠位部で楔形真皮（cuneate corium）に接触し，そして蹄叉の形態に適した形状を呈する。一方，近位部では蹠枕は密膠原性結合組織となり，深指屈筋腱に融合する。さらに後方では，蹠枕は蹄踵の蹄球の基礎を形成する。

遠位指節関節（蹄関節）は，中節骨の関節面と末節骨と舟骨の2つの関節面により形成される，制限された動きの蝶番関節である。

舟骨（遠位種子骨）は舟の形をした構造で，末節骨への付着のために深指屈筋腱の方向を変えている。

2．遠位指節関節に起因する跛行

遠位指節関節の内部や周辺で痛みが起こる損傷が数多くあり，関節指骨瘤（articular ringbone），骨膜炎（periostitis），末節骨の伸筋突起の骨折，および末節骨の骨折がある。これらの損傷の診断は容易であり，治療も比較的容易である。遠位指節関節内の麻酔や掌神経のブロックにより，跛行は改善される。

症例によっては，慎重なX線検査によって上記のような疾病，または別の骨増殖症（osteophytosis）であることを特定することができる。本症の原因は，運動時の外傷，不正蹄形，装削蹄失宜，またはこれらの組み合わせによるものと考えられている。

原因を除去した後の治療には，通常はヒアルウロン酸ナトリウムが投与される。跛行が重度であれば，非ステロイド系抗炎症剤を投与する。初期治療に反応しない慢性症例には，関節内にコルチコステロイドを注入する。蹄のバランスを正しく維持するように，装削蹄により矯正すべきである。

X線像で骨病変が認められた症例の予後は不良であるが，それ以外の症例では予後は良好である。反復療法が必要であり，多くの馬は跛行が残るかまたは再発する。

3．蹄骨骨炎

競技馬では，衝撃の持続により，末節骨の炎症とミネラル除去が起こる。X線像で認められる骨病変は，末節骨の尖端と両側の翼との間の部分における床縁の粗化である。骨病変は健康馬にもしばしばみられるので，ミネラル除去による正常な裂（crena）と混同しないように留意すべきである。診断は，蹄底または蹄踵部の疼痛と跛行，およびX線像の重度の骨病変による。薄いかまたは低い蹄底，装蹄失宜，硬い走路での運動，またはこれらの組み合わせにより発症しやすい。治療は，これらの素因を取り除くことと，蹄底を保護することに向ける。適正な装蹄により治ることが多いが，蹄鉄の下に合成物または皮のパッドを入れる。重症例には，短期間だけ抗炎症剤を投与する。主たる原因は馬格（肢勢）の不良であるので，本症の予後はいつも監視しなければならない。

4．蹄壁の損傷

競技馬が罹りやすい蹄壁の損傷が幾つかある。挫跖（bruising），裂蹄（wall cracks）および掌踵蹄（sheared heels）があり，これらは不正肢勢，装蹄失宜，硬い走路での運動，またはこれらの組み合わせに起因する。非競技馬の症例はこれらに起因するものではなく，治療も比較的容易であるが，競技馬では完全な休養期間が必要となる。したがって，トレーニングや競技を続けながらの治療が要求される。そのような場合には，治療は生存する感受性組織を保護し，そして競技活動を続けられるように蹄を安定させるようにする。そのためには，削蹄，矯正保護装蹄，蹄の欠損部への重合樹脂の充填を行う。従来の方法では容易に治療できない慢性症例には，衝撃を軽減するような特殊蹄鉄を用いる。

【参考文献】

1） Bieivener, A. A. et al. : Bone stress in the horse forelimb during locomotion at different gaits : a comparison of two experimental methods. J. Biomechanics 16 : 565 ～ 576 (1983)
2） Bramlage, L. R. : An initial report on an surgical technique for arthrodesis of the metacarpophalangeal joint in the horse. Proc. Ann. Conv. Am. Ass. Equine Practnrs. pp. 257 ～ 261 (1981)
3） DeHaan, C. E. et al. : A radiographic investigation of third carpal bone injury in 42 racing thoroughbreds. Vet. Radiol. 28 : 88 ～ 92 (1987)
4） Hardy, J : Diseases of soft tissue. In Kobluk, C. N. et al. (eds) : The Horse : Diseases and Clinical Management. pp.791 ～ 814, W. B. Saunders Co., Philadelphia (1995)
5） Hardy, J. : Sesamoiditis and suspensory desmitis. In Robinson., N. E. (ed.) : Current Therapy in Equine Medicine 3. pp.140 ～ 143, W. B. Saunders Co., Philadelphia (1992)
6） Henninger, R. et al. : Short-term effects of superior check ligament desmotomy and percutaneous tendon splitting as a treatment for acute tendinitis. Proc. Am. Ass. Equine Practns. pp. 539 ～ 540

(1990)
7) Henninger, R. W. et al. : Effects of tendon splitting on experimentally-induced acute equine tendinitis. Vet. Comp. Orthop. Traumatol. 5 : 1 ～ 9 (1992)
8) Hunt, R. J. : Diseases of the foot. In Kobluk, C. N. et al. (eds) : The Horse : Diseases and Clinical Management. pp. 659 ～ 705, W. B. Saunders Co., Philadelphia (1995)
9) Kainer, R. A. : Clinical anatomy of the equine foot. Vet. Clin. North Am. Equine Pract. 5 : 1 ～ 27 (1989)
10) 北　昂（監）：装蹄学．第3版，日本装蹄師会（1992）
11) Knudsen, O. : Percutaneous tendon splitting : method and results. Equine Vet. J. 8 : 101 ～ 103 (1976)
12) Lanyon, L. E. : Functional strain in bone tissue as an objective, and controlling stimulus for adaptive bone remodelling. J. Biomechanics 20 : 1083 ～ 1093 (1987)
13) Lewis, L. D. : Equine Clinical Nutrition : Feeding and Care. pp.268 ～ 271, Williams & Wilkins, Baltimore (1995)
14) McIlwraith, C. W. et al. : Arthroscopic surgery for the treatment of osteochondral chip fractures in the equine carpus. J. Am. Vet. Med. Ass. 191 : 531 ～ 540 (1987)
15) 水野豊香：サラブレッド種競走馬に発症する手根関節構成骨の骨折統計（発症率，発症部位，競走復帰状況）および外科手術法の現状．馬の科学 33 : 181 ～ 190 (1996)
16) Mohammed, H. O. et al. : Risk factors associated with injuries in Thoroughbred horses. Equine Vet. J. 23 : 445 ～ 448 (1991)
17) 武藤芳照ら（編）：スポーツと疲労骨折．南江堂，東京（1990）
18) 日本中央競馬会：平成 8 年競走馬保健衛生年報．日本中央競馬会，東京 (1997)
19) 日本中央競馬会競走馬総合研究所（編）：馬の医学書．チクサン出版社，東京 (1996)
20) Nilsson, G. & Björck, G. : Surgical treatment of chronic tendinitis in the horse. J. Am. Vet. Med. Ass. 155 : 920 ～ 926 (1969)
21) 野村晋一：概説馬学．新日本教育図書，東京（1977）
22) Nunamaker, D. M. & Provost, M. T. : The bucked shin complex revisited. Proc. Ann. Conv. Am. Ass. Equine Practnrs. pp. 757 ～ 762 (1991)
23) Palmer, S. B. : Prevalence of carpal fractures in Thoroughbred and Standardbred racehorses. J. Am. Vet. Med. Ass. 188 : 1171 ～ 1173 (1986)
24) Pilsworth, R. & Shepherd, M. : Stress fractures. In Robinson, N. E.

(ed.) : Current Therapy in Equine Medicine 4. pp.104 ~ 112, W. B. Saunders Co., Philadelphia (1997)
25) Pool, R. R. & Meagher, D. M. : Pathologic findings and pathogenesis of racetrack injuries. Vet. Clin. North Am. Equine Pract. 6 : 1 ~ 29 (1990)
26) Reef, V. B. et al. : Comparison of ultrasonographic,gross,and histologic appearance of tendon injuries in performance horses. Proc. Ann, Conf. Am. Ass. Equine Practns. p. 279 (1989)
27) Riggs, C. M. : Implications of bone adaptation in the Thoroughbred racehorse. In Robinson, N. E. (ed.) : Current Therapy in Equine Medicine 4. pp.99 ~ 103, W. B. Saunders Co., Philadelphia (1997)
28) Rossdale, P. D. et al. : Epidemiological study of wastage among race horses 1982 and 1983. Vet. Rec. 116 : 66 ~ 69 (1985)
29) Speirs, V. C. : Lameness : approaches to therapy and rehabilitation. In Hodgson, D. R. & Rose, R. J. : The Athletic Horse. pp.344 ~ 369, W. B. Saunders Co., Philadelphia (1994)
30) Stephens, P. R. et al. : Slab fractures of the third carpal bone in Standardbreds and Thoroughbreds. 155 cases (1977 ~ 1984). J. Am. Vet. Med. Ass. 193 : 353 ~ 358 (1988)
31) Stover, S. M. et al. : An association between complete and incomplete stress fractures of the humerus in racehorses. Equine Vet. J. 24 : 260 ~ 263 (1992)
32) Webbon, P. M. : A Post morten study of equine digital flexor tendons. Equine Vet. J. 9 : 61 ~ 67 (1977)
33) Williams, I. F. et al. : Cell morphology and collagen types in equine tendon scar. Res. Vet. Sci. 28 : 302 ~ 310 (1980)
34) Wilson, D. A. et al. : Composition and morphologic features of the interosseous muscle in Standardbreds and Thoroughbreds. Am. J. Vet. Res. 52 : 133 ~ 139 (1991)
35) Young, D. R. et al. : Mechanical and morphometric analysis of the third carpal bone of Thoroughbreds. Am. J. Vet. Res. 52 : 402 ~ 409 (1991)

21 馬の輸送

競技馬や競走馬は競技会やレースに参加するために，牧場や厩舎から競技場や競馬場へ輸送される。輸送手段は，主として自動車による陸路輸送であるが，最近では国際的な競技会やレースが増えるにしたがって，航空機による空路輸送も頻繁に行われるようになってきた。

陸路輸送，空路輸送のいずれにしても，馬は限られた狭い空間の中で長時間閉じ込められることになり，厳しいストレスを受ける。したがって，馬の輸送では，特に熱放散と換気に留意すべきであり，これを怠ると馬は急速に，いわゆる輸送熱（shipping fever）または胸膜炎や肺炎を発症する。

本章では，この競技馬や競走馬にとって避けることのできない輸送に関連して，馬の輸送の実態，輸送時の馬に対するストレス，輸送熱などについて解説する。

21-1　馬輸送の歴史と現況

1．馬輸送の歴史

馬の陸路輸送の起源は18世紀にさかのぼるとされており，特別仕様の馬運車に関する種々の記述が残されている。英国のアン女王（1702～1714）の時代に，1頭の馬がレース出走のために馬運車で輸送されたという記録がある。さらに，1836年の英国のセントレジャー（St. Leger）・レースに出走するために，牧場から数百マイル離れた競馬場まで馬運車で輸送されたエリス号（Eils）が優勝したことから，馬運車による馬輸送が急速に普及し始めたという。

馬の空路輸送は，1920年代に複葉飛行により1頭の競走馬を輸送したのが最初である。さらに，航空貨物としての馬の空路輸送は，1947年にアイルランドのシャノンからニューヨークに馬を輸送したのが最初である。

2．馬の陸路輸送の現況

馬の輸送の現況を説明する統計資料は少ないが，国際馬術連盟（Federation Equestre Internationale）が主催する馬術競技，およびアイルランドと英国におけるサラブレッド競馬について紹介する。

国際馬術連盟が主催する馬術競技大会は毎年，ヨーロッパで250回以上開催されている。そのうち，ドイツ国内で開催される競技会だけで平均100頭の馬が参加しており，1979年中に競技馬が25万回以上輸送されている。現在では，すべての馬術競技において，ドイツ内で150万回の馬輸送が行われていると推定されている。

アイルランドと英国には，7,500頭以上のサラブレッド競走馬がおり，1年に平均5回レースに出走している。このために，年間に35,000回以上の馬輸送が行われていることになる。

馬の陸路輸送には，専用馬運車または改造されたトラックが用いられている。専用の馬運車は，ヨーロッパでは２～３頭を搭載するように作られているのが多く，特に貴重な馬のために，個室を備えた馬運車もあるという。米国では，６頭，９頭またはそれ以上の多頭数を搭載する馬運車が多い。

わが国では，以前には，馬輸送は専ら国鉄（現JR）の貨車輸送に頼っていた。その後，その機動性，利便性から自動車輸送が注目されるようになり，1947年に，セミトレーラー型トラックを馬輸送用に改造した最初の馬運車が登場した。1955年頃からの道路交通網の整備に伴って，馬輸送は鉄道輸送から自動車輸送へと大きく転換するに至った。馬運車の方も，馬室用クーラー，エアサスペンションの導入など，改良が加えられ，1997年型の最新の馬運車（写真21.1，21.2）は，６頭積，355馬力で，乗務員用トイレ，馬の尿貯留槽が装備されている。

３．馬の空路輸送の現況

馬術競技および競馬の最近の急激な国際化に伴って，馬の空路輸送も増加してきている。アイルランドの貨物専用航空会社であるAir Turasでは，1980年代に年間8,000頭以上の馬を空路輸送したという。これらの馬は，アイルランド，英国およびフランスの三つの国の間を輸送されている。最近は，KLMオランダ航空やルフトハンザ・ドイツ航空のような主要な国際航空会社が，毎年5,000～10,000頭の馬を空路輸送している。

馬の空路輸送は，完全に取り囲まれた空輸用馬房（air stable）に馬を収容する方式（jet-stall system）か，または馬の周囲を部分的に囲んだだけの開放馬房方式（open stall system）のいずれかで行われている。この開放馬房方式は，通常は貨物輸送機が使われており，搭載頭数は航空機の大きさによる。ボーイング707やダグラスDC8のように胴体の幅の狭い航空機では，横に３頭（３列）しか並べられないが，ボーイング747やダグラスDC10のような大型機では７列まで並べることができる。

写真 21.1　最新の馬運車
（日本馬匹輸送自動車㈱ 提供）

写真 21.2　馬運車の内部
（日本馬匹輸送自動車㈱ 提供）

仕切によって分離されている空輸用馬房（写真21.3）には，厩務員のための出入口と厩務員のための場所がある。昆虫媒介性の馬病が風土病である地域を通って馬を輸送する場合には，昆虫が入らない原型の空輸用馬房が最近評価されてきている。この空輸用馬房は，航空会社がチ

写真 21.3　搭載中の空輸用馬房

（JRA 提供）

ャーター契約した場合や，航空機の前方に乗客を乗せて後方に馬を搭載するいわゆる貨客混載機（combi system）で用いられる。

馬の空路輸送では，通常は馬 3 頭に対して 1 人の厩務員が添乗することになっている。飛行機は通常は馬に乾草を自由に採食させ，飲水は 6 ～ 8 時間毎に，あるいは着陸時または給油時に給与している。

貴重な馬や長距離の空路輸送では，ベテランの馬臨床獣医師を添乗させている輸送業者があり，この臨床獣医師の添乗は輸送中の馬の疾病や外創を重篤化させないために勧められるべきことである。馬の荷積みの容易さから空輸用馬房が多用されてきているが，きわめて狭い馬房であり，この馬房内での獣医師の治療処置は著しく制限される。

21-2　馬に及ぼす輸送の影響

競技馬や競走馬はその生涯を通してほとんど毎日多くのストレスを受けており，特に運動（トレーニング，レース），輸送，跛行，そして環境温度・湿度の変化がストレス因子として指摘されている（Foreman & Ferlazzo., 1996）。

1．ストレスの定義

馬輸送においては，狭い空間への閉じ込め，車や航空機による移動，騒音，輸送の初体験，排気ガスやその他のガスなどに加えて，環境温度・湿度の変化，吸気内の多数の微生物などすべては，馬に対するストレスとなり得る。

このストレスなる用語は，きわめて普遍的に用いられているために一般には容易に理解されているが，科学的に定義づけることは容易ではない。輸送中の馬に対するストレスについて説明する前に，ストレスの定義について述べておきたい。

「動物に対する環境や管理のうち動物にとって有害な影響に対処するために，動物の行動または生理機能に異常なまたは極限の調整を必要とさせる要因をストレス（stress）」と定義する。（Fraser et al., 1975）。この定義は，輸送中に起こる多要因の環境ストレスを考慮しているので有用である。

馬に対するストレスは，心理的ストレス（psychological stress）と身体的・生理的ストレス（physical/physiologic stress）に分けられている。心理的ストレスは通常は心拍数，副腎皮質刺激ホルモン（adreno-corticotropic hormone, ACTH），コルチゾール（cortisol），またはベータ・エンドルフィン（β-endorphin）などの反応から表現される。身体的・生理的ストレスは外傷または疾病によるものである。

2．馬運車内での馬の保定方向

わが国では，馬を車輌輸送する際に従来から馬の頭部を車の進行方向に向けて保定して輸送するのが一般的であった。しかし，欧米諸国では早くからこの車輌内での馬の頭部の向きについて種々議論されてきた。Cregier（1982）は，車輌の進行方向とは逆の方向に頭部を向けて輸送する方が馬にとってより快適でありストレスも少なく，しかも走行中の急停車に際しても後脚を用いてショックを吸収したりバランスをとったりするのに有利であると主張した。進行方向に頭部を向けて輸送する場合には，馬にとって重要な頭部や胸部が傷つきやすいことを馬は本能的に気付いているという。そして急停車の際には，頭部をより安全な後方へ向けようとする。したがって，最初から馬の頭部を進行方向と逆の方向に向けて馬を保定するのがより合理的な輸送方法であると述べている。

その後，馬の自動車輸送におけるこの馬の保定方向（頭部の向き）についての研究が数多く報告されるようになった。Clark ら（1993）は，馬を前後両方向に積載して輸送実験を行った結果，後向きに積載して輸送した方が前向きに積載した場合に比べて，馬がバランスをくずしたり周囲にぶつかったりする回数が少ないことを認め，馬を後向きに保定して輸送することが合理的であると報告している。さらに，Smith ら（1994）は，馬を保定しないで馬運車に積載し，走行時と停止時の馬の自発的な定位方向を比較し，停止時に比べ走行時には馬は後方に向く比率が高いことを示した。しかし，馬を前後両方向に積載して輸送中の馬の心拍数を比較した別の実験では，両方向の間に心拍数の有意差は認められていない（Smith et al, 1996）。馬を保定しないで馬運車に積載し，歩行中の馬の行動を詳細に分析した研究では，走行中に後方向に定位する比率が有意に高いことが報告されている（Kusunose & Torikai, 1996）。

このように，行動学的には馬の後向き輸送を支持する報告が多いが，前向きと後ろ向きとの間の心拍数の明らかな差は認められていない。

3．馬運車による輸送の馬体への影響

馬輸送では，馬は多くの種々のストレス因子の相互作用の影響を受ける。したがって，馬輸送が馬に与える影響については，種々の項目についての多くの研究成果が報告されている。

馬運車による馬輸送における種々の状況（積載時，停車中の馬運車内，および輸送中）における馬の心拍数を測定した報告では，馬運車への積載時と輸送中の心拍数に増加がみられ，停車中に比べて輸送中の心拍数は常に高く，平均値で18拍/分高かったという。最高心拍数は72拍/分であり，馬運車の発車時に記録されている。さらに輸送時には，前肢を前方へ伸ばし，かつ前後肢を左右に広げて立つような異常肢勢（バランスをとるための踏ん張り姿勢）をとる。これらの結果から，馬輸送は馬に対するストレスが大きく，長距離輸送では体重減少と疲労をもたらすと考えられる（Waran & Cuddeford, 1995）。

馬輸送が血中コルチゾルに与える影響についても幾つか報告があり，馬輸送によって増加することが知られている。血中コルチゾルはそれぞれの個体の心理的因子により顕著に影響される“輸送性ストレス（transport-induced stress）”を示すものであり，個体差が顕著である。この馬輸送によるコルチゾルの増加は，中距離輸送において特に顕著に認められている。

馬輸送による血液像に対する影響についても報告されている。377頭のサラブレッド競走馬を供試し，種々の距離（200～1,700㎞）のトラック輸送が末梢血中の白血球数に及ぼす影響をみたわが国の研究では，いずれの距離の輸送によっても白血球増加が認められ，輸送距離が長くなる程，白血球の増加が大きかった。白血球の中でも好中球の増加が顕著であり，ストレス性好中球増加（stress neutrophilia）とした（Yamauchi et al. 1993）。同様の所見はその後の研究でも報告されている（Smith et al., 1996）。

その他の輸送の血液化学に及ぼす影響についても報告されている（Leadon, 1994）。すなわち，クレアチニンとクレアチンキナーゼ（CK）の増加，アスパラギン酸アミノトランスフェラーゼ（ATS），乳酸脱水水素酵素（LDH），アラニンアミノトランスフェラーゼ（AAT），およびアルカリフォスファターゼ（AAT）の活性増加などが認められているが，いずれも臨床的意義はないものと考えられている。

4．空路輸送の馬体への影響

空路輸送においては，航空機内の換気はすべて人工的に制御されるので，換気の変化により機内の温度と相対湿度も変化する。駐機中の機内の温度と相対湿度は飛行中に比べて高い。飛行中の機内では空気は前方から後方に向かって流れている。この換気の空気は地上の大気に比べて温度もかなり低くしかも乾燥している。したがって，温度と相対湿度は機内の前方から後方に向かう勾配が出現することになる。この温度と相対湿度の勾配によって，機内の部位によって機内環境が著しく異なることになる。機内環境の著しい変化は，馬が輸送熱を発症しやすい大きなストレス因子となりうる。

馬を空輸用馬房に閉じ込めることにより，微生物による環境汚染が増大する。この馬房内の環境汚染は飛行中に増大するが，途中で着陸して駐機している時の汚染が顕著である（Leadon et al., 1990）。

空輸が馬に与える影響については，自動車輸送と同様に，白血球増加とフィブリノーゲンの増加が認められており，これらは輸送ストレスに対する不顕性反応であり，さらに無症状または気付かれていない肺疾患の初期症状であると報告している（Leadon et al., 1990）。

5．呼吸器に対する輸送の影響

輸送に伴って発症する馬の肺炎は，輸送熱（shipping fever）または輸送性肺炎（transport pneumonia）と呼ばれている。この輸送性肺炎の素因は，すでに紹介してきた輸送ストレスであることは多くの研究者の意見の一致するところである（Raphel & Beech, 1982；Leadon et al., 1990）。

輸送に伴う馬の免疫機能についての研究成果から，免疫系に対する副作用が報告されている。輸送後にインフルエンザに感染した群（9頭）

と輸送していない対照群（3頭）について，気管支肺胞洗浄検査（bronchoalveolar lavage, BAL）による肺胞食細胞（pulmonary alveolar macrophage）の活動を調べた報告では，対照群に比べて感染群の肺胞食細胞の減少は，1,930㎞の陸路輸送した馬にも認められており，その減少は輸送1週間後にピークに達し，4週間後にも回復しないという（Bayly et al., 1986）。

6．輸送が競走成績に及ぼす影響

馬運車による馬輸送が競走能力に及ぼす影響については，クォーターホースとサラブレッドを供試し，8.1㎞（15分）および194㎞（2時間）の輸送後にタイムトライアル（time trial）を測定した成績から，その影響はほとんどないものと考えられている（Slade, 1986）。しかし，馬の空路輸送においては，競走能力への影響を調べることはきわめて困難である。

21-3　馬輸送の適正管理

Leadon（1990）は，陸路または空路による長距離輸送における輸送ストレスならびに輸送熱を軽減するための注意事項について勧告した（表21.1）。これらの勧告のうちで，輸送前の馬の健康検査，輸送環境をできるだけ快適かつ衛生的にすること，疾病の最初の症状を集中的に監視することが特に重要であるとしている。

輸送前の検査で呼吸器病の発症が発見された場合には，四肢の骨折などのために緊急入院の必要がある場合以外は輸送を禁止すべきである。呼吸器病の症状がないのに予防的な抗生物質の投与や鎮静剤の不当な投与のような不必要な投薬は避けるべきである。

短距離輸送では，輸送前の特別な飼料給与は必要ない。中距離や長距離輸送の前には，ふすまの粉餌（bran mash）のような軽い通じをつける飼料を給与し，特に長距離輸送の前には液状パラフィンのような軟下

表 21.1　馬の長距離輸送における輸送ストレスや輸送熱を軽減するための勧告

1．輸送前および当日の健康状態を検査すること
2．不必要な投薬を避けること
3．軟下剤の投与に気をつけること
4．十分な空気衛生を確保すること
5．良質の清潔な乾草と吸収性の床面カバーを準備すること
6．水と乾草を6～8時間毎に給与すること
7．輸送遅延を避け，かつ十分な換気を行うこと
8．夜間は休養させること
9．税関の通過を敏速にすること
10．到着後に健康状態を検査すること

Leadon et al., (1990)による
(Foreman & Ferlazzo (1996)より引用)

剤の投与は慎重にする必要がある。

輸送中の馬室内の空気衛生には最大の努力をすべきである。かび臭い乾草は給与せず，良質の乾草であっても，微粒子を手で十分に振り落とすか電気掃除機で除去する。

輸送中には乾草は自由に摂取させ，水は6～8時間毎に給与する。輸送の遅延は避けるべきであり，自動車輸送では夜間は馬運車から降ろして休養させ，頭部を低くして気道粘液線毛クリアランス（mucociliary clearance）を促進させる。

自動車輸送では，緊急時にもよりの獣医診療所で受診できるが，競走馬を診療できる十分な施設があるとは限らない。したがって，外傷の処置ならびに呼吸器病と疝痛の治療の準備は必要である。さらに，馬が輸送中に狂暴になった時のために，トランキライザー，鎮静剤や麻酔剤を用意する。

輸送終了後は直ちに臨床検査を実施する。到着後すぐに水を飲ませる。沈うつ，食欲不振，咳，浅速呼吸などは輸送熱の典型的症状である。発熱は到着後2～3日はみられない症例もある。したがって，長距離輸送後は少なくとも3日間，朝夕2回，直腸温を検査すべきである。発熱がみられたら直ちに獣医師の診察が必要である。

【参考文献】

1） Anderson, N. V. et al. : Mononuclear phagocytes of transport-stressed horses with viral respiratory tract infection. Am. J. Vet. Res. 46 : 2272～2277 (1985)
2） Bayly, W. M. et al. : Stress and its effect on equine pulmonary mucosal defenses. Proc. Ann. Conv. Am. Ass. Equine Practnrs. pp. 253～262 (1986)
3） Clark, D. K. et al. : The effect of orientation during trailer transport on heart rate, cortisol and balance in horses. Appl. Anim. Behav. Sci. 38 : 179～189 (1993)
4） Cregier, S. E. : Reducing equine hauling stress : a reveiw. J. Equine Vet. Sci. 2 : 187～198 (1982)
5） Foreman, J. H. & Ferlazzo, A. : Physiological responses to stress in the horse. Pferdeheilkunde 4 : 401～404 (1996)
6） Fraser, D. et al. : The term "stress" in a veterinary context. Brit. Vet. J. 131 : 653～662 (1975)
7） Kusunose, R. & Torikai, K. : Behavior of untethered horses duning vehicle transport. J. Equine Sci. 7 : 21～26 (1996)
8） Leadon, D. P. : Transport stress. In Hodgson. D. R, & Rose, R. J. (eds) : The Athletic Horse. pp.371～378, W. B. Saunders Co., Philadelphia (1994)
9） Leadon, D. P. et al. : Environmental, hematological and blood biochemical changes in equine transit stress. Proc. Ann. Conv. Am. Ass. Equine Practnrs. pp. 485～490 (1990)
10） 日本中央競馬会競走馬総合研究所：輸送条件および環境が馬体に与える影響（プロジェクト研究成績報告書）．競走馬総合研究所，東京（1995）

11) Raphel, C. F. & Beech, J. : Pleuritis secondary to pneumonia or lung abscessation in 90 horses. J. Am. Vet. Med. Ass. 181 : 808～810 (1982)
12) Smith, B. L. et al. : Body position and direction preferences in horses during road transport. Equine Vet. J. 26 : 374～377 (1994)
13) Smith, B. L. et al. : Effect of body direction on heart rate in trailered horses. Am. J. Vet. Res. 55 : 1007～1011 (1994)
14) Smith. B. L. et al. : Effects of road transport on indices of stress in horses. Equine Vet. J. 28 : 446～454 (1996)
15) Waran, N. K. & Cuddeford, D. : Effects of loading and transport on the heart rate and behaviour of horses.Appl. Anim. Behav. Sci. 43 : 71～81 (1995)
16) Yamauchi. T. et al. : Effects of transit stress on white blood cells count in the peripheral blood in Thoroughbred race horses. Bull. Equine Res. Inst. No. 30 : 30～32 (1993)

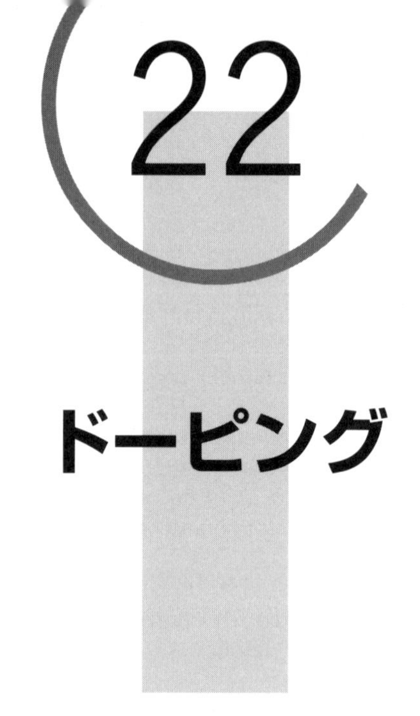

22 ドーピング

競馬はギャンブルを伴うスポーツであると同時に，より強くより速く走る馬を選抜して，その血統を後世に伝えるための能力検定の場でもある。したがって，競馬はあくまでも公正に運営されなければならないし，レースでは出走馬はフェアプレーに徹し，本来持っている全能力を発揮して競走することが必須条件である。

しかし，競馬には多額の賭金が動くところから特定の馬を故意に勝たせようとしたり，または勝たせないようにするために，かなり古くから薬物が使用されてきた。本章では，競走馬のドーピングについての薬物検査の現況を紹介する。

22-1　ドーピングの定義とその歴史

1．ドーピングの定義

ドーピング（doping）なる用語ならびにその概念は，競馬界ならびに人のスポーツ界に共通するものである。Osteid（1984）によると，ドーピングは，「運動能力を人為的に不公正に高めることを目的にして，物質を投与したり，使用したりすること」と定義されている。

競馬界においては，競馬を開催しているすべての国で，ドーピングは厳しく規制されている。わが国においては，競馬法第31条に，「出走すべき馬につき，その馬の競走能力を一時的に高め又は減ずる薬品又は薬剤を使用した者は，3年以下の懲役又は300万円以下の罰金に処する」と規定されている。

一方，人のスポーツ界においては，1964年東京オリンピック大会の際に開かれた国際スポーツ会議におけるドーピング特別会議において，ドーピングを次のように定義している。すなわち，「試合において，選手の競技能力を人為的に不公正に高めることを目的として，いかなる方法であっても薬物などの異物や，生理的に体内にある物でも異常な量を異常な方法で，選手に投与したり，選手自身が使用すること」をドーピングという。

“dope”という語が初めて英語の辞書に載ったのは1889年であり，競走馬に与える阿片と麻酔剤の混合物と説明されている。語源的には，南アフリカ原住民カフィル族の土語からボーア人（南アフリカのオランダ移住民）を介して英語となったものである。カフィル族では，祭礼や戦いに出る前に飲んだ強い酒をドープ（Dop）と呼んでいたという。

2．ドーピング検査の歴史

運動能力を改善するための種々の興奮剤を人や動物に使用することは古代から行われていた。古代ローマ人は二輪馬車レースのスピードを速めるために，はちみつを水に溶かして馬に投与し，また南米のインディオたちは，狩りや戦いのために長時間にわたり山岳地方を駆けめぐっていたが，持久力を高めかつ疲労感を押さえるために，コカの葉（コカインを含む）を噛んで飲んでいた。

競走馬のドーピング検査の歴史は，人のスポーツ界のそれよりもはるかに古く，1930年頃より米国で出走馬に麻薬，覚醒剤などを投与するケースが多く発生したため，本格的な薬物検査が始められた。競走馬のドーピングを規制するために米国の薬物検査機関が中心となり，公認競馬化学者協会（Association of Official Racing Chemists, AORC）が設立され，現在では日本をはじめ，競馬を開催している世界中の薬物検査機関の技術者がこれに所属して，ドーピング検査に関する情報交換を行っている。

ドーピング検査は，競馬に出走した馬の尿またはその他の生体材料から，馬に薬物を不正投与したかどうかを，物理的，化学的分析に基づいた理化学検査により行われている。

わが国における競走馬の理化学検査の歴史をたどると，昭和5年（1930）農林省畜産局から各競馬倶楽部宛の興奮剤使用禁止の徹底についての通達がその端緒となっている。当時は興奮剤の使用を化学的に検出することはできなかったため，競馬の統轄団体であった帝国競馬協会は，東京帝国大学に研究を委託して，興奮剤の検出方法の開発を図った（昭和7年）。その結果，昭和10年に一部の興奮剤（アルコールとカフェイン）の検出方法が確立され，昭和12年に日本競馬会は，競馬施行規定に興奮剤の使用禁止規定および検査の義務規定を設定し，同年の秋競馬からアルコールとカフェインの検査を開始した。しかし，昭和15年に至り，検査結果に疑問が続発してきたため，翌16年の春競馬から興奮剤検査を一時中止することになった。日本競馬会はこれらの疑問点についての調査研究を進め，3年後により適正な検出方法が確立されるに至ったが，第二次世界大戦が激しくなり，興奮剤検査は再開されなかった。

戦後，国営競馬を経て日本中央競馬会となってからの昭和30年の第22回国会衆議院農林委員会において，競馬における興奮剤の使用が問

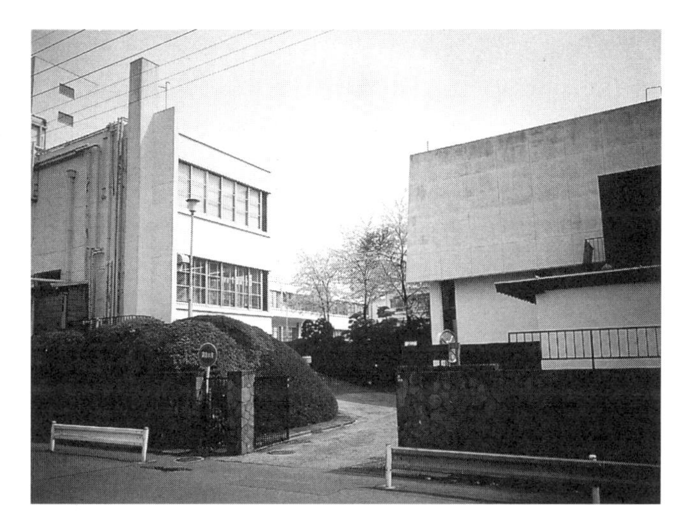

写真 22.1 ㈶ 競走馬理化学研究所全景
(東京都世田谷区)

題となった。そこで，東京大学農学部獣医学科に興奮剤検出に関する研究を委託すると共に，医学，薬学の権威者 9 名の委員からなる「興奮剤検出法審議委員会」を設置し，興奮剤の検出法の審議を委嘱した。その結果，AORC により推奨されている検出方法を基礎に，日本独自の検査方法が確立された。

昭和40年，公正な第三者的立場に立って興奮剤の検査を厳正に行うために，㈶ 競走馬理化学研究所が，わが国唯一の薬物検査機関として発足した。そして，昭和43年，JRA は競馬施行規程を改正して，正式に禁止薬物の理化学検査を実施することになった。地方競馬についても，昭和45年から全競馬場の薬物検査が実施されている。

㈶ 競走馬理化学研究所では，興奮剤の検査についての調査・研究，薬物検査業務のほかに，サラブレッド登録のための血液型による親子判定の検査，馬の新生児黄疸症の予防のための血液検査（妊娠母馬血液中の子馬の血液型に対する抗体の検査）などが行われている（写真22.1）。

一方，人のスポーツ界におけるドーピングについても，古くから議論されてきている。公正なる競技を施行するための不正な薬物などの使用を規制しようとする議論が主流であるが，ドーピングによる死亡事故の予防が直接的な根拠となっている。記録に残る最初の死亡事故は，1886年に英国の選手が，ボルドー＝パリ間600㎞自転車レースにおいて，過剰の興奮剤（トリメチル）の服用により死亡した。オリンピックにおける最初の死亡例は，1960年のローマ・オリンピック大会で，100㎞団体ロードレースに出場したデンマーク選手の，アンフェタミンとロニコールの使用による死亡である。さらに，1967年7月には，ツール・ド・フランス自転車レースで，自転車選手がアンフェタミンとブランデーの混合物を使用して死亡した。

このような自転車競技を中心に広まっていったドーピング事故例に対して，欧州各地でドーピング禁止の議論が盛んになってきた。そして，1964年東京オリンピック大会において，自転車競技の選手を対象に部分的にドーピング・コントロールが試行されたが，選手のボイコットのために不完全に終わった。その後，国際オリンピック委員会（IOC）医事委員会を中心にドーピング・コントロールの必要性が論じられ，1968年グルノーブル（冬季），メキシコ（夏期）オリンピック大会においてドーピング・コントロールが本格的に行われるようになった。

22-2　禁止薬物の指定

1．禁止薬物

わが国では競馬法でレースに出走する競走馬にはその馬の競走能力を一時的に高めまたは減ずる薬品または薬剤の使用が禁止されている。

これを受けて現在は禁止薬物として表22.1に示した47品目（60種類）が指定されている。これら47品目の薬品のほか，これらの薬品を含有

表 22.1　日本の禁止薬物47品目

1	アトロピン	25	ノスカピン
2	アンフェタミン	26	バルビタール
3	エタノール	27	バルビツール酸誘導体
4	エフェドリン	28	ピプラドロール
5	オキシエチルテオフィリン	29	フェナセチン
6	オキシプロピルテオフィリン	30	フェニルピラゾロン誘導体
7	カフェイン	31	フルニルブタゾン
8	カンフル	32	ブルシン
9	クロルプロマジン	33	フルフェナム酸
10	クロルプロマジンスルホキシド	34	プロカイン
11	コカイン	35	フロセミド
12	シヒドロオキシプロピルテオフィリン	36	プロマジン
13	ジブカイン	37	ペモリン
14	ジプロヘプタジン	38	ペンタゾシン
15	ジモルホラミン	39	ペンテトラゾール
16	スコポラミン	40	メサピレリン
17	ストリキニーネ	41	メタンフェタミン
18	テオフィリン	42	メチルエフェドリン
19	テオブロミン	43	メチルフェニデート
20	テトラカイン	44	メトキシフェナミン
21	テトオキソカンファー	45	メフェナム酸
22	トランスパイオキソカンファー	46	モルヒネ
23	ニケタミド	47	リドカイン
24	ニコチン	48	前各号に掲げる物のいずれかを含有する物（遊離する物を含む）

するものも当然使用を禁止されている。これらの禁止薬物を含有する製品名を列挙し，主として作用する生理機能別に分類したものを表22.2に示し，さらに禁止薬物の薬効別分類を表22.3に示した。

これらの禁止薬物は，いずれも馬の生理機能に影響して，その競走能力を一時的に高めたり減じたりする薬物であり，しかも検出方法が確立

表 22.2　禁止薬物の作用別分類および製品名

①主に精神機能に影響を与える薬物

薬品名	製品名・その他
アトロピン	硫酸アトロピン
アンフェタミン	硫酸アンフェタミン
エタノール	アルコール飲料（酒，ビール，ウイスキーなど）
エフェドリン	塩酸エフェドリン
カフェイン	カフェイン，安息香酸ナトリウムカフェイン（アンナカ），茶，コーヒー，チョコレートほか，ドリンク剤および感冒薬，はちみつ，糖蜜などにも含まれることがある。
クロルプロマジン	コントミン，ウインタミン，精神安定剤
クロルプロマジン　スルホキシド	オブロマジン
スコポラミン	臭化水素酸スコポラミン，ロート根，ハイスコ
ストリキニーネ	硝酸ストリキニーネ
ニケタミド	アミノコルジン，コラミン，コルニヂン
ニコチン	タバコ，硫酸ニコチン，酒石酸ニコチン
バルビタール	バルビタール，ピラビタール，催眠薬および頭痛薬
バルビツール酸誘導体	アロバルビタール，アモバルビタール，シクロバルビタール，ヘキソバルビタール，ペントバルビタール，フェノバルビタール，セコバルビタール，メタルビタール，メホバルビタール，プリミドン，チオペンタール，チアミラールなど催眠薬および頭痛薬
ビブラドロール	塩酸ビブラドロール，カロバン，ゲラジール
フェナセチン	フェナセチン，感冒薬
フェニルビラゾロン誘導体	アミノピリン，アンチピリン，スルピリン，ピラビタール，アミノプロピロン
ブルシン	ホミカ
プロマジン	セーバミン
ペンテトラゾール	ペンタゾール
メタンフェタミン	ヒロポン
メチルフェドリン	塩酸メチルエフェドリン
メチルフェニデート	リタニン
モルヒネ	塩酸ミルヒネ
ペモリン	ベタナミン

②主に循環・呼吸機能に影響を与える薬物

薬品名	製品名・その他
オキシエチルテオフィリン	オキシフィリン
オキシプロピルテオフィリン	モノフィリン
カンフル	カンフル，カンフルチンキ，痛み止めの軟膏など
ジヒドロオキシプロピルテオフィリン	ダイフィリン，ハイフィリン
テオフィリン	アミノフィリン
テオプロミン	ジウレチン，テオサリシン（チョコレート，ココア）
テンオキソカンファー	オキソカンファー，アポカンファー
トランスパイオキソカンファー	ビタカンファー
シプロヘプタジン	塩酸シプロヘプタジン，ペリアクチン
ジモルホラミン	テラプチク
ノスカピン	ナルコチン，塩酸ノスカピン
メトキシフェナミン	塩酸メトキシフェナミン，メトナミン

③主に筋・腱・関節など運動器の機能に影響を与える薬物

薬品名	製品名・その他
コカイン	塩酸コカイン
ジブカイン	塩酸ジブカイン
テトラカイン	塩酸テトラカイン
フェニルブタゾン	ブタゾリジン，イルガピリン
プロカイン	オムニカイン，キックラン，プロカインペニシリン
フルフェナム酸	アーレフ，パラフル，オパイリン
ペンタゾシン	ソセゴン，ペンタジン
メサピリレン	メサピリレン，アデピレン錠
メフェナム酸	ポンタール
リドカイン	キシロカイン，痛み止めの軟膏など

④体液の平衡に影響を与える薬物

薬品名	製品名・その他
フロセミド	ラシックス

表 22.3　禁止薬物47品目の薬効別分類

中枢神経興奮剤
カフェイン，アンフェタミン，メタンフェタミン，メチルフェニデート，ピプラドロール，ストリキニーネ，ブルシン，ペンテトラゾール，ニケタミド，カンフル，テオブロミン，テオフィリン，エタノール，ペモリン，ジモルホラミン
精神安定剤
プロマジン，クロルプロマジン，クロルプロマジンスルホキシド
鎮痛催眠剤
バルビタール，バルビツール酸誘導体
鎮痛・消炎剤
フェナセチン，フェニルピラゾロン誘導体，フェニルブタゾン，フルフェナム酸，ペンタゾシン，メフェナム酸，モルヒネ
局所麻酔剤
プロカイン，コカイン，ジブカイン，テトラカイン，リドカイン
強心剤
トランスパイオキソカンファー，テンオキソカンファー，オキシエチルテオフィリン，オキシプロピルテオフィリン，ジヒドロオキシプロピルテオフィリン
交感神経興奮剤（中枢神経興奮・気管支拡張）
エフェドリン，メチルエフェドリン，ノスカピン，メトキシフェナミン
副交感神経効果遮断剤（分泌抑制・中枢神経抑制）
アトロピン，スコプラミン
神経節遮断剤（中枢興奮のちに抑制）
ニコチン
抗ヒスタミン剤（抗ヒスタミン作用・局所麻酔作用）
メサピリレン，シプロヘプタジン
利尿剤
フロセミド

された薬物である。

さらに，競馬施行規程第79条第2項に，上記の47品目の薬品や薬剤以外のものであっても，出馬投票をした馬について馬の競走能力を一時的に高め，または減ずる目的をもって使用してはならないと定められている。すなわち，いかなる薬物であってもドーピングそのものを禁止している。しかし，実際には検出方法が確立していない薬物を禁止して取り締まることは困難である。

禁止薬物の指定方法は，国によってかなりの相違がある。具体的に薬物名を列挙して，これらの薬物の徹底禁止を図ろうとしているのが日本とカナダである。指定薬物以外の薬物を禁止するにはそのつど，禁止薬物として追加する必要がある。

欧州諸国では，1977年ローマで開催された「ドーピングに関する国際会議」における合意に沿って，「禁止薬物とは，それが馬にとって内因性物質であるか否かにかかわらず外部から投与されたもので，別に規定する禁止薬物作用別リストの何れかに包含されるもの」と定義している。そして，1990年10月のパリ国際競馬会議における「競馬と生産に関する国際協約（International Agreement on Breeding and Racing）」で承認された禁止薬物は表22.4に示したように，個々の薬物を指定するのではなく，馬の各種器官に作用する物質群として決められている。ドーピングを幅広く禁止しようとするものであるが，検査する側がどこまで対応できるかという問題がある。

米国では，競馬開催ならびに薬物規制共に各州ごとに行われていて，州により相異がある。禁止薬物については，「通常の飼養管理のもとで，馬にとって正常である物質以外のすべての物質」と定義づけれている。利尿剤であるフロセミドは，本来その利尿効果により薬物の尿中濃度を希釈して薬物の検出を妨害する隠蔽効果があることで，禁止薬物に指定している国が多い。しかし，米国では，1970年代からフロセミドが運

表 22.4　「競馬と生産に関する国際協約」で承認された禁止物質のリスト

1．中枢神経系に作用する薬物
2．自律神経系に作用する薬物
3．心臓血管系に作用する薬物
4．胃腸機能に作用する薬物
5．免疫系とその反応に作用する薬物
6．抗生物質，合成抗菌物質と抗ウイルス物質
7．抗ヒスタミン薬
8．抗マラリヤ薬と抗寄生虫薬
9．解熱，鎮痛および抗炎症薬
10．利尿薬
11．局所麻酔薬
12．筋弛緩薬
13．呼吸興奮薬
14．性ホルモン，蛋白同化ステロイドおよびコルチコステロイド
15．内分泌物およびそれらの合成類似物質
16．血液凝固に作用する物質
17．細胞毒

動性肺出血の予防に効果があるとして，すべての州でレース前の競走馬に制限つきでフロセミドの使用が認められている。例えば，カリフォルニア州では州競馬委員会の公認獣医師により認定された運動性肺出血の既往歴のある馬に対し，レース 3 時間前までにフロセミドの投与が認められている。このほかに，フルニキシン，ケトプロフェイン，ナプロキセンなどの非ステロイド系抗消炎剤の使用も認められている。

今後，競馬の国際化は一層拡大するものと考えられる。国際レースにおける禁止薬物の規制は開催国の規定に従うことになるので，各国の禁止薬物の規制も統一されることが求められる。現在，日本の禁止薬物は 47 品目であるが，今後は諸外国で規制されている薬物を禁止薬物に追加すると共に，米国で認められている使用許可薬物の導入が求められる時が来るかもしれない。

2．アナボリックステロイド

アナボリックステロイド（anabolic steroids, AS）は，テストステロン（testosterone）に類似する化合物であり，男性（雄性）ホルモンの有する男性化（雄性化）作用を少なくし，蛋白同化作用（anabolic activity）を強めるために合成されたステロイド剤である。ASは，雌や去勢された雄のように自然に分泌される内因性の雄性/蛋白同化ホルモンの少ない動物において，筋肉の増強効果が認められている。しかし，健常な雄馬に対する少量～中等量のAS投与による長期の蛋白同化効果は認められていない（Snow et al., 1982）

人のスポーツ界においては，1988年のソウル・オリンピック大会におけるベン・ジョンソン（カナダ）のAS投与による金メダル剥奪という衝撃的な事件がまだ記憶に新しいが，その後のドーピング・コントロールの強化に伴って，従来の競技力を高めるためのドーピングが検査陽性となる危険性が高いことから，ASのような筋肉増強を目的とするドーピングに変化してきている（太田・武藤，1996）。

このＡＳの人のスポーツ競技に対する効果についての研究は多いが，多くの研究者により相反する結果が報告されている。馬のトレーニングに対するＡＳの影響をみた研究でも，ASの有効性は認められていない（Thornton et al., 1991）。

競走馬の禁止薬物としてのASの取り扱いは国によってかなりの相異がある。欧州，オーストラリア，香港では薬物検査の主流はASであり，その取り締まりは厳しく，英国ではレース以外に2歳馬のせり市時にもASの検査を行っている。米国では各州共に禁止薬物に指定されているが，重要な薬物とはされておらず健康薬としての扱いで，事実上はASの検査はほとんど実施されていないのが現状である。

日本においては，競馬の国際化に対抗するために，ASの4品目（スタノゾロール，ナンドロロン，フラザボール，ボルデノン）が本年から

表 22.5　禁止薬物に追加されるアナボリックステロイド 4 薬物の概要

薬物名	一般名	薬物の作用・効果など	商品名・剤形（発売・製造元）	
			医療薬	一般薬
スタノゾロール Stanozolol	スタノゾロール 指	蛋白同化 ステロイド剤 ＊骨粗鬆症， 下垂体小人症 ＊慢性腎疾患， 悪性腫瘍， 手術後， 外傷，熱傷 ＊再生不良性貧血	ウインストロール， 錠（山之内）	なし
ナンドロロン Nandorolone	シクロヘキシル プロピオン酸ナンドロロン	蛋白同化 ステロイド剤 ＊骨粗鬆症， 下垂体小人症 ＊慢性腎疾患， 悪性腫瘍， 手術後， 外傷，熱傷 ＊再生不良性貧血	デュラミン， 油性注（富士製薬）	なし
	デカン酸ナンドロロン		デカーデュラポリン， 油性注（三共） デカ・デュラミン， 油性注（富士製薬）	
	フェニルプロピオン酸 ナンドロロン		デュラポリン， 油性注（三共）	
	フリルプロピオン酸 ナンドロロン		デメロン， 油性注（持田）	
	ラウリン酸ナンドロロン 指		ラウラポリン， 注（三共）動物用	
フラザボール Furazabol	フラザボール 指	蛋白同化 ステロイド剤 ＊下垂体小人症 ＊慢性腎疾患， 悪性腫瘍， 手術後， 外傷，熱傷	ミオトロン， 錠（第一）	なし
ボルデノン Boldenone	ウンデシレン酸ボルデノン	蛋白同化 ステロイド剤	ベボノール， 注（チバガイギー） 動物用 ［国内発売中止］	なし

略語：指＝指定医薬品，錠＝錠剤，注＝注射剤

禁止薬物として追加されることになった。これら4つの薬物の概要を表22.5に示した。

ASの副作用については，人では広範な障害が知られている。最も一般的にみられる副作用は男性化作用であり，さらに長期使用による肝臓障害や心臓障害，筋肉増強のための使用による死亡例も報告されている。馬に対するASの副作用についても報告されており，雌馬，去勢馬および発情直前の雄馬に対する雄性化作用（virilzation, masculinization）に加えて，雌雄両方の馬に対する生殖機能障害が知られている（Maher et al., 1983 ; Blanchard, 1985）。

22-3　薬物検査法

1．レース前検査とレース後検査

禁止薬物の検査には，出走馬の生体材料をレース前の採取するレース前検査（prerace testing）と，レース後に採取するレース後検査（postrace testing）がある。

競走馬の薬物検査は各国共，主としてレース後検査で実施されている。ヨーロッパではすでに今世紀の初めから手がけられ，米国では1933年から実施されている。そして，1947年に前述したAORCが設立され，薬物検査に関する情報交換のための季刊のレポートが出版されている。

1960年代に入り，馬主たちはレース後検査で判定される薬物違反による賞金没収，名誉毀損やトレーナーの免許資格停止を避けるために，レース前検査を要求し始めた。その結果，1960年代の初めに米国のメリーランド州でレース前検査が始められた。当初のレース前検査の薬物検査は感度の悪い紫外部吸収測定法のよるものであり，フェニルブタゾン，スルフォンアミド系抗菌薬，および限られた数のその他の薬物が検出される程度であった。その後，好感度のガスクロマトグラフィ，薄層クロマトグラフィ，免疫学的検査などの導入により，より多くの薬物の検出が可能になってきた。このような分析技術の進歩にもかかわらず，レース前検査は設備が完備していない競馬場内の実験室できわめて短時間で検査結果が求められ，しかも多大な経費がかかるところから，現在では廃止されている国が多い。

2．検査材料

検査対象馬ならびに生体材料は，国によって異なっている。わが国では，中央競馬および地方競馬で開催されるレースについて，レース後に各レースの1着から3着までの3頭の馬，および裁決委員が特に指定した馬から生体材料を採取している。生体材料は主として尿で，レース終了後の最初に自然に排泄される尿を採取（尿の採取率は約95％）して用いており，尿が採取できないときは血液（以前は唾液を採取）を検査材料としている。採取された尿は検体容器に入れて封緘された後に直ちに凍結され，厳重な管理下で研究所に輸送される。年間の検査件数は約85,000件である。

このような競馬における薬物取り締まりを厳正に行うために，出走予定馬の治療のため薬物投与ならびに飼料と共に給与される保健薬，飼料添加物などについても厳しく規制されている。すなわち，治療のために禁止薬物が投与された馬はその後9日間（本年から禁止薬物に追加されたASは投与後の体内残留期間がきわめて長いので，全面的に投与が禁止されている）は出馬投票することはできないし，出馬投票された馬は出走までにすべての治療が禁止されている。さらに保健薬や飼料添加物についても，競走馬理化学研究所の検査により禁止薬物が含まれていないことが確認されたものしか使用できないことになっている。

3．検査法

研究所に送付されてきた検体は，検査依頼書と照合・点検（写真22.

写真 22.2　検定依頼書と検体の照合作業
（競走馬理化学研究所 提供）

2）された後に検査されるが，検体には研究所の検査番号が添付されて，以後，検体のこの検査番号により最後まで検査される。検査対象薬物に対して次の 6 種類の検査が実施されている。

〔Ⅰ〕塩基性薬物の検査

〔Ⅱ〕酸性薬物の検査

〔Ⅲ〕カンフル誘導体の検査

〔Ⅳ〕エタノールの検査

〔Ⅴ〕フロセミドの検査

〔Ⅵ〕アナボリックステロイドの検査

検体はまずスクリーニング検査にかけられ，薬物を含む検体を迅速に摘出される。上記の各種検査のうち〔Ⅰ〕〔Ⅱ〕〔Ⅲ〕は競走馬理化学研究所で開発された薬物自動抽出装置により自動的にクロロホルム抽出が

写真 22.3　薬物自動抽出装置による薬物抽出
（競走馬理化学研究所 提供）

写真 22.4　ガスクロマトグラフ・質量分析計
（競走馬理化学研究所 提供）

行われる（写真22.3）。検査法〔Ⅳ〕は尿を直接ガスクロマトグラフに注入して，エタノールを定量的にスクリーニング検査され，検査法〔Ⅴ〕は酵素免疫測定法（ELISA）によりスクリーニング検査が行われている。検査〔Ⅵ〕はガスクロマトグラフ・質量分析計（写真22.4）により分析される。

スクリーニング検査で陽性になった検体は，確認同定のための検査に移る。以前の確認検査は，ガスクロマトグラフィ，薄層クロマトグラフィ，紫外部吸収測定法などを組み合わせる方法が用いられていたが，現在ではAORCの勧告により同定確認はガスクロマトグラフ・質量分析法のみでよいことに統一されている。

22-4　禁止薬物の競走能力への影響

禁止薬物が競走馬の運動能力に及ぼす影響については従来から多くの研究が報告されてきているが，運動方法を定量化することの難しさから，明確な結論を得ることが容易ではなかった。最近，馬用高速トレッドミルが導入されて，運動量を厳密に定量化することができるようになり，かつ運動時の各種生理機能の検査ができるようになったので，この種の研究の詳細な分析が可能になった。そこで，ここでは最近の2，3の研究について紹介することにする。

Gabelら（1983）は，交感神経作用薬であるアンフェタミン（amphetamine）とメチルフェニデート（methylphenidate）のスタンダードブレッド速歩馬の運動中の生理機能に及ぼす影響を知るために，二重盲検法による最大下運動負荷試験を行った。その結果，両薬物共に，運動後の血中乳酸値，心拍数，呼吸数および直腸温を有意に増加させる効果が認められた。

McKeeverら（1993）は，交感神経系ならびに中枢神経系に対する強力な刺激薬であるコカイン（cocaine）の馬の運動中の生理機能と運動能力に及ぼす影響を馬用高速トレッドミルを用いて研究した。その結果，コカイン投与により運動中の心拍数と平均血圧が増加し，さらに乳酸蓄積開始点（onset of blood lactate accumulation）の早期化が認められたと報じた。

Sweeneyら(1990)は，サラブレッド競走馬の実際のレースにおけるレース・タイム（racing time）に対する利尿薬フロセミド（furosemide）の影響を調べた。アメリカでは，運動性肺出血（EIPH）の予防のために出走馬のフロセミドの投与が認められていることに着目し，EIPH既往馬52頭とEIPHの既往のない馬59頭を用いて，フロセミド投与の影響について疫学的に検討した。その結果，フロセミド投与によりレース・タイムは有意に短縮したと報じているが，その機序については説明されていない。

【参考文献】

1）Åstrand, P. O. & Rodahl, K.：Textbook of Work Physiology. 3rd ed., McGraw-Hill, Inc., New York (1986)
2）Blanchard, T. L.：Some effects of anabolic steroid–Especially on stallions. Comp. Cont. Ed. Pract. Vet. 7：S372～S524 (1985)
3）Gabel, A. A. et al.：A double blind study of the effects of amphetamine and methylphenidate on physiological parameters in Standardbred horses performing submaximal exercise test. In Snow, D. H. et al. (eds)：Equine Exercice Physiology. pp. 521～530, Granta Editions, Cambridge (1983)
4）黒田善雄，中嶋寛之（編）：スポーツ医学Q＆A 2．金原出版，東京（1989）
5）Maher, J. M. et al.：Effect of anabolic steroids on reproductive function of young mares. J. Am. Vet. Med. Ass. 183：519～524 (1983)
6）McKeever, K. H. et al.：Effects of cocaine on incremental treadmill exercise in horses. J. Appl. Physiol. 75：2727～2733 (1993)

7）日本中央競馬会（編）：検体採取と理化学検査．競馬百科．322～324頁，みんと，東京（1976）
8）日本中央競馬会：競走馬への薬物使用規制に関する規定－主要各国における比較－・日本中央競馬会，東京（1990）
9）日本中央競馬会馬事部（編）：競馬の薬物取り締まり．日本中央競馬会，東京（1996）
10）大竹為久尚：競走馬の薬物検査と今後の問題．J. Equine Sci. 7 (Suppl.2)：S75～S83（1996）
11）太田美穂，武藤芳照：スポーツ・ドーピングとドーピング・コントロールの歴史と現状．体育の科学　46：315～322（1996）
12）Osteid, S. : Doping and athletes prevetion and counseling. J. Allergy Clin. Immunol. 73 : 735～739 (1984)
13）Sams, P. A. & Hinchcliff, K. W. : Drug and performance. In Hodgson, D. R. & Rose, R. J. (eds) : The Athletic Horse. pp.439～467, W. B. Saunders Co., Philadelphia (1994)
14）Snow, D. H. et al. : Alterations in blood, sweat, urine and muscle composition during prolonged exercise in the horse. Vet. Rec. 110 : 377～384 (1982)
15）Snow, D. H. : Anabolic steroids. Vet. Clin. North Am. Equine Pract. 9 : 563～576 (1993)
16）Sweeney, C. R. et al. : Effects of furosemide on the racing times of Thoroughbreds. Am. J. Vet. Res. 51 : 772～778 (1990)
17）Thornton, J. R. et al. : Influence of anabolic steroids on the response to training of 2 year old horses. In Persson, S. G. B. et al. (eds) : Equine Exercise Physiology 3. pp.503～508, ICEEP Publications, Davis (1991)

あ

い

う

お

か

き

く

け

も

ゆ

ら

り

天田明男

1933年生

北海道大学大学院獣医学研究科博士課程修了

獣医学博士

日本中央競馬会競走馬総合研究所において

馬の運動生理学，心臓学の研究に従事

現在，(財）軽種馬育成調教センター参与

著書　獣医ハンドブック（養賢堂）

家畜の心疾患（文永堂），

農業技術大系畜産編（農山漁村文化協会）

など，いずれも分担執筆

馬のスポーツ医学
強い馬づくりのためのサイエンス

1998年9月19日　第1版第1刷発行
2009年5月31日　第1版第5刷発行
著　者　天田明男
監　修　日本中央競馬会競走馬総合研究所
発行者　清水嘉照
発　行　株式会社　アニマル・メディア社
〒113-0034　東京都文京区湯島2－12－5
湯島ビルド301
TEL　03-3818-8501
FAX　03-3818-8502

本書は（財）日本中央競馬会弘済会のご協力をいただいて，委託販売するものです。

ISBN 4-901071-01-7